海水增养殖设施工程技术

石建高 张 硕 刘福利 著

海洋出版社

2018年·北京

图书在版编目（CIP）数据

海水增养殖设施工程技术/石建高，张硕，刘福利著．—北京：海洋出版社，2018.12
ISBN 978-7-5210-0276-8

Ⅰ.①海… Ⅱ.①石… ②张… ③刘… Ⅲ.①海水养殖-设施 Ⅳ.①S967

中国版本图书馆 CIP 数据核字（2018）第 283002 号

责任编辑：常青青　高朝君
责任印制：赵麟苏

海洋出版社　出版发行

http：//www.oceanpress.com.cn
北京市海淀区大慧寺路 8 号　邮编：100081
北京朝阳印刷厂有限责任公司印刷
2018 年 12 月第 1 版　2018 年 12 月北京第 1 次印刷
开本：787 mm×1092 mm　1/16　印张：19
字数：403 千字　定价：128.00 元
发行部：62132549　邮购部：68038093
总编室：62114335　编辑室：62100038
海洋版图书印、装错误可随时退换

作者简介

石建高，研究员，研究生导师。任农业农村部绳索网具产品质量监督检验测试中心常务副主任、全国水产标准化技术委员会渔具及渔具材料分技术委员会秘书长、中国水产科学研究院渔业装备与工程学科委员、全国家用纺织品委员会线带分技术委员会委员、国家特色海产品标准化区域服务于推广平台专家委员会委员、威海市网箱工程技术研究中心副主任等。

主要从事海洋渔业、深水网箱、渔具及渔具材料、藻类养殖设施、（超）大型水产养殖围栏（亦称围网、网围或网栏）等研究，并长期工作在渔业生产和科技推广第一线。主持和参加国际合作项目、国家863项目、国家支撑计划项目和领军人才项目等项目，发表论文100多篇；授权专利100多项；制修订标准50余项（包括我国第一个HDPE框架深水网箱通用技术要求行业标准、第一个超高分子量聚乙烯经编网片行业标准、第一个超高分子量聚乙烯网线行业标准等）；主编或参编《海水抗风浪网箱工程技术》《渔用网片与防污技术》《渔业装备与工程用合成纤维绳索》《INTELLIGENT EQUIPMENT TECHNOLOGY FOR OFFSHORE CAGE CULTURE》《绳网技术学》《捕捞与渔业工程装备用网线技术》《捕捞渔具准入配套标准体系研究》等专著10多部；联合荷兰帝斯曼集团爱地纤维功能材料事业部等单位，率先开展了（超）大型养殖围栏与特力夫深远海网箱设施的系统性研究，并在高性能和功能性绳网新材料及其装配技术方面取得重大技术突破，解决了桩网连接等关键性技术难题，获重要发明专利多项，为（超）大型养殖围栏与深远海网箱设施做出重要贡献，是我国双圆周大跨距管桩式围栏等（超）大型养殖围栏系统研究的开拓者；联合美

济渔业公司等单位首次研制出深远海潟湖金属网箱和大型浮绳式网箱，并成功用于金枪鱼苗等珍稀鱼类的驯化观察或人工养殖实验，为我国深远海金枪鱼苗等珍稀鱼类养殖设施的突破做出重要贡献；联合相关单位首次创新完成了双圆周大跨距管桩式围栏（内外两层网具间跨距 10 m）、双圆周组合式网衣大型围栏、生态海洋牧场超大型堤坝围栏、特力夫超大型养殖网箱（周长 200 m）和深远海抗风浪组合型金属网箱等水产养殖设施新模式的设计开发与产业化生产应用，产生了显著效益，相关成果被中央电视台等媒体报道，推动了（超）大型养殖围栏与深远海网箱设施的技术进步。

获中国专利奖、中华农业科技奖、上海市科技进步奖、海洋创新成果奖、山东省科技进步奖、浙江省科技进步奖、上海市技术发明奖、水科院科技进步奖、上海市优秀发明奖、山东海洋与渔业科学技术奖、上海市标准化优秀技术成果奖等各类科技奖励 20 余次。获海洋创业创新领军人才、产业领军人才、中青年拔尖人才、百名科技英才、科技创新个人、文明职工标兵、科技创新团队和优秀科技工作者等荣誉称号。

前　言

　　随着海洋渔业的发展，粗放型的以捕捞为主的传统产业模式，已经转向管理型的渔业生产方式。2017年我国水产养殖产量达到 4 905.99×10⁴ t，约占全国水产品总产量的 3/4，占全世界水产养殖产量的 60% 以上。中国是世界水产养殖第一大国，中国水产养殖发展不仅为解决吃鱼难、保障市场供应、增加农民收入、提高农产品出口竞争力、优化国民膳食结构、保障食物安全、减排二氧化碳和调节养殖生态系统平衡等方面都做出了重大贡献，而且明确了绿色低碳"碳汇渔业"发展新理念和"高效、优质、生态、健康、安全"的水产健康养殖新目标，提出了建设环境友好型水产养殖业和发展以养殖容量为基础的生态系统水平的水产养殖管理的重要举措。鱼类养殖是海水产品的重要组成部分，主要模式是池塘、稻田、大水面、滩涂、陆基工厂化、传统网箱、深水网箱和传统养殖围网（围网亦称围栏、网栏等），等等。发展海洋牧场，利用现代高科技和管理手段开发和利用渔业资源，已成为 21 世纪海洋研究的主要内容之一。海洋农牧化是在海域中对渔业生物资源进行人工增养殖，提高资源量，从采捕天然资源转变为以采捕增养殖资源为主的一种生产方式；它作为一种现代渔业技术革命，拓宽人们的视野，面向广阔的海域发展海洋集约化养殖、增殖与捕捞技术，以挖掘海洋生物资源的巨大潜力，获取人们所需要的大量优质食物，同时建设蓝色粮仓和良性循环的海洋生态系统，形成合理的渔业资源开发体系，促进海洋渔业经济的可持续健康发展。

　　随着海水增养殖业的发展，与之配套的海水增养殖工程也有很大发展。海水增养殖模式主要有池塘养殖、滩涂养殖、浅海养殖（如鱼、贝、藻、蟹和刺参等的养殖）、深远海养殖［深水网箱、远海网箱和（超）大型养殖围网］、集约化高效生态养殖（如鱼、贝、参和虾等的工厂化养殖），等等。到 20 世纪 90 年代，人工鱼礁技术在渔场环境改造方面发挥了重要作用。日本的大型组合式鱼礁、美国的钻井平台和大型船体鱼礁等的投放以及生产管理自动化和智能化，把鱼礁技术工程提高到一个新水平。网箱和围网养殖的总产量占海水鱼类养殖产量的50%以上，是海水鱼类养殖极为重要的生产模式；2000年以来，中国水产科学研究院东海水产研究所石建高研究员团队联合三沙美济渔业开发有限公司、温州丰和海洋开发有限公司等单位创建了深远海抗风浪组合型金属网箱（美济礁）、特力夫超大型养殖网箱（周长200 m，福建）、双圆周组合式网衣大型围网（大陈岛）、双圆周大跨距管桩式围网（北麂岛）、生态海洋牧场超大型堤坝围网等多种海水增养殖设施新模式，推动了（超）大型养殖围网与深远海网箱等海水增养殖设施的技术进步！在渔业生产力水平不断提升和科学技术现代化的推动下，海水增养殖设施工程科技围绕现代渔业建设的要求，不断融合现代工业机械化、自动化、信息化和智能化，科学技术水平取得了长足的发展，为现代渔业的可持续发展和现代化建设做出了巨大贡献。

本书重点介绍海水网箱、人工鱼礁、贝藻类养殖设施和海洋牧场建设等海水增养殖设施工程技术；由石建高、张硕、刘福利负责编写，孙满昌、孟祥君、钟文珠、余雯雯、梁洲瑞、周文博等参加编写，全书由石建高进行统稿，并对全书章节进行了修改和补充；此外，莱州明波水产有限公司李文升、翟介明和滕军参加本书第四章第四节的编写；年年有鱼（北京）科技发展有限公司张洪参加本书第三章第二节的编写。张春文、沈明、刘永利、周一波、王理、程世琪、许爱蔡等参与文字校对或编写工作；练亚梅（海安虎威网具有限公司）、梅芹（南通奥力网业有限公司）、赵金辉、从桂懋、傅岳琴、赵华荣、金库、贺兵、刘福祥、宋晓光、卢文、黄中兴、陈敏康、茅兆正、陈永国、杨飞和钟文龙等提供图片，在此表示感谢。本书主要得到了现代农业产业体系专项资金（编号：CARS-50、CARS-47）、泰山英才领军人才项目"石墨烯复合改性绳索网具新材料的研发与产业化"、湛江市海洋经济创新发展示范市建设项目"抗强台风深远海网箱智能养殖系统研发及产业化"（湛海创2017C6A、湛海创2017C6B3）等项目的支持和帮助。本书还得到了国家自然基金项目（31502213、2015M571624、31872611）、国家支撑项目（2013BAD13B02）

等相关项目的支持，在此表示感谢。本书由中国水产科学研究院东海水产研究所、上海海洋大学、中国水产科学研究院黄海水产研究所、三沙美济渔业开发有限公司（国家海水鱼产业技术体系三沙综合试验站依托单位）等单位联合编写，在此也表示感谢。鲁普耐特集团有限公司、湛江市经纬网厂、农业农村部绳索网具产品质量监督检验测试中心、湛江经纬实业有限公司、宁波百厚网具制造有限公司、海南科维功能材料有限公司、山东鲁普科技有限公司、海安中余渔具有限公司、惠州艺高网业有限公司和莱州明波水产有限公司等单位参与编写或文字校对等工作，在此也表示感谢。本书在编写中参考了部分文献，作者将主要文献列于参考文献中，在此对文献资料的作者及其单位表示由衷的感谢。本书在编写过程中少量采用了公开文献、媒体报道和企业网站中公开的图片，作者尽可能对图片来源进行说明或将相关文献列于参考文献中，在此对所有图片的作者及其相关单位表示由衷的感谢；如有疏漏之处，敬请谅解。

为总结海水增养殖设施工程技术成果与实践经验，推动水产养殖产业技术升级、现代化建设以及可持续健康发展，我们组织专家、学者、行业相关单位编写了《海水增养殖设施工程技术》一书。本书既可作为海洋科学或水产养殖等专业学生的教学参考书，又可供产、学、研等各界朋友参考。

本书是我国首部系统阐述海水网箱、人工鱼礁、贝藻类和海洋牧场领域增养殖设施工程技术的重要著作，是项目成员20多年的海水增养殖设施工程技术与理论的系统总结，整体技术达到国际先进水平，部分技术达到国际领先水平。期望本书为政府管理部门的科学决策以及教学、科研、生产、协会、团体等提供借鉴，并为实现增养殖设施工程技术的现代化发挥抛砖引玉的作用。本书为作者、编写单位、项目建设单位及其技术支撑团队等集体智慧的结晶，在此向他们表示衷心的感谢。由于编写时间、作者水平等所限，不当之处在所难免，恳请读者批评指正。

著者

2018 年 10 月

3

目　次

第一章　海水网箱设施工程技术 ···································· (1)

第一节　海水网箱的发展与分类 ······························ (1)

第二节　海水网箱形状结构及其装配技术 ················· (24)

第三节　海水网箱选址与锚泊技术 ··························· (46)

第四节　海水网箱容积变化与工程材料 ····················· (59)

第五节　海水网箱养殖装备与养殖种类 ····················· (70)

第二章　人工鱼礁工程技术 ···································· (103)

第一节　人工鱼礁定义和功能 ······························ (103)

第二节　人工鱼礁的分类 ···································· (108)

第三节　国内外人工鱼礁建设现状 ·························· (114)

第四节　人工鱼礁设计与制造 ······························ (126)

第五节　人工鱼礁投放 ······································ (150)

第三章　贝藻类养殖设施工程技术 ····························· (158)

第一节　贝藻类养殖设施工程用绳网技术 ·················· (158)

第二节　贝类养殖设施工程技术 ····························· (178)

第三节　海藻养殖设施工程技术 ····························· (204)

第四章　海洋牧场建设工程技术 ······························· (232)

第一节　海洋牧场的概念、分类和重要性 ·················· (232)

第二节　我国海洋牧场的建设概况 ·························· (235)

第三节　国外海洋牧场发展概况 ····························· (247)

第四节　海洋牧场选址和建设 ······························ (251)

第五节　海藻(草)场建设 ···································· (267)

第六节　海洋牧场渔业资源增殖与驯化 ····················· (271)

主要参考文献 ……………………………………………………………… （282）

附录

附录 1 三沙美济渔业开发有限公司简介 ……………………… （285）

附录 2 湛江市经纬网厂简介 ……………………………………… （287）

附录 3 青海联合水产集团有限公司简介 ……………………… （288）

附录 4 农业农村部绳索网具产品质量监督检验测试中心简介 …… （289）

附录 5 江苏金枪网业有限公司简介 ……………………………… （291）

附录 6 宁波百厚网具制造有限公司简介 ……………………… （292）

附录 7 杭州长翼纺织机械公司简介 ……………………………… （293）

附录 8 常州神通机械制造有限公司简介 ……………………… （294）

第一章　海水网箱设施工程技术

中国是海洋渔业大国，2017年渔业产值高达12 313.85亿元。海洋渔业是保障我国食物安全的重要组成部分，海洋生物资源的优质、高效、安全和可持续开发利用，既是实施国家海洋强国战略的需要，又是落实生态文明建设和发展海洋经济的重要举措。由于人口增长、资源短缺和环境恶化等问题，陆地资源已难以充分满足社会发展需求，海洋资源开发成为21世纪国家发展的重要内容，也是增加人类优质蛋白质的重要"海上粮仓"。在此背景下，水产养殖区域从陆地向海洋，并由近海港湾向离岸深远海的海域拓展。因此，大力发展深远海网箱养殖业对于保护和合理开发海洋渔业资源、促进渔民转产转业与渔民增产增收、调整渔业产业与食用蛋白质结构、提升渔业设施工程技术水平、发展环境友好型水产养殖业、实现渔业提质增效的目标意义重大。本章主要介绍海水网箱的发展与分类、结构与装配技术、选址与锚泊技术、容积变化与水体交换、养殖装备与养殖种类等海水网箱设施工程技术。

第一节　海水网箱的发展与分类

一、网箱的发展

1. 网箱起源

网箱养殖是将网箱设置在水域中，把鱼类等适养对象高密度地放养于箱体中，借助箱体内外不断的水交换，维持箱内适合养殖对象生长的环境，并利用天然饵料或人工饵料培育养殖对象的方法。网箱养殖技术最早起源于中国，根据唐朝时期周密著《癸辛杂识》的《别集》（1243年）记载，以竹和布构成网箱进行养殖，距今已有700多年的历史，比柬埔寨早600多年。网箱是养殖容量较大且抗风浪性强、耐流性好的海上养殖设施，在挪威、美国、智利、英国、加拿大、日本、中国、希腊、土耳其、西班牙和澳大利亚等国发展较快。

2. 国外网箱的发展概况

从20世纪30年代开始，网箱养殖逐渐成为一种重要而具特色的鱼类养殖方式。挪威、冰岛、英国、丹麦、美国、加拿大、澳大利亚、法国、俄罗斯和日本等国早在20世纪70年代就投入大量的人力和物力开展网箱养殖。随着科学技术的进步以及新材料、新技术的开发应用，网箱养殖的范围和规模正在不断扩大，其中深远海网箱养殖设施工程技术已达到较高水平。如2017年6月，由中船重工武昌船舶重工集团有限公司（以下简称"中船重工武船集团"）总承包的半潜式智能海上"渔场"——挪威海上渔场养鱼平台"海洋渔场1号"，在位于青岛黄岛区的中船重工武船集团新北船基地成功交付；"海洋渔场1号"总高69 m、直径110 m、空船重量7 700 t，可抗12级台风，可实现一次养鱼量150×10⁴条（图1-1）。与传统人工养鱼平台不同，"海洋渔场1号"是现代化、全自动智能海上养殖装备，其承载渔网清洗、死鱼收集等功能的旋转门系统在精度上达到毫米级，创业内新高度；通过这种装备，鱼类养殖可以从近海深入到远海，海上养殖范围将大大扩展。中船重工武船集团为挪威建造的海洋渔场，引领了深远海网箱设施工程技术升级；在相关媒体报道和文献资料中，深远海（超）大型网箱也称海洋渔场、深海渔场、超级渔场、Ocean Farm或Offshore farm等。网箱框架材料不断升级换代，框架可采用高强度塑料、塑钢橡胶、不锈钢、合金钢、钢铁、特种框架材料等新型材料；网箱箱体网衣纤维材料由传统的合成纤维逐步向高强度纤维材料（如复合涤纶单丝）、超高强纤维材料（如特力夫纤维等）方向发展，另外，钛合金金属纤维、镀锌铁丝、锌铝合金丝、镀铜铁丝、铜锌合金丝和合金板材等合金材料也逐步得到试验或应用；网箱形状有长方形、正方形、圆形、三角形和多角形等各种形状；网箱养殖形式由固定浮式发展到升降式、坐底式、漂浮式、半沉式（也称半潜式）和沉式（也称潜式）等多种形式；网箱容积由几十立方米增加到几千立方米甚至几十万立方米；网箱年单产鱼类由几百千克增加到几百吨；养殖品种扩大到几十种，几乎涉及市场需要量大、经济

图1-1　海洋渔场

价值高的所有品种;养殖方式也由单一鱼类品种养殖发展到鱼、虾、蟹等多品种混养或立体养殖;网箱养殖管理正逐步往机械化、自动化、智能化和深远海方向发展,在养殖生产中可因地制宜地采用自动投饵、水质分析、水下监控、生物测量、鱼类分级、自动起捕、残饵收集和死鱼收集等智能化装备;同时在苗种培养、鱼类病害防治和免疫、配合饵料、绳网材料抗老化、网衣防污损等方面正加速开发研究和推广应用。

3. 国内网箱的发展概况

网箱是一门涉及渔具及渔具材料、流体力学、水产养殖、工程力学、材料力学、海洋生态环境、海洋生物行为等的综合性学科。随着科技的发展,网箱除具有养殖功能外,一些网箱(如充气抬网网箱、底层鱼诱捕定置网箱、捕鱼网箱气动式抬网)可像敷网、笼壶渔具等渔具一样用于捕捞水生生物,上述网箱已具有渔具的内涵、特征和功能。对整个网箱系统而言,框架系统、箱体系统和锚泊系统是网箱主体,是网箱必不可少的组成部分(网箱主体属于渔具及渔具材料领域);投饵机、吸鱼泵和洗网机是网箱配套设施(人们可根据养殖生产投入、配套设施技术成熟性、有无配套现代化养殖工船等多种因素来综合选择是否采用网箱配套设施)。"海水抗风浪网箱"目前还没有严格的定义和学术分类,在国外也没有统一的名称。水产养殖网箱分为海水网箱(offshore cage)、内湾网箱(inshore cage)和内陆水域网箱(inland cage)等。海水抗风浪网箱是与内湾网箱、内陆水域网箱、传统近岸小型海水网箱(俗称传统近岸小网箱)比较出来的概念。现有行业标准、国家标准和国际标准中尚无"海水抗风浪网箱"的严格定义,导致海水抗风浪网箱在英文文献报道中有"sea anti-waves cage""offshore anti wave cage""deep water cage""offshore cage"和"fish farm"等多种称谓;而它在中文文献报道中则有"深水网箱""离岸网箱""深水抗风浪网箱""抗风浪海水网箱""(大型)抗风浪深水网箱""(大型)抗风浪深海网箱"和"渔场"等不同叫法。随着海水抗风浪网箱养殖技术的发展,国内外同行间的技术合作交流日益增多,海水抗风浪网箱的定义越来越清晰。为便于国内外网箱技术交流、生产加工、产业合作、行政管理、贸易统计和分析评估等各类需要,将设置在沿海(半)开放性水域、单箱养殖水体较大、具有较强抗风浪流能力的网箱称为海水抗风浪网箱(sea anti-waves cage 或 offshore anti wave cage);将设置在湖泊、江河等淡水水域、单箱养殖水体较大、具有较强抗风浪流能力的网箱称为内陆水域抗风浪网箱[inland anti wave cage;在龙羊峡水库等地有人也称之为(内陆水域)深水网箱或(内陆水域)抗风浪网箱]。农业部 2012 下达了《渔具基本名词术语》(SC/T 4001—1995)的农业行业标准制修订计划,项目编号:14340;本标准由中国水产科学研究院东海水产研究所等单位负责修订;修改后的标准送审稿中将渔具名词定义为"海洋和内陆水域中,直接捕捞和养殖水生经济动物的工具"。在一些全国性会议上,一些专家委员反映,在某些外贸产品出口中,网箱产品放在渔具产品名录下。网箱涉及学科、应用方向等的多样性，导致其概念与领域的多样性，文献中有关网箱的定义有"用适宜材料制成的箱状水产动物养殖设施""集中捕捞和养殖对象的箱形渔具""以金属、塑料、竹木、绳索等为框架，合成纤维网片或金属网片等材料为网身，装配成一定形状的箱体，设置在水中用于养殖或捕捞鱼类等生物的渔业设施"，等等。综上所述，网箱为一种特殊渔具。为更好地开展网箱技术国内外合作交流、生产加工、行政管理、贸易统计、分析评估等工作，我们需深入开展网箱技术研究。

中国是世界上唯一养殖产量超过捕捞产量的国家（《2017 年中国渔业年鉴》显示，2016 年我国养殖水产品产量为 $5\,142\times10^4$ t，而捕捞水产品产量为 $1\,527\times10^4$ t），但海水养殖仍处于初级阶段，从区域划分来看，传统近岸小网箱主要分布在约 10 m 水深的港湾海区，对港湾与滩涂的利用率较高、对浅海利用率较低。近岸小网箱养殖品种主要有石斑鱼、真鲷、黑鲷、尖吻鲈、花鲈、大黄鱼、牙鲆和大菱鲆等品种。近岸小网箱鱼种主要来自天然鱼苗和人工繁殖培育，饵料多以低值小杂鱼为主，辅以配合饲料。近年来我国传统近岸小网箱发展较快，从南海到黄渤海，传统近岸小网箱总数已经达到逾 120×10^4 只。由于海况以及养殖成本等原因，$15\sim40$ m 深水中的网箱较少，这说明我国沿海海水水域还未充分利用。我国传统近岸小网箱主要设置在沿岸半封闭性港湾内，大多是以木板、毛竹或无缝钢管等为框架的浮式网箱，其抗风浪能力较差。传统近岸小网箱一般只能抵御 3 m 以下波高的海浪侵袭，一旦遇强风暴袭击便损失惨重。

1998 年夏季海南省临高县首先从挪威 REFA 公司引进圆形双浮管重力式网箱，到 2000 年年底广东、福建、浙江、山东等省又相继引进同类型网箱，2001 年浙江省嵊泗县从美国引进了 Ocean spar 公司的刚性双锥形网箱（飞碟形网箱），2002 年从日本引进金属框架的升降式网箱，由于国外引进的网箱存在价格高等原因，导致其难以在我国大面积推广使用。2000 年起，国家科技部、农业部以及有关省市企业将网箱养殖设施研究列入各类研究计划，助力了我国网箱技术的国产化研究；通过近 20 年的网箱创新研发示范应用，中国水产科学研究院三大海区研究所、中山大学、浙江海洋大学、海南大学以及省市地方研究所等高校院所企业已开发出多种特色网箱，因国产网箱价格低于国外同类产品，在我国迅速得到推广应用；相关机构调查报告资料显示，目前我国深水网箱数量已近 2×10^4 只，主要分布在海南、广东、广西、山东、浙江、福建、辽宁和江苏等地。2012 年东海水产研究所石建高研究员团队等联合山东爱地高分子材料有限公司等单位设计开发了周长 200 m 特力夫™超大型深海养殖网箱，并在福建海区成功安装与下海试验；2013 年至今国家海水鱼产业技术体系三沙综合试验站依托单位（三沙美济渔业开发有限公司）联合石建高研究员团队等率先设计或建造多种新型深远海金属网箱，创新开展了多种深远海金属网箱养殖试验（如南沙美济礁潟湖 10×10^4 尾尖吻鲈网箱养殖试验、南沙潟湖养殖"养捕结合"模式试验、特种名贵鱼类"捕养结合"模式试验、鱼贝藻综合养殖试验等），引领了我国深远海金属网箱的技术升级和现代化建设（图1-2）；
2016年石建高研究员团队联合温州丰和海洋开发有限公司、惠州市艺高网业有限公司等
单位率先开发出周长240 m超大型浮绳式网箱，成功实现大黄鱼产业化养殖应用；2013
年至今，石建高研究员团队联合深圳南风管业有限公司等单位率先开发出超大型网箱用
1 m直径的高密度聚乙烯（HDPE）管及其配套堵头、特种三角架以及金属网加强HDPE
管等，目前，该团队正从事周长100~1 000 m（超）大型三角架网箱设计开发，上述工
作助力我国海水网箱向大型化、深远海方向发展（图1-3）。

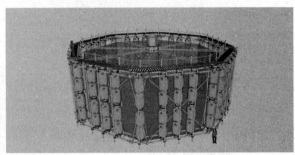

图1-2　新型深远海金属网箱

图1-3　大型网箱用特种三角架

近年来中国船舶重工集团公司、烟台中集来福士海洋工程有限公司（以下简称"中
集来福士"）等单位开展了（深远海）大型网箱的建造或设计开发（图1-1、图1-4和
图1-5），进一步推动了我国（深远海）大型网箱的快速发展，大大缩小了我国与水产
养殖强国网箱养殖设施的技术差距。

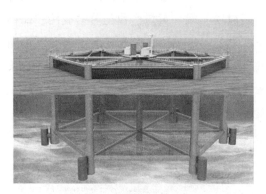

图 1-4　大型网箱设计效果

图 1-5　智能化网箱设计

二、网箱的分类

网箱发展至今形式多种多样，就形状而言有圆形网箱、方形网箱、多角形网箱等；就个数而言则有单独网箱、双拼网箱或组合网箱等；以制作网箱框架的材质可以划分为钢质框架网箱、HDPE 框架网箱、木质框架网箱、钢丝网水泥框架网箱和浮绳式网箱等；以养殖鱼种分类有鲈鱼网箱、黑鲪网箱、石鲽网箱、黑鲷网箱、真鲷网箱、牙鲆网箱、金鲳网箱、大黄鱼网箱、石斑鱼网箱、黄鳍鲷网箱、河豚网箱、大菱鲆网箱、军曹鱼网箱、美国红鱼网箱和日本黄姑鱼网箱等。网箱分类目前尚无国际标准或国家标准，参照水产行业标准《水产养殖网箱名词术语》（SC/T 6049—2011）以及相关文献资料，水产养殖网箱分类如下。

1. 按形状分类

按形状分为圆柱体网箱（circular cylinder cage）、方形网箱（square cage）、球形网箱（spherical cage）、双锥形网箱（two cones shaped cage）和三角形网箱（triangle cage）等。

2. 按作业方式分类

按作业方式分为浮式网箱（floating cage）、移动网箱（movable cage）、升降式网箱（submersible cage）、沉式网箱（submerged cage）和坐底式网箱（bottoming cage）等。

3. 按养殖水域分类

按养殖水域分为内湾网箱（inshore cage）、内陆水域网箱（inland cage）、海水网箱（marine cage）、近海网箱（inshore cage）、深水网箱（offshore cage）和深远海网箱

(deep sea cage) 等。

4. 按网衣材料分类

按网衣材料分为纤维网衣网箱（fiber net cage）、半刚性网衣网箱（semi-rigid netting cage）、金属网衣网箱（metal net cage）和组合式网衣网箱（combined net cage）等。

5. 按固定方式分类

按固定方式分为单点固泊网箱（single-point mooring cage）、多点固泊网箱（multi-point mooring cage）和网格式固泊网箱（grid mooring cage）等。

6. 按框架材质分类

按框架材质分为浮绳式网箱（flexible rope cage）、钢质框架网箱（steel cage）、高密度聚乙烯框架网箱（HDPE cage）、木质框架网箱（wooden cage）、钢丝网水泥框架网箱（ferro-cement cage）和塑胶渔排网箱（plastic fishing raft cage）等。

7. 按张紧方式分类

按张紧方式分为锚张式网箱（anchor tension cage）和重力式网箱（gravity cage）等，重力式网箱又可以分为强力浮式网箱（farm ocean offshore cage）和张力腿网箱（tension leg cage）等。

除行业标准 SC/T 6049—2011 所述分类方法外，人们还根据地域文化或实际生产需要等使用其他网箱分类方法。如根据箱体网衣材料种类，将网箱分为单一网衣网箱和组合式网衣网箱；根据网箱框架材料的柔性，将网箱分为柔性框架网箱和刚性框架网箱；根据金属网箱框架材料和箱体网衣材料种类，将金属网箱分为全金属网箱、金属网衣网箱和金属框架网箱；根据网箱养殖对象的种类，将网箱分为鲍鱼网箱、海参网箱、大黄鱼网箱、鲆鲽类网箱、金鲳鱼网箱和金枪鱼网箱等。综上所述，现行行业标准 SC/T 6049 已不能满足当前网箱产业的发展需要，急需对其进行修订完善。

"十五"以来，我国致力于新型网箱的研发，取得了大量网箱研究成果 [如（锌铝合金网衣）金属（框架）网箱、多层次结构网箱、SLW 顺流式网箱、鼠笼式沉式网箱、C160 大型高密度聚乙烯网箱、PDW 鲆鲽类专用升降式网箱、自减流低变形网箱、高密度聚乙烯鲆鲽类专用升降式网箱、钢质鲆鲽类专用升降式网箱、多元生态养殖网箱、高密度聚乙烯组合式方形网箱、大型海参生态养殖网箱、气囊移动式网箱、耐流非对称网箱、铜（锌）合金（网衣）网箱、特力夫™超大型深海养殖网箱、美济礁深远海金属网箱、联体增强型网箱、周长 240 m 超大型浮绳式网箱、海洋渔场 1 号、深蓝 1 号、Hex Box C15-35K 离岸智能化坐底式网箱、单柱半潜式深海渔场、德海智能化养殖渔场、柱稳型深远海渔场，等等]。上述新型网箱部分已实现产业化生产应用，但目前也有部分新型网箱由于制造成本高、台风下抗风浪性能差或中试生产资金缺失等原因而处于试验阶段。目前，东海水产研究所石建高研究员团队正协助湖北海洋工程装备研究有限公司、烟台中集蓝海洋科技有限公司、深圳南风管业有限公司和鲁普耐特集团有限公司等单位论证、选择、应用或开发新型网箱用网具及其装配技术，助力我国网箱产业健康发展和现代化建设。

三、几种主要网箱的特点

本节主要介绍升降式网箱、浮式网箱和其他几种类型网箱的主要特点。

（一）升降式网箱

具有升降功能的网箱称为升降式网箱（submersible cage），升降式网箱又称可潜式网箱。整个升降式网箱在必要时能沉入水中，并根据需要控制下沉深度，因此，升降式网箱在海水养殖中得到了部分应用，但因成本、操作便利性等原因限制了其广泛应用。升降式网箱主要包括圆形升降式网箱、碟形网箱、俄罗斯钢结构网箱、挪威张力腿网箱和升降式全金属网箱等。

1. 圆形升降式网箱

在原有的不可升降的 HDPE 圆形网箱基础上重新进行结构设计，改变原有主管道设置方式，通过加装密封板等对圆形浮管进行分区域隔离密封，然后对每个隔离区域设置进排气管路及进排水管路控制系统，并通过通气管分别与进排气分配装置、水管和进排水系统连接，安装气路接口、气路密封阀门、气路分配器等设备，进而实现网箱在水中的升降操作；在强台风来临前，该升降式网箱可预先下潜至水面一定深度以下，从而避开风浪的冲击，保证了网箱养殖的安全性，提高了网箱养殖的经济效益。图 1-6 为圆形升降式网箱实景图。

图 1-6　圆形升降式网箱

圆形升降式网箱升降原理：HDPE 圆柱管材的内部结构是空心的，可用密封板等将其分隔为多个各自独立并且互相密封的区域，在每个区域上安装进排气和进排水系统，加装控制阀门以调节进气量和进水量大小。操作中，只要能在各个不同的方位控制好进排气、进排水的均匀性，网箱的平稳和平衡性就会得以保证。

圆形升降式网箱主要优点包括：①网箱用圆柱空心管材也可以制作成分段的构件形式，然后运至安装现场后再进行拼装，便于运输；②环形圈数量可适当增加，结构更加牢固。

圆形升降式网箱存在的问题包括：①网箱使用材料应有一定强度，最好使用耐海水腐蚀的不锈钢材料作为管路接口，成本高；②网箱用进排气管路系统必须密封良好，一旦漏气，升降式网箱就会自动下沉从而影响使用，严重时会造成重大经济损失，等等。

2. 碟形网箱

碟形网箱最早由美国 Ocean Spar 公司设计和制造，是典型的钢制刚性网箱的代表。碟形网箱主体部分主要是由立柱、浮环、工作平台、平衡块、纲绳、网衣以及其他连接绳索等构成。立柱和浮环作为碟形网箱的关键部件，为整个网箱提供浮力。碟形网箱工作平台属钢质焊接结构，装有安全栏杆；工作平台是为方便管理人员工作而设置，以进行网具安装、饲料投放以及升降操作等。平衡块由钢筋混凝土制成，垂直悬于下立柱的底部，用于防止碟形网箱在风浪作用下过度晃动和摆动，影响碟形网箱养殖效果，并且当碟形网箱需要进行升降操作时，在升降中起到重力配重作用，以使碟形网箱能够在水中垂直升降和控制升降速度。图 1-7 为碟形升降式网箱实景图。

图 1-7　碟形网箱

碟形网箱升降原理：立柱相当于一个直立的全封闭浮筒，其内部通过进排水口与海水相通。当从网箱的工作平台处通过通气管向立柱中注入压缩空气时，立柱中的海水在空气压力作用下，就逐渐通过进排水口从下立柱中排出，这样立柱中的浮力逐渐增加，也就是整个网箱的浮力逐渐增加，网箱在浮力的作用下，向上慢慢浮出水面。反之，当立柱外的海水逐渐通过进排水口进入立柱时，网箱在重力作用下，向下慢慢沉入水中。

碟形网箱主要优点包括：①网箱可设置在没有屏障的开放性海域，能抵御 12 级以上台风的袭击，在 3 kn 流速下碟形网箱容积损失小于 15%；②碟形网箱主体结构使用年限达 8~10 年；③碟形网箱体积大，可一次养鱼 50~60 t；④碟形网箱为全封闭式结构，网具为全固定拉紧式，不会摇摆和漂动，碟形网箱沉浮深度可人为控制。

碟形网箱存在的问题包括：①网箱投资成本高；②网箱安装有一定技术要求，配套设备也相对较多，养殖管理等方面对养殖人员的素质要求较高；③网箱换网、起捕鱼的操作较为困难。

3. 俄罗斯钢结构网箱

俄罗斯钢结构网箱为六棱形的结构形式，箱体主要分两个部分，上半部分为网状的全封闭腔体，下半部为环状结构的可进排水的环状浮体。俄罗斯钢结构网箱的罩型网状主框架和下部的支撑环通常采用一定厚度的无缝钢管焊接而成，外表面整体喷锌，以增加抗腐蚀能力。上述两者一起构成俄罗斯钢结构网箱的框架结构，起到支撑整个网箱的作用，并为整个网箱提供浮力并且在升降时起平衡作用。俄罗斯钢结构网箱罩型网状主框架的顶部装有工作平台和自动投饵设备，内侧四周则开有用于扎牵网具绳索和卸夹的孔，用于整个网箱网衣的安装。平衡块和配重链安装于俄罗斯钢结构网箱支撑环底部，两者之间采用绳索连接。当配重链接触到海底时，对俄罗斯钢结构网箱的拉力作用就会消失，此时网箱不再下沉。图1-8为俄罗斯钢结构网箱，图1-9为俄罗斯钢结构网箱的锚泊系统示意图。

图1-8　俄罗斯钢结构网箱

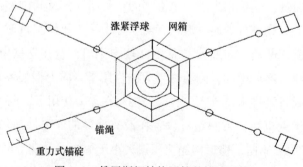

图1-9　俄罗斯钢结构网箱的锚泊系统

俄罗斯钢结构网箱升降原理：在俄罗斯钢结构网箱罩型网状主框架下半部分的环状结构浮体上，装有进排气和进排水管道；当从网箱的工作平台处通过通气管向下部环状结构中注入压缩空气时，整个网箱的浮力逐渐增加；当该力超过自身钢结构框架、平衡块和配重链的自重时，网箱慢慢浮出水面；反之，当海水逐渐进入下部环状结构时，网箱就慢慢向下沉入水中。俄罗斯钢结构网箱在 40 m 左右水深的海中进行升降操作时，完成单程的升降操作一般需要 30 min。

俄罗斯钢结构网箱主要优点包括：①网箱能抵御 12 级以上台风的袭击，抗风浪性能突出；②网箱为重力拉紧式结构，可设置在没有屏障的开放性海域，水深可达 40～60 m；③网箱在海上固定后不会出现移锚等现象，安全性好。

俄罗斯钢结构网箱存在的问题包括：①网箱为上下结构，安装过程相对烦琐；②资金投入较大。

4. 挪威张力腿网箱

顶部靠浮力撑开网箱体，底部采用绳索固定，随海流漂摆的重力式网箱称为张力腿网箱（tension leg cage）。张力腿网箱简称为 TLC 型网箱，又可称张力框架网箱，由挪威 REFA 公司开发研制，结构上主要分为坛子形箱体、张力腿和锚碇 3 个部分。张力腿网箱的坛子形箱体是网箱主体，其顶部有盖网，盖网与颈部网衣由特种拉链连接。张力腿网箱肩颈部由 HDPE 浮性环管制成，它通过拉链与正六角柱形网身相连，以利于鱼种放养和成鱼收捕。张力腿网箱上纲的六个角上各系有一个塑料浮筒，以便在水中支挂网身和固定形状。张力腿网箱下纲的六个角通过悬挂在其下方的张力腿的吊举结构与锚碇相连接。张力腿网箱装有下锚浮筒，其主要作用是支挂张力腿和固定网身下纲的形状。张力腿则是六条可伸长的绳索，将坛子形网箱与锚碇连接在一起。为了固定下锚浮筒和张力腿的位置，在张力腿网箱下锚浮筒下方还加装了一个能圈住张力腿的具有伸缩性的加强环。图 1-10 为张力腿网箱结构示意图。

张力腿网箱升降原理：张力腿网箱通过张力腿的牵引作用牢固地系在锚碇上，并可以在海水中随波逐流，风平浪静时可以漂浮于海面，当风浪作用逐渐增强时，张力腿网箱顶部的圆形框架将侧移并逐渐潜入水中，风浪越大，下潜深度越深，大风大浪时整个网箱被淹没在海水之中，避免风浪的冲击。据挪威网箱养殖试验站科技人员介绍，张力腿网箱经受过 11.7 m 浪高的考验，其抗风浪性能要优于重力式网箱和碟形网箱，因此，张力腿网箱比较适合在频繁出现台风的海区使用。图 1-11 为张力腿网箱升降原理示意图。

张力腿网箱主要优点包括：①网箱与重力式网箱和碟形网箱相比，其结构简单、安装方便，由于在张力腿网箱的颈部设置一个 HDPE 材料的圆形浮力环管，因而降低了张力腿网箱的造价；②在流速为 1 kn 的情况下，张力腿网箱容积损失率小于 10%，最大可

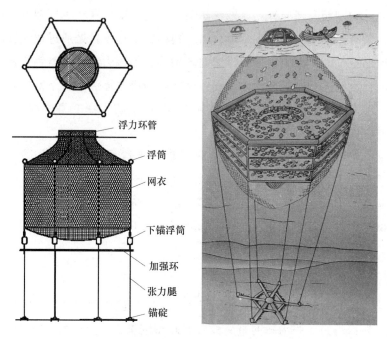

浮力环管
浮筒
网衣
下锚浮筒
加强环
张力腿
锚碇

图 1-10　张力腿网箱结构及其工作状况示意

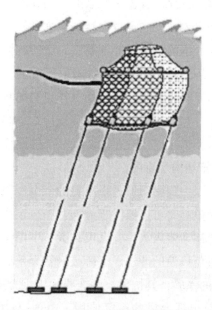

图 1-11　张力腿网箱升降原理示意

以抵抗 3 kn 流速的作用。

张力腿网箱存在的问题包括：①网箱养殖区域水深必须大于 25 m；②网箱下潜方向

不定且网箱长期处于水下，不利于观察鱼类养殖情况。

5. 升降式全金属网箱

升降式全金属网箱由日本研制成功，能抵御频繁发生的台风侵袭，在日本已规模化使用。升降式全金属网箱主要由金属网箱框架、金属网衣、升降系统和锚泊系统等部分构成。全金属网箱框架可选用直径为 65 mm、厚度为 5 mm 的特种镀锌管材焊接成三角钢架结构，具有很强的力学抗击能力。全金属网箱框架经超陶喷涂技术或其他特种技术进行防腐处理，确保金属框架在高腐蚀的海水环境中十几年不易生锈。金属网衣采用锌铝合金网衣和铜锌合金网衣等。升降式全金属网箱的规格一般有 5 m×5 m、5 m×10 m、10 m×10 m 和 15 m ×15 m 等几种，全金属网箱深度一般为 3～15 m，规格为 10 m×10 m×8 m 的金属网箱仅金属网衣部分就重达 2.5 t 左右，所以全金属网箱在水流较急的海域尤其适用，全金属网箱成型好，在流速高达 1.2 m/s 的水域基本不变形，而现有的小规格传统合成纤维网衣网箱和大型 HDPE 框架网箱容积损失率较高。升降式全金属网箱养殖品种在成活率、生长速度、鱼体体色以及鱼体体形等方面明显优于传统小型合成纤维网衣网箱，相关试验显示，同期、同批放养在木制小网箱的赤鳍笛鲷平均个体要较同期全金属大网箱养殖个体轻 100 g 左右，而且全金属网箱养成的赤鳍笛鲷体色鲜红艳丽。升降式浮筒设置在升降式全金属网箱每边框架的中部，下沉时放气进水，上浮时使用压缩空气排水。升降式全金属网箱的升降式浮筒的浮力必须做到对称平衡；为保证升降式全金属网箱在漂浮状态时的稳定性，浮力应为升降式全金属网箱水中重量的两倍以上。升降式全金属网箱框架下还设有耐压式浮筒，以保证升降式金属网箱在浪、流中的稳定性，其浮力为升降式全金属网箱水中重量的 80%～90%。图 1-12 为升降式全金属网箱沉降过程实景图，图 1-13 为升降式金属网箱调节升降用浮筒示例图。

图 1-12　升降式全金属网箱沉降过程

图 1-13　升降式金属网箱调节升降用浮筒

升降式全金属网箱具有很好的有效养殖空间利用率，养殖单位产量比普通网箱养殖模式提高 20% 以上；它另一个特点就是具有很强的抗风浪能力，可抗击 12 级以上台风和 5 m 以上风浪，选择布置全金属网箱海域可远离水质较差的近岸海域；全金属网箱的金属网衣具有较强的抗附着能力，可利用洗网机或潜水员操作高压水枪等方式进行清洗；浸泡药物防鱼病及起鱼等都非常容易。升降式全金属网箱可以在网箱养殖区采用分散型的纵向组合排列，网箱水流交换通畅，可杜绝传统近岸小网箱因养殖过密造成的水体交换差、水质污染严重等弊端，整个网箱养殖区布置合理，符合国家对海域整体规划的要求。

升降式全金属网箱升降原理：金属网箱沉浮式浮筒设置在每边框架的中部，下沉时放气进水，上浮时使用压缩空气排水。金属网箱升降式浮筒的浮力需做到对称平衡。为保证框架式金属网箱在漂浮状态时的稳定性，浮力为网箱水中质量的两倍以上。金属网箱框架下还设有耐压式浮筒，以保证网箱在浪、流中的稳定性，其浮力为网箱水中重量的 80%~90%。

升降式全金属网箱主要优点包括：①金属圆管框架具有很高的强度，由于框架材料采用镀锌处理，使用 1 年后框架仍然完好，无腐蚀现象；②全金属网箱藻类附着程度比合成纤维网片要低得多；③全金属网箱锚泊系统可按生产规模自行设计。

升降式全金属网箱存在的问题包括：①在潮涨潮落过程中，由于潮差大、水流急，网箱在海面上倾斜严重，较多的养殖空间露出水面；②箱体网衣在水流作用下相互之间会产生摩擦，当镀锌层磨损后，在海水中很快被腐蚀，导致箱体网衣破裂，引起网破鱼逃的事故。③升降式金属网箱重量较重，直接增加了装配与运输的难度和成本，间接提高了浮力系统的要求和成本，等等。

总的来说，由于网箱在我国发展的时间还比较短，我国网箱养殖渔民对网箱的使用情况还不是很了解。为此，在选购网箱时，应先考虑网箱的性能、网箱养殖的鱼类和设置的海区，以便在生产中能使养殖的鱼类获得较好的生长条件和较高的存活率。现阶段我国重力式网箱产品较多（如挪威、澳大利亚以及中国台湾的产品），我国浙江、广东、福建和山东等省也已经批量制造该类型网箱。表1-1列出了不同类型网箱及其使用情况，养殖户可根据实际情况进行选择。

表1-1 不同类型网箱及其使用情况

类别	碟形网箱	框架式金属网箱	浮绳式网箱	圆形重力式网箱
抗风能力	≤35 m/s	可经受台风袭击	可经受台风袭击	可经受台风袭击
抗流能力	≤1.5 m/s	≤1.7 m/s	—	≤1 m/s
抗浪能力	≤7 m	≤5 m	—	≤5 m
沉降深度	8~10 m	6 m	无	无
主尺寸	浮环直径6~21 m，高5~11 m	8 m×8 m×7 m	5 m×5 m×6 m	直径15 m，高5~8 m
养殖容积	3 000 m³	450 m³	150 m³	1 400 m³
养殖容量	25尾/m³	20~25尾/m³	4尾/m³	10尾/m³
网箱材料	合金钢框架	镀锌钢管、金属网	PP、PE	HDPE
单位水体的网箱成本投入	进口750元/m³ 国产330元/m³	270元/m³	120元/m³	135元/m³
使用的主要问题	进口网箱的浮环强度不够	网片编织方式不能适应交变水流	难以抵御强流冲击	框架强度不高
特点	可抵御较大水流（1.5 m/s），使用效果好	锚泊系统稳定	在水流低、风浪小的场合较合适	在流速不大于0.5 m/s的场合使用较佳

（二）浮式网箱

行业标准《水产养殖网箱名词术语》（SC/T 6049—2011）中将框架浮于水面的网箱称为浮式网箱（floating cage）。浮式网箱一般无工作台结构、不可潜入水中，或工作台始终位于水面以上。浮式网箱主要包括浮绳式网箱、方形浮式网箱、圆形浮式网箱、牧海型网箱（浮式）和离岸金枪鱼养殖设施，等等。

1. 浮绳式网箱

采用绳索和浮体连接成软框架的浮式网箱称为浮绳式网箱（flexible rope cage，图1-14）。浮绳式网箱又称软体网箱，最早由日本开发使用，20世纪90年代末，我国海南和浙江等省开始推广中国台湾开发的浮绳式网箱，并取得了一定的效果；2016年石建高研究员联合温州丰和海洋开发有限公司等单位设计开发了周长240 m的超大型浮绳式网箱。浮绳式网箱主要由绳索、箱体、浮子、沉子及锚泊系统构成，浮在水面的绳索框架和浮子可随着海浪的波动而起伏，柔性好；箱体部分是一个六面封闭的结构，其柔性框架可由两根公称直径为25 mm左右的聚烯烃绳作为主缆绳，多根公称直径为17 mm左右的尼龙绳或聚烯烃作副缆绳，连接成一组若干个网箱的软框架。2011年东海水产研究所汤振明、石建高等制定了我国第一个浮绳式网箱行业标准《浮绳式网箱》（SC/T 4021—2011）。浮绳式网箱操作管理比较方便、制作容易、价格低廉。从便于养殖管理来看，15 m×20 m×8 m大小的浮绳式网箱较适于港湾及近海海域的养殖。2016年石建高研究员团队主持设计了三沙美济礁158 m周长深远海浮绳式网箱，并成功实现产业化养殖应用（图1-15）。

图1-14　浮绳式网箱

图1-15　158 m周长深远海浮绳式网箱

　　浮绳式网箱主要优点包括：①制作和管理方便；②价格低廉；③投饵方便，易观察鱼类的摄食状况等。

　　浮绳式网箱存在的问题包括：①在海流作用下，浮绳式网箱的容积损失率较高；②抗风浪能力不足等。

　　2. 方形浮式网箱

　　传统的海水养殖网箱外观绝大多数为方形，边长较短，材料多为木材、毛竹等，不适宜在风浪较大的半开放海区养殖。随着渔用材料的发展，运用塑料或金属材料制造的规格较大、结构安全的方形浮式网箱（如韩国、中国等使用的养殖用塑料渔排等）也逐渐在使用。国内目前使用的方形浮式网箱周长通常为 4～80 m，网衣深度则根据海域水深和养殖对象而定。图 1-16 为周长 200 m 的特力夫™超大型深海养殖网箱（石建高研究员联合山东爱地高分子材料有限公司等单位设计开发）；图 1-17 为我国沿海常见的方形浮式网箱组合示例。

图 1-16　周长 200 m 的特力夫™超大型深海养殖网箱实景

图 1-17　方形浮式网箱组合实景

a. 传统方形木质框架浮式网箱组合；b. 方形金属框架浮式网箱组合；c. 方形塑胶渔排网箱实景图

　　方形浮式网箱主要由方形浮框、走道（少数种类为无走道的结构）、网衣、沉子和锚泊系统等构成。有些方形浮式网箱的浮框用高强度聚乙烯材料制成柔性框架结构，是网箱的主要支撑框架。网箱浮框中部设有一只格栅式方框，作为收集死鱼、残余饵料的分离存储装置。网箱底部配有一定数目的沉子，起到配重和确保网衣在水中的形状。图 1-18 为方形网箱结构。

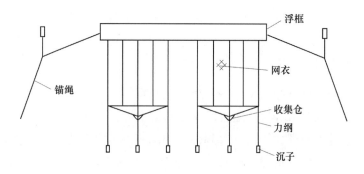

图 1-18　方形浮式网箱结构

方形浮式网箱主要优点包括：①可以按照养殖者的不同需求制作不同尺寸的方形网箱，或按操作习惯设置不同宽度的走道，给养殖者更多的生产操作空间；②便于组合成不同规模，既节约投资，又方便管理。

方形浮式网箱存在的问题包括：①网箱框架安装不规则易导致其自身扭曲变形；②四边形直角交接部位为应力集中点，容易断裂损坏，限制了方形网箱的使用水域。

在方形浮式网箱中，还有一种框架由金属材料制成的框架式金属网箱（也称金属框架网箱），最常用的结构为"金属框架+聚苯乙烯泡沫浮筒"，框架式金属网箱的上框架上还需安装盖网（图 1-19）。典型的日产方形框架式金属网箱的基本结构为桁架型（桁架型金属框架由上梁管、外梁管和内梁管组合而成，图 1-20），人们习惯称之为"桁架型金属网箱"。桁架型金属网箱的上端部，也就是侧网上端部固定在浮架的上框（挂网框）。当桁架型金属网箱箱体使用锌铝合金网衣或铜锌合金网衣时，箱体有一定的刚性，可承受水流冲击。

图 1-19　国产框架式金属网箱实景

图 1-20　日产桁架型金属网箱实景

　　框架式金属网箱的锚泊系统采用多个网箱组合定位的形式，是由浮筒、绳索和混凝土锚碇组成的"井"字形锚泊系统；每个网箱被连接在绳格中部，系统大而稳定，造价低廉。框架式金属网箱需要调换时，只需解开连接绳而无须移动锚绳。框架式金属网箱锚泊系统规模可根据生产需要扩大和缩小，操作方便。

　　3. 圆形浮式网箱

　　圆形框架和网衣围成的圆柱状，浮于水面的网箱称为圆形浮式网箱，圆形浮式网箱也称圆柱体浮式网箱、圆桶形浮式网箱、HDPE 圆形双浮管浮式网箱。圆形浮式网箱最早由挪威 REFA 公司开发和制造，外形为圆柱形。圆形浮式网箱的浮框主要以 HDPE 为材料，多为 2~3 圈等直径管，用以网箱成形和产生浮力。扶手栏杆通过聚乙烯支架与水面浮框相连，作为工作台供操作人员进行生产作业或维护保养。国内目前使用的圆形浮式网箱周长通常为 40~80 m，网衣深度则根据海域水深和养殖对象而定；石建高研究员团队正联合深圳南风管业有限公司等单位开始从事周长 300~1 000 m 圆形浮式超大型三角架网箱设计开发。图 1-21 为圆形浮式网箱实景，图 1-22 为目前国内外应用的大型圆形浮式金属框架网箱。

图 1-21　圆形浮式网箱实景

a. 大型浮式网箱实景；b. 圆形浮式网箱实景

图1-22 大型圆形浮式金属框架网箱实景

HDPE圆形浮式网箱主要优点包括：①抗风能力为12级、抗浪能力为5 m、抗流能力小于1 m/s，其使用寿命达10年以上；②网箱操作、管理和维护过程简单，易于投饵和观察鱼群的摄食情况，适应范围较广。

HDPE圆形浮式网箱存在的问题包括：①在承受波和流的共同作用时，锚泊系统与水面浮框的连接点处容易损坏；②在海流作用下合成纤维网衣漂移严重，其容积损失率高。

（三）其他类型的网箱

1. 超级渔场

2017年6月4日央视网报道，由我国承建的世界首座规模最大的深海半潜式智能养殖场正式交付挪威用户。该养殖场也称"超级渔场"（图1-23），它的整体容量超过 25×10^4 m³，相当于200个标准游泳池，不仅仅是规模大，同时上面所搭载的现代化设备，可以使它实现高度的自动化。"超级渔场"总高69 m，有23层楼高。总装量达到7 700 t，抗12级台风，配备有各类传感器逾 2×10^4 个，融入生物学、工学、电学和计算机等多学科技术，可实现全自动监测、喂养、清洁等工作。根据设计，仅需要7名员工就能实现一次养鱼 150×10^4 条。整个设施由挪威完成初始设计，中船重工武船集团进行工程设计和建造。

2. 联体增强型网箱

深圳南风管业有限公司联合东海水产研究所石建高研究员团队等单位研制出联体增强型网箱，该网箱采用新型三角形工字架，大大提高了产品的抗风浪性能，产品目前已量产并出口到国外。图1-24为联体增强型网箱。

3. 海上工业化养鱼设施

海上工业化养殖鱼类，就是依靠海上浮动的载体，运用机电、化学、自动控制学等

图 1-23　超级渔场建造实景

图 1-24　联体增强型网箱

学科原理，对养鱼生产中的水质、水温、水流、投饵、排污等实行半自动或全自动化管理，始终维持鱼类的最佳生理、生态环境，从而达到健康、有效生长和最大限度提高单位水体鱼产量和质量的一种高效养殖方式。海上工业化养殖鱼类有较多模式，现在国际上用得较多的是养鱼平台和养鱼工船。养鱼平台主要起始于公海石油平台，石油气采完后就改建为养鱼平台，以平台为基地，周围布置一群大型全自动化海水养殖网箱，发展"石油后"产业。比较典型的是西班牙彼斯巴卡公司的养鱼平台，年产鱼约 400 t，还有日本北海道北联水产公司的养鱼平台专门养殖昂贵的食用鱼，每年向市场投放 20×10^4 t 优质鱼，销售达几十亿美元。西班牙 IZAR 造船集团公司研制而成的养殖设施，用于暂养蓝鳍金枪鱼（图 1-25），其长 189.4 m、宽 56 m、水线深度 27 m，主甲板深度 47 m，最小吃水 10 m、锚泊吃水 37 m，推进功率 $3\times6\,750$ kW，航速 8 kn，定员 30 人。该养殖网箱设施有两种工作状态，一种为移动时的设施，另一种为锚泊时的设施。移动时船舱与网箱合为一体，其养殖容积为 95 000 m^3，整个设施能用 8 kn 航速行驶。锚泊时网箱下降至船底平台龙骨下，其与船舱一起成为一个长 120 m、宽 45 m、深 45 m 的大型网箱养殖设施，养殖容积（网箱和船舱）为 195 000 m³。多用途的辅助网箱位于船体上部的支撑结构和水下船体之间，用网衣将水体围成 3 个部分，根据不同的任务分别用于鱼的捕捞、销售、金枪鱼的移入和鱼病治疗等。网箱网衣的清洗是通过设置于船底四周的管道，用高压水从里向外冲洗上、下移动时的网衣。此外，该离岸养殖设施还设有投饵系统、死鱼清除装置、氧气发生装置和金枪鱼行为生态监控系统等。另外，该设施还设有 5 000 m³ 容积的冷藏库，足以保证从欧洲航行至日本途中的饲料需求，一般位于渔船的作业海区，通过一艘辅助船将装有金枪鱼的网箱移至该设施尾部，然后，采用不同的方法向船首方向移动，直至 3 个分隔水体合成 1 个为止。金枪鱼的捕捞是通过 1 个取鱼网把养殖网箱移到辅助网箱，然后提升该养殖设施，使水池中的水量下降，迫使鱼集中至 1 个特定的区域，以利于捕捞操作。

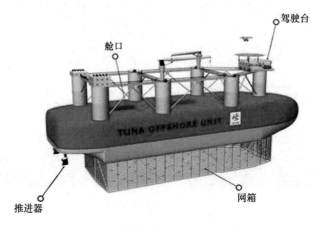

图 1-25　金枪鱼养殖设施

4. 养殖工船

利用船期已满的大吨位退役油船或散装货船，经过改造成为适合养鱼的工作船。如图 1-26 所示，这种养鱼工作船能克服原来养殖模式的诸多弊端和不足，在养殖鱼类过程中，充分利用优越的自然条件和科学养殖方法有机结合。法国和挪威合养的 1 艘长 270 m，总排水量 10×10⁴ m³ 的养殖工作船，年产 3 000 t 三文鱼；挪威养殖技术公司 7 000 吨级养殖工船，还配有先进的孵化设备及循环水系统，分为若干个作业区、加工区以及包装设备和冷冻设备；日本长崎县 "蓝海" 号 47 000 吨级养鱼工船，在水深 20～30 m 处，专门养殖比较高档名贵的鱼类。养殖工船也设有控制室、投饵系统、仓库及员工休息室等。大部分外海养殖均使用养殖工船，这样必要时可以离开网箱养殖区进行补给或避风。在渔业设施与工程合作研发项目（TEK20151116）的支持下，东海水产研究所石建高研究员课题组联合广源渔业有限公司等单位设计出一种养殖工船，创新出旧船

图 1-26 退役油船或散装货船改建的养鱼工船

改造利用新模式,可为未来该类养殖工船模式的产业化应用提供科学依据。

2018 年 2 月 13 日,中集来福士与挪威 Nordlaks 签署了《挪威"Nordlaks Havfarm 1"号深水养殖工船建造合同》,这样全球最大最先进的深水养殖工船"花落"中集来福士(图 1-27)。"Nordlaks Havfarm1"号深水养殖工船的基本参数为长 385 m,宽 59 m,高 65 m,包含 6 座深水网箱,养殖水体高达 44×10^4 m³,挪威标准 25 kg/m³ 水体,养殖规模可达 1×10^4 t 三文鱼,作为目前全球最大最先进的深水养殖工船,建成后将能够解决挪威三文鱼养殖密度过高、养殖水面不足和三文鱼鱼虱病等问题,改变三文鱼水产养殖业方向,以可持续发展的方式满足全球对健康海鲜日益增长的需求。"Nordlaks Havfarm 1"号深水养殖工船是由 Nordlaks 和 NSK Ship Design 共同开发设计的养殖工船,符合全球最严苛的挪威石油标准化组织(NORSOK)标准,入级挪威船级社(DNV-GL),能在挪威恶劣海况下运营。该工船通过外转塔单点系泊的方式进行固定,同时装备全球最先进的三文鱼自动化养殖系统,可以实现鱼苗自动输送、饲料自动投喂、水下灯监测、水下增氧、死鱼回收、成鱼自动搜捕等功能,"自动化"与"智能化"无处不在。

图 1-27 挪威"Nordlaks Havfarm 1"号深水养殖工船

第二节　海水网箱形状结构及其装配技术

网箱一般由框架系统、箱体系统和锚泊系统等部分组成。网箱框架大多是用高密度聚乙烯、橡胶、浮绳、镀锌钢管或特种钢材等材料加工制作。网箱箱体（也称网袋、网体、网衣、网囊和囊网等）除侧网和底网外，为满足网箱养殖中的防鸟或升降需要，有时还增设盖网或防鸟网。网箱锚泊系统起固定网箱作用。网箱结构和装配好坏直接影响到网箱使用寿命和养殖效果。本节主要介绍网箱形状、结构及其装配技术等内容。

一、网箱形状、结构

（一）网箱形状

网箱形状主要取决于框架造型，可分为圆形、方形、球形、船形、锥形、多边形、飞碟形、圆台形和不规则形等。网箱选择何种形状，首先应从适合主养殖品种、便于工人操作管理、增强网箱抗风浪能力和有利于箱体内外水体交换等方面综合考虑，其次，还要考虑网箱成本、养殖习惯、辅助装备条件以及休闲旅游功能等因素。

目前，生产上广泛应用的网箱形状主要有圆形和方形两种。在相同深度和相同载鱼容积的情况下，圆形或多边形网箱比其他形状更节省网片材料，但网箱的制作和操作均不便。考虑到有利于网箱内水体交换，较小的网箱（网口面积 16 m² 以下）以正方形为宜，较大的网箱则以长方形为宜。因为同样大小的网箱，面朝水流方向的宽度越大，其水体交换率也越大，所以同样面积的网箱，长方形网箱的水体交换率最佳，其次是正方形、圆形和多边形。在同一海况下，网箱大小对养殖鱼类的生长和经济效益有一定影响。在选择网箱大小时需要考虑：①小网箱易于清洗与操作；②网箱养殖水体越大，造成破网逃鱼的机会也越多；③按网箱的单位养殖水体计算，网目大小和网线直径相同条件下，大网箱使用材料少，单位面积造价低；④超大型网箱养殖鱼类具有优异的仿野生生态鱼类品质，因此市场售价及受欢迎程度更高；同样流速条件下，网箱越小，箱内水体交换次数越多，溶氧状况越好，有利于鱼的摄食和对饵料的利用；⑤网箱内容积越小，鱼的活动范围和强度也越小，鱼的能量消耗也少，生长快，产量高；网箱面积越大，单位面积产量越低，等等。在技术条件有限的前提下，网箱的养殖水体不宜太大；但在技术条件许可的前提下，网箱向离岸、深水、大型化、机械化、自动化和智能化方向发展。近年来，石建高研究员团队联合惠州市艺高网业有限公司和深圳南风管业有限公司等单位开始从事周长 240 m 超大型浮绳式网箱、周长 300 m 超大型三角架网箱设计开发等。网箱使用较多的是圆形、方形、六角形和八角形等。此外，近年来还出现了很多新型网箱（图 1-28 和图 1-29）。

图 1-28　海洋渔场 1 号网箱实景

图 1-29　单柱半潜式深海渔场效果

高密度聚乙烯框架深水网箱标记采用行业标准《高密度聚乙烯框架深水网箱通用技术要求》（SC/T 4041）（石建高研究员主持制定），简述如下：

高密度聚乙烯框架深水网箱标记包含下列内容（若网箱中不安装防跳网，则标记中不包含 e 项；若网箱作业方式为浮式以外的其他作业方式，则标记中不包含 g 项）：

a. 网箱框架材质：高密度聚乙烯框架用 HDPE 代号表示；

b. 箱体用（主要）网衣材质：聚乙烯网衣箱体、聚酰胺网衣箱体、聚酯网衣箱体、超高分子量网衣箱体、金属网衣箱体和其他网衣箱体分别用 PEN、PAN、PETN、UHM-WPEN、MENTALN 和 OTHERN 代号表示；

c. 网箱作业方式与形状：浮式圆形网箱、浮式方形网箱和其他形状浮式网箱分别使用 FC、FS 和 FO 代号表示；升降式圆形网箱、升降式方形网箱和其他形状升降式网箱分别使用 SSC、SSS 和 SSO 代号表示；沉式圆形网箱、沉式方形网箱和其他形状沉式网箱分别使用 SGC、SGS 和 SGO 代号表示；移动式圆形网箱、移动式方形网箱和其他形状移动式网箱分别使用 MC、MS 和 MO 代号表示；其他作业方式与形状网箱用 OMOT 代号表示；

d. 网箱尺寸：使用"框架周长×箱体高度"或"框架长度×框架宽度×箱体高度"等网箱主体尺寸表示，单位为米（m）；

e. 网箱防跳网高度：箱体上部用于防止养殖对象跳出水面逃跑的网衣或网墙高度，单位为米（m）；

f. 网箱箱体网衣规格：参考 GB/T 3939.2 的规定，箱体网衣规格应包含网片材料代号、织网用单丝或纤维线密度、网片（名义）股数、网目长度和结型代号；

g. 网箱框架用主浮管规格与网箱浮管的总浮力：网箱框架用主浮管规格以框架浮管用高密度聚乙烯管材的材料命名、公称外径（d_n）/公称壁厚（e_n）表示，单位为毫米（mm）；网箱浮管的总浮力单位为千牛（kN）；

h. 本标准编号。

在网箱制图、生产、运输、设计、贸易和技术交流中，可采用简便标记。简便标记按次序至少应包括 c、d 两项（若网箱中安装防跳网，则简便标记中还应包含 e 项内容），可省略 a、b、f、g 和 h 5 项。

示例 1-1：框架周长 50.0 m、箱体高度 6.0 m、防跳网高度 0.8 m、箱体网衣规格为 PE-36 tex×60-55 mm JB、框架用主浮管材料级别为 PE 80、浮管用高密度聚乙烯管材公称外径 d_n280 mm/公称壁厚 e_n16.6 mm、浮管的总浮力为 62 kN 的浮式圆形高密度聚乙烯框架深水网箱的标记为：

HDPE—FN—FY—50.0 m×6.0 m + 0.8 m—PE-36 tex×60-55 mm JB—PE 80-SDR 17-d_n280 mm/e_n16.6 mm+62 kN SC/T 4041

示例 1-2：框架周长 50.0 m、箱体高度 6.0 m、防跳网高度 0.8 m、箱体网衣规格为 PE-36 tex×60-55 mm JB、框架用主浮管材料级别为 PE 80、浮管用高密度聚乙烯管材公称外径 d_n280 mm/公称壁厚 e_n16.6 mm、浮管的总浮力为 62 kN 的浮式圆形高密度聚乙烯框架深水网箱的简便标记为：

FY—50.0 m×6.0 m+0.8 m

此外，浮式金属框架网箱标记采用行业标准《浮式金属框架网箱通用技术要求》（SC/T 4067—2017）（第一起草人：石建高）；高密度聚乙烯框架铜合金网衣网箱标记采用行业标准《高密度聚乙烯框架铜合金网衣网箱通用技术条件》（SC/T 4030—2016）（第一起草人：石建高），等等。

（二）网箱结构

网箱由框架、网衣、沉子、固定锚、锚绳、连接件、浮筒、夜间警示灯和系箱绳等部分组成（图 1-30）。网箱框架材料主要有 HDPE 管和金属管两种。目前，金属框架网箱基本结构主要分为两种类型：一种是由上梁管、外梁管和内梁管组合成的桁架型（图 1-31）；另一种是由外梁管和内梁管组合成的平面型（图 1-32）；目前，桁架型较平面型使用广泛。桁架型的上端部，也就是侧网上端部固定在框架（或浮架）的上框（挂网框）。吊绳以直径为φ16 mm~φ30 mm的合成纤维绳索为宜，在条件许可的前提下优先选用高强度、耐磨和耐老化的超高分子量聚乙烯绳索或尼龙绳索等。方形桁架型深海抗风浪金属框架网箱的吊绳装在网箱的各个弯角部位以及网箱各边的中央部位，而圆形网箱将所需要的数根吊绳以等间隔配置。网箱上的这些吊绳大大增加了侧网强度，在新设置网箱时，可用吊绳将卷缩的侧网暂时固定在网箱浮框上，到达锚泊地后再慢慢松开吊绳，使侧网网衣垂直向下张开。图1-33为网箱断面构造图。

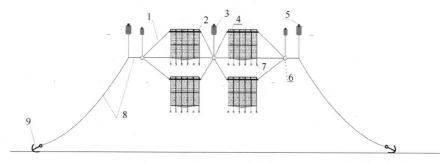

图1-30 网箱结构

1. 系箱绳；2. 框架；3. 浮筒；4. 网衣；5. 夜间警示灯；6. 连接件；7. 沉子；8. 锚绳；9. 固定锚

图1-31 桁架型网箱

图1-32 平面型网箱

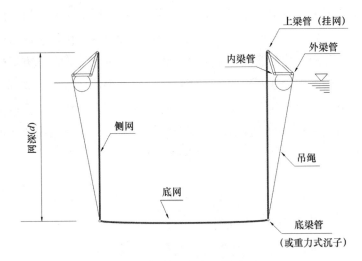

图 1-33　网箱断面构造

二、网箱浮框架的材料与结构

(一) 网箱浮框架的主要材料

网箱是用于养鱼的载体,其制作材料对养殖网箱的安全可靠性和抗灾能力至关重要。用于建造小型传统网箱的主要浮框架材料有木板、毛竹、圆木、浮绳和钢管等,建造大型网箱的浮框架材料有 HDPE 管、金属管、浮绳、橡胶管或玻璃钢管(简称 FRP 管)等,在碟形网箱上也有用特制的高强度钢管。下面分别介绍网箱框架用的 HDPE 管和金属钢管。

1. HDPE 管

有些网箱的浮框架是由管壁较厚的高密度聚乙烯挤压管(简称 HDPE 管或 HDPE 浮管)制成。对网箱而言,使用 HDPE 浮框架有诸多优点:①管材密度仅为 0.96 g/cm³,能浮于水面;②韧性好,在 -60~60℃温度范围内不会因小的外力撞击而产生形变;③抗拉、抗弯能力强,并且在不加热情况下可进行曲率半径大于管径 20 倍的弯度安装;④与聚氯乙烯(PVC)管材对比,在相同高压状况下,PVC 管材的破损是缝隙,而 HDPE 管的破损仅为一个点。HDPE 浮框架主体管件的管径有 200 mm、250 mm、315 mm 等。HDPE 浮框架用管规格以管径(mm)×壁厚(mm)表示。网箱用 HDPE 管规格有 110 mm×10 mm、125 mm×9.2 mm 、200 mm×14.7 mm、250 mm×18.4 mm、315 mm×23.2 mm 等。HDPE 框架主体管件每隔一定距离宜焊接一个 HDPE 塞头(俗称 HDPE 阻头或 HDPE 隔舱等),以增强 HDPE 网箱的安全性。对框架为 HDPE 的升降式网箱而言，螺纹阀设于每根 HDPE 管的两端，让空气与水注入和排出 HDPE 管，以此来调节升降式网箱的漂浮力。在对角的 HDPE 管内预设一根软管，其一端与一个螺纹阀相连，以利于从对角的 HDPE 管管件近水面一端调节水与空气的注入和排出。

表 1-2 对各种网箱的框架性能进行了对比，其中浮管式框架的材料大多由 HDPE、橡胶或玻璃钢（FRP）等材料制成，以 HDPE（浮）管制成的重力式网箱应用范围最广，代表产品为挪威 REFA 公司的重力式网箱；升降式框架一般指日本生产的框架式网箱，其框架为外覆塑料的钢管。挪威的张力腿网箱、美国的碟形网箱和锚张式网箱以及瑞典牧海型网箱均使用甚少，因此未将其统计在表 1-2 内。

表 1-2 各种网箱框架性能对比

| 框架类型 | 浮式网箱框架 | | | | | 升降式网箱框架 |
| | 无浮力框架（用浮筒支撑） | | | 浮绳式 | 浮管式框架 | |
	竹、木材	钢材	FRP			
使用年限	2~10 年	5~15 年	10~20 年	10~20 年	10~20 年	3~5 年
使用海域	限内海	内海	内海	可用于外海	可用于外海	可用于外海
安装难度	一般	简易	简易	困难	简易	简易
经营规模	小规模	中小规模	中小规模	大规模	中大规模	中大规模

2. 金属钢管浮框架

对桁架型网箱而言，其金属浮框架一般采用 $\phi60$ mm（外径）×5 mm（壁厚）、20 号的无缝钢管焊接而成，外表面整体喷镀锌层，以增加抗腐蚀能力；无缝钢管经镀锌后，外表面喷 3 遍以上的氯化橡胶防锈漆，防止钢制管件生锈，特别在焊接口要进行喷漆加厚处理。根据海况、网箱规格、网衣种类及养殖企业经济状况等因素，无缝钢管外径与壁厚可进行相应调整，如针对大规格金属网衣，无缝钢管壁厚不应小于 5 mm，而当使用合成纤维网衣且桁架型网箱在港湾内设置时，无缝钢管壁厚可以小于 5 mm。对平面型组合式网箱而言，其钢管外径、壁厚等根据海况、网箱规格、网衣种类及养殖企业经济状况等因素选用，外表面一般需要作防腐蚀处理。

（二）网箱浮框架的结构

1. HDPE 管浮框架的结构

HDPE 管圆形网箱大多采用图 1-34 所示的结构，图 1-35 为 HDPE 网箱框架系统结构。深圳南风管业有限公司生产的"南风王"牌高密度聚乙烯主要技术指标：抗风能力达 12 级；抗浪能力达 7 m；防污有效期在正常情况下为 6 个月；网片规格根据用户要求提供；使用寿命大于 5 年。

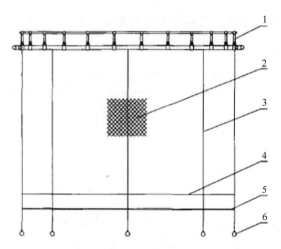

图 1-34　HDPE 双管圆形网箱的整体结构

1. 护栏立柱管；2. 网衣；3. 力纲；4. 网底；5. 网箱底圈；6. 吊重用沉块

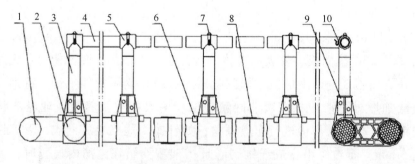

图 1-35　网箱框架系统结构

1. 外圈主浮管；2. 内圈主浮管；3. 护栏立柱管；4. 护栏管；5. 护栏管三通；
6. 定位块；7. 销钉；8. 热箍套；9. 主浮管三通；10. 网衣挂钩

2. 金属浮框架的结构

网箱也有采用金属浮框架，一般用在方形网箱比较多。金属框架全部采用刚性结构材质，由四个预制金属框架管件按照方形拼装，并由金属连接件固定成型。方形桁架型网箱的每个预制金属框架管件分别由上梁管、外梁管、内梁管、横排管、斜排管和竖排管等部分所组成，桁架型网箱的金属框架断面为斜三角形。图 1-36 为网箱金属框架结构示意图。图 1-37 为金属框架管件结构示意图。东海水产研究所石建高团队联合三沙美济渔业开发有限公司等单位开发的深远海金属框架网箱目前已成功应用于石斑鱼、尖吻鲈和珍稀鱼类等鱼类养殖（图 1-2 和图 1-38）。

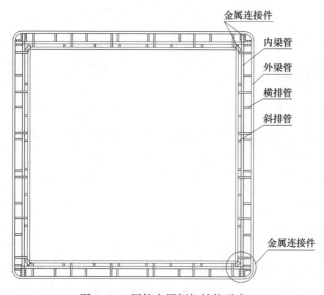

图 1-36　网箱金属框架结构示意

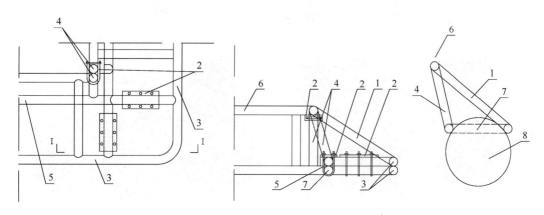

图 1-37　金属框架管件结构示意

1. 斜排管；2. "U" 形卡；3. 外梁管；4. 竖排管；5. 内梁管；6. 上梁管；7. 横排管；8. 泡沫浮筒

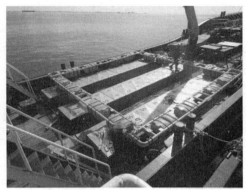

图 1-38 深远海金属框架网箱及其装配

三、网箱装配技术

网箱从组装至下水期间的基本程序一般为：组装底框（根据网箱类型和需要选用）→安装底网→安装侧网→连接各侧网→在底框上固定底网周边部和侧网下端部（根据网箱类型和需要选用）→组装网箱框架→在网箱框架上固定浮筒（根据网箱类型和需要选用）→将侧网上端固定在网箱框架上→网箱下水。现将网箱的装配技术简述如下。

（一）网箱框架装配技术

1. HDPE 框架安装

根据 HDPE 框架设计要求切割 HDPE 管材（也称浮管），通过异径三通（图 1-39）、浮管三通（图 1-40）等连接件将 HDPE 管材连接成所需形状（方形、圆形或三角形等），然后用焊接机进行焊接连接。图 1-41 和图 1-42 为 HDPE 管的安装过程。HDPE 管焊接后安装立柱和扶手等，制作 HDPE 框架（图 1-43）。

图 1-39 HDPE 框架用异径三通   图 1-40 HDPE 框架用浮管三通

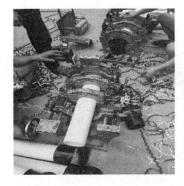

图 1-41　方形网箱 HDPE 框架安装工地

图 1-42　圆形网箱 HDPE 管材焊接

图 1-43　HDPE 框架网箱

2. 金属框架的安装

桁架型网箱的金属框架一般用弧形焊接法制作。弧形焊接法是把在金属周围涂了一定厚度溶剂的被覆弧形焊接棒夹在架子上当电极，在这个电极和母材之间加交流或直流电源。由于管件较长，在实际桁架型网箱的金属框架加工生产中，钢管需采用电焊或气弧焊的方法将管件串联，结合部安置短管增加其焊接处应力强度。结构管件焊接方法一般包括"T"形管无开口焊接、"T"形管开口通气式焊接、直管简易焊接和直管复合焊接等。图 1-44 为无缝钢管接合部焊接方法。

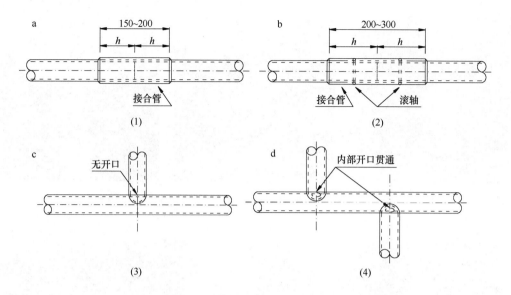

图 1-44　无缝钢管接合部焊接方法

a. 直管简易焊接；b. 直管复合焊接；c. "T"形管无开口焊接；d. "T"形管开口通气式焊接

桁架型网箱根据钢管桁架立体结构一般分为钢管型、托架型和三角形等（图 1-45）。钢管型是把钢管按照横排管、斜排管与竖排管等间隔或同轴状安装。托架型其结构为平钢托架。三角形使用的是等边或者不等边山型钢等。三角形结构适用于大型圆形网箱框架，托架型和钢管型结构主要适用方形网箱框架。图 1-46 为钢管桁架安装实景。

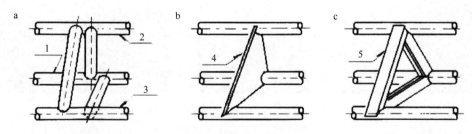

图 1-45　钢管桁架立体结构

a. 钢管型；b. 托架型；c. 三角形

1. 内框；2. 上框；3. 外框；4. 托架；5. 三角架

方形桁架型网箱框架由 4 个长框组成，4 个转弯角叠合部位用不同规格、形状的压板及 "U" 字形螺栓紧固，使 4 个长框组合成一体。图 1-47 为方形网箱转弯角连接。转弯角连接式框架最大长度考虑运输上的方便，建议限制在 15 m 左右。平面型框架网箱的单位长度框架重量相对较轻，方便大量运输，所以，不管是配备金属网衣的网箱，还

图1-46 钢管桁架安装实景

图1-47 方形网箱转弯角连接

是配备合成纤维网衣的网箱，作为内湾使用的网箱可考虑使用平面型金属框架网箱。

（二）网箱底框和底网装配技术

网箱的底框采用 HDPE 管或金属钢管制作。如果用金属钢管需要用热镀锌工艺加工；图1-48 显示的形状为 9 m×9 m 的方形钢管底框结构，其各转弯角用钢管或平板钢作为补强框焊接；钢管搬入安装场地后，通过配套的镀锌钢质连接套管，用螺栓穿过下框钢管将其固定，组装成方形的整体底框。网箱底框安装现场如图1-49 所示。网箱底部网衣安装实景如图1-50 所示。

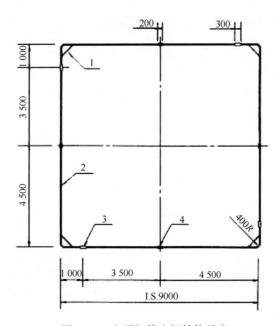

图1-48 方形钢管底框结构示意

1. 拐角；2. 框架；3. 现场安装连接点；4. 工厂内安装连接点

35

图 1-49　网箱底框安装现场实景

图 1-50　网箱底部网衣安装

现在网箱底框大部分采用 HDPE 管。图 1-51 为长方形网箱 [8.0 m（长）×6.0 m（宽）] 的底框和安装底网示例，网底的纵向和横向分别装配力纲。为防止网底因自重过大出现漏斗形，在安装边缘纲后的网箱底网上安装力纲，以提高底网网衣强度；将安装力纲后底网网衣装配在长方形 HDPE 管架上。制作长方形 HDPE 管架用 HDPE 管的型号可为 SDR11 等型号，可选用 HDPE 管外径范围为 70～110 mm；长方形 HDPE 管架与侧网网衣用（超）高强绳索（如特力夫超高强纤维绳索等）进行连接。

网箱缘纲与底框装配如图 1-52 所示，方形金属底框与网衣装配如图 1-53 所示。

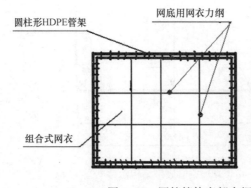

图 1-51　网箱箱体底部力纲装配

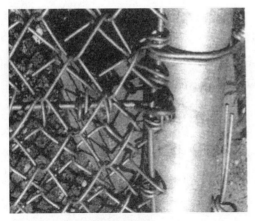

图 1-52　缘纲与底框装配

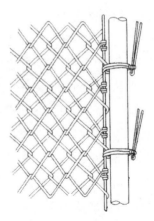

图 1-53　底框与网衣装配

底框是通过力纲和辅助绳索与箱体网衣连接，其作用是将网衣底部撑开成一定形状，避免由于水流和波浪作用使箱体网衣变形，保持箱体网衣的容积。圆形网箱底网安装的方法是底框组装后先把底网固定在底框上，接着把底网用缝合线紧紧地与底框相连，在底框的外侧、底框端部留 3~4 网目，把突出的缝合线用刀切除；切除后的各缝合线末端用钳子等加工成钩子状；以上工作结束后，用缝合线把插入的缘纲与底框相连接；以上网衣固定作业全部结束后，把侧网折叠成环状，用缝合线把侧网上端部固定于上框，装配工作完成。有些圆柱形网箱网底的金属网衣是装配在 HDPE 管架上（图 1-54）；圆柱形 HDPE 管架与侧网衣用（超）高强绳索进行连接。

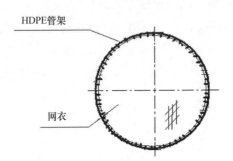

图 1-54　圆柱形网箱箱体底部设计

（三）箱体侧网安装技术

1. 合成纤维网衣的装配

网箱侧网网衣安装在框架上，一般要高出水面 40~50 cm，必要时可在网箱顶面加一盖网，以防逃鱼和敌害（如鸟类、海狮等）侵袭。网箱侧网网衣由网片装配而成，有的用几块网片缝合而成，其中上面的一块网片网目要大些；也有的网箱侧网网衣采用长带形网片折绕成网墙，再缝网底和盖网。网箱四周和上下周边都要用一定粗度的力纲加固；网箱侧网网衣上周边的大小与框架匹配并用聚乙烯绳固定在框架内框的钢管（或 HDPE 扶手管等）上，最后将侧网网衣的下周边与网箱底网缝合连接，并根据需要选择是否在底网外侧加装底框。网箱侧网网衣安装时，为了使侧网网衣保持一定的形状和强度，需要装配若干根纲索，承受网具的张力，保证网具处于正常工作状态。通常在侧网网衣的边缘装纲索，形成网箱的骨架。侧网网衣的纲索是否合理装配，将直接影响网箱的使用性能。网箱侧网装配时主要考虑两个问题：一是纲索长度与装纲边网衣拉紧长度之间合理匹配，保证网衣张开；二是纲索长度与网衣装配形式要恰当，使纲索承受网箱上的张力，保证网箱有足够的强度，因此，网箱装配时，必须计算纲索长度，严格按设计技术要求进行装配。

2. 金属网衣装配方式

金属网衣网箱组装过程实景如图 1-55 所示。金属网衣的装配方式如下。

图 1-55　金属网衣网箱组装过程实景

（1）侧网、底网与底梁管间的连接方式

对桁架型金属网衣网箱而言，金属网衣装配时将底网和侧网的末端同时固定在钢质底梁管上进行连接（图 1-56）；这种情况下，在两种网边缘部分插入支撑金属丝线，在网衣边缘部的突出部位，用捆扎金属丝线将支撑金属丝线紧紧捆在底梁管上。

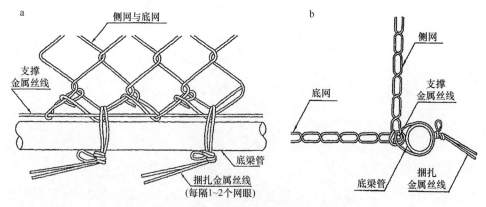

图 1-56　金属网与底梁管之间的固定方式

a. 侧面；b. 断面

（2）侧网之间的连接方式

对金属网衣网箱而言，两块金属网衣侧网之间采用半软态（中间插入尼龙布或合成纤维网衣）装配（图1-57至图1-59）。石建高研究员所在团队的前期研究结果表明，金属网衣间采用半软态连接方法效果较好。

图1-57 纵向网目侧网间的连接

 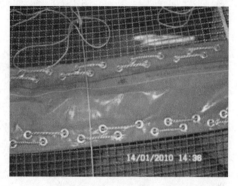

图1-58 相邻金属网衣之间的连接方式　　　图1-59 相邻金属网衣之间的一种软连接方法

（3）侧网与上梁管间的装配方式

对桁架型网箱而言，侧网与底梁管连接之后，通过拉网作业将侧网上端部分移向金属框架的上梁管处，然后开始固定（图1-60）。诚然，在侧网与上梁管间的装配过程中，也可以用UHMWPE网线或绳索替代金属线，以UHMWPE网线或绳索用作捆扎线（图1-60中的右图）。为了避免金属网衣暴露在空气中，侧网与桁架型金属框架上梁管间的装配方式采用了合成纤维网衣+金属合金网衣的装配方法，即合成纤维网衣与上梁管连接，金属网衣始终处于水面以下。金属网衣网箱的侧网与桁架型金属框架上梁管间使用一定高度的合成纤维网衣；装配时先在合成纤维的上下边安装纲索，最后将装纲后的合成纤维网衣对接成环形，分别与金属网衣网箱桁架型金属框架上梁管及金属合金网衣侧网连接。对于直径15 m以上、高10 m以上的大型圆形网箱，由于金属网衣安装面积大，一般采用纵向网目式，金属网衣间的连接，除缝合线编缝方法外，还采用线圈挠缝连接法；也就是采用将缝合面合起来，分别插入连接线，圈线形成螺旋状插入的复合连接方式（图1-61）。侧网间的连接，将需要连接的侧网以网边重叠3~4网目进行缝合，在网衣边将与网目重复部分的两个地方分别插入线圈线。

图1-60　侧网与上梁管间的固定方式示例

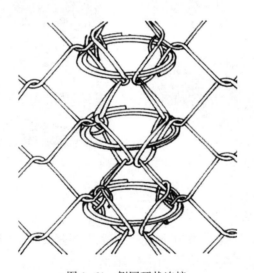

图1-61　侧网环状连接

（四）纲索装配技术

在不同地区，合成纤维网衣网箱结构、设置方法、使用方法、网的安装尺寸、安装方法和网的规格等多种多样，目前国内外尚无统一水平纲及垂直力纲的装配标准。为确保网箱箱体安全、减少金属网衣网目受损，建议在网箱箱体网衣上安装力纲。网衣与力纲之间的装配图如图1-62所示。

图 1-62　网衣与力纲间的装配

（五）网箱浮力系统设计

1. 网箱浮力的配置方法与计算

对金属框架网箱而言，一般采用硬质泡沫浮筒（如聚苯乙烯泡沫塑料或聚氯乙烯塑料桶等）作为浮力系统的浮子，泡沫浮筒均匀固定在钢结构框架下方。泡沫浮筒浮力一般在 200~300 kg/个，泡沫浮筒规格为（500~600 mm）（直径）×（800~1 200 mm）（长），最常用的规格为 600 mm×1 200 mm、500 mm×800 mm 等。泡沫浮筒套在经过纤维强化的着色塑料袋或帆布等材料中，以防止紫外线直接照射导致浮筒脆化，还可防止海水对泡沫塑料的直接腐蚀，从而提高浮子的使用寿命（图 1-63）。在金属框架上也有采用 ABS 工程塑料耐压浮筒及 HDPE 滚塑半硬质浮筒等浮筒（图 1-64），这类浮筒直径约为 500~600 mm、长度为 1 200~1 600 mm、浮力为 250~350 kg/个，尤其是 ABS 耐压浮筒，使用水深可达 80 m，牵引破损强度为 8 t，这种浮筒捆扎在金属框架上比较可靠，但价格上要高于泡沫浮筒的价格。

图 1-63　安装硬质泡沫浮筒后的浮式网箱

根据网箱浮子数量，可以计算网箱必要的浮力 F_U，以公式（1-1）计算。

$$F_U > W_1 + W_2 + W_3 + W_4 + W_5 + M \tag{1-1}$$

式中，W_1 为框架重量；W_2 为网衣水面上部重量（通常按上梁管距水面 50 cm 高计算）；

图 1-64　金属网箱用硬质泡沫浮筒及其安装

W_3 为网衣水面以下部分重量；W_4 为底部沉子或底梁框水中重量；W_5 为网衣附着物重量（根据海区状况，由附着系数和网衣水下部分面积等确定或估算）；M 为网箱框架上方承重之和（包括最大数量人员体重、饵料重量、活鱼船停靠网箱推力的垂直分力以及风、浪、流作用在网箱上的垂直分力等）。

网箱实际安装调试中，考虑到保证网箱的安全及考虑当地最大潮流或风浪和缆绳等造成的影响，通常实际 F_U 应大于公式（1-1）计算值的 2 倍。网箱用浮子形状及其浮力示例如表 1-3 所示，安装浮子后的网箱如图 1-65 所示。

表 1-3　网箱用浮子形状及其浮力示例

ϕa（mm）×L（mm）	浮力（kg）	ϕa（mm）×L（mm）	浮力（kg）
350×550	53	560×900	200
450×680	110	600×1 050	270
—	—	670×1 150	400
—	—	800×1 100	500

图 1-65　安装浮子后的各类网箱

2. 沉石的形状设计

网箱配套用沉石可由混凝土和钢铁等材料加工制作，沉石通过系缚绳索与网箱底网、底框和力纲相连，其作用是保持网箱箱体形状。沉石形状一般设计为球形、圆柱形、壶形、秤砣形等（图1-66）。当水流和波浪力作用于网箱箱体和球形沉石时，无论球形沉石处于何种倾斜角度，其产生的恢复平衡力矩是不变的，因此，在网箱箱体产生一定倾斜时，球形沉石有利于网箱箱体恢复平衡位置，从而可减少网箱箱体网衣变形和网箱箱体的容积损失率。此外，在实际生产中，当网箱养殖区流速较小时，人们亦采用沙袋替代沉石（图1-66）。

图1-66 沉石与沙袋

3. 升降式网箱的浮力配置

升降式网箱大多数是沉降到预定设计深度的网箱，近年也开发了长期沉设在水深30 m以上深海位置的网箱。升降式网箱一般分为常沉型以及防台防灾沉降型。常沉型升降式网箱使用在风浪较大的海域。防台防灾沉降型升降式网箱平时为浮式网箱使用，沉降后可以回避台风、可以回避冬季季节大风浪、季节表层高水温以及表层赤潮等灾害，确保网箱设施和养殖鱼类安全；防台防灾沉降型升降式网箱基本结构与浮式网箱基本相同，但其上框架上的浮筒有所区别，其框架浮筒中配置了具有调节升降功能的耐压浮筒，并装有盖网；调节整个网箱升降的装置等如图1-67和图1-68所示，上框架上安装了具有海水压舱水箱功能的浮力调节浮筒，浮筒上装有耐压气管，如向耐压气管送气，浮力达到一定程度，网箱就会浮出水面；下沉时，打开排气阀，浮筒的底侧自动输入海水，随着整个网箱的自重及调节浮筒的海水重量增加，网箱逐渐下沉；此外，也有在防台防灾沉降型升降式网箱上框架周围设置压载收纳笼，在里面放入所需数量的砂袋，采用这样的沉降方法使网箱下沉，撤去压载，网箱就上浮。根据升降式网箱的特点，东海水产研究所石建高研究员团队发明了"升降式网箱柔性输气管的排布方法"和"一种网箱输气管安全排布方法"等专利，有效地解决了升降式网箱的输气管安全排布问题。

升降式网箱下沉的水深因养殖品种的生理习性不同而不同，有些则常年沉设在水深为2~20 m；如在网箱养殖真鲷中，为了防止紫外线和保持水压环境，升降式网箱可一直沉设在5~30 m深处。给中层或沉降状态下的升降式网箱养殖鱼类的投饵可通过由水

图1-67　升降式网箱浮筒及其相关浮力调整装置

图1-68　升降式网箱浮筒装配实例

面配置的专用管道等进行，图1-69为中层升降式网箱常时沉设状态和投饵作业状态。深海升降式网箱，因为它处于深海深处，可以回避网箱上合成纤维网衣上的海洋附着生

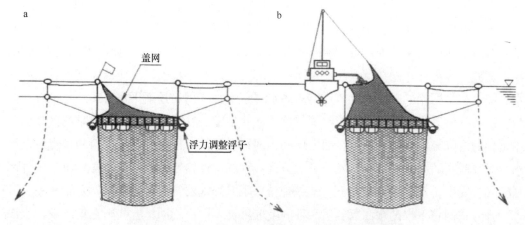

图1-69　中层升降式网箱常时沉设状态和投饵作业
a. 沉设状态；b. 投饵作业时

物，因此，深海升降式网箱几乎不需要清洗网衣。根据升降式网箱的特点，东海水产研究所石建高研究员团队等发明了"升降式网箱安全投饵用柔性料桶"和"一种升降式网箱精准投饵方法"等专利，上述发明有效地解决了升降式网箱的精准投饵问题，引领了我国升降式网箱精准投饵技术升级。

HDPE 圆形升降式网箱安装工作程序简述如下。

1. 准备工作

（1）在框架上安装进气阀门和进水阀门及与充气软管相连接的接口；

（2）厂家提供的阀门启闭工具；

（3）升降所需装备：①充气机 1 台（压缩机规格：30 L/s，7 bar），ϕ20 mm 或 ϕ16 mm 软管接口；②空气罐一个（600 L），配备压力表及 ϕ20 mm、ϕ16 mm 和 ϕ40 mm 之接口和阀门；③若无充气机和空气罐，可配备瓶装压缩空气 2 瓶（200 bar 50 L 的瓶装气），并配备必要的减压阀和输出设备；④小气管 1 条（ϕ20 mm 或 ϕ16 mm，工作压力 ≥0.6 MPa，长度 > 2.0 m）；⑤主气管 2 条（ϕ40 mm，工作压力 ≥0.6 MPa，长度 ≥ 20.0 m）；⑥将主气管进行分支的分支部件（三通、丝接及与气管相连的接口）。

2. 升起操作程序

（1）安装充气机及空气罐；

（2）启动充气机；

（3）打开空气罐阀门，使空气压力达 0.4 MPa；

（4）打开主气管控制阀门，开始为框架充气；

（5）开始充气后 5~10 min 浮出水面，在浮起过程中，要看网箱浮管受力是否平衡，如果受力不平衡，就关闭气管架上的一个气门开关，如有一边浮起来太快，则调节相应的控制阀门，直到与另一个网箱浮管处于平衡状态为止；

（6）继续进气，使网箱浮管全部浮出水面并处于正确使用状态；

（7）关闭网箱框架所有阀门和空气罐控制阀门。

3. 沉降过程

（1）打开网箱上进出水开关，网箱自动处于下降过程；

（2）若框架内有残留的海水，必要时连接空气罐将框架内残留的海水冲出后再进行沉降，具体方法为：将空气罐气压升至 0.4 MPa，打开储气罐阀门，让压缩空气冲进网箱主浮管，这个动作要进行 2~3 次，直到把网箱浮管内的水全部冲出；

（3）开始下沉后，大约 15~20 min 下沉到预定深度。

第三节　海水网箱选址与锚泊技术

网箱选址与锚泊技术直接关系到网箱养殖的成败。网箱受到的外部作用力通过锚绳传递，并最终通过锚（或桩等）的自重及抓力来达到受力平衡，从而使网箱在海洋动力环境下能维持稳定。锚泊系统是网箱在水中的根基，科学选择网箱锚泊地址并设计合理的锚泊系统可以确保网箱系统的稳定、安全，保证网箱不会因为风浪侵袭而造成整体受力不均甚至破损，因此，选择合适养殖海域、设计使用合理锚泊系统对网箱养殖产业健康发展至关重要。

一、网箱选址

（一）网箱养殖水域选择

养殖海域的选择是一个艰苦和复杂的工程，选择网箱养殖海域须考虑政策许可性、养殖污染的可控性、网箱设置海域的适宜性、周边产业和社会的相容性、工程施工场地的可行性等。我国沿海海区类型大致有开放式、半开放式和海湾等。网箱养殖海域的海况条件必须符合渔业海域水质标准，附近没有任何大的污染源。由于网箱设置时通常是以多只网箱为一组，采用多点锚泊系统，因此，网箱养殖海域宜选择开放式海区或半开放式海域，要求海底地形较平，底质以泥沙为最佳，使网箱整体不会在风浪袭击下而锚锭产生移动。升降式网箱如果采用锚泊系统构筑的水下升降控制平台，一定要达到控制升降的深度（一般浮框沉降深度在 10 m 左右）回避台风的袭击。浮式网箱宜选择有岛礁屏障海区，以半开放式海域为最佳。在台风来临时，由于浮式网箱漂浮于海面无法回避台风的袭击，因此，岛礁就成了网箱最好的保护屏障。在近岸布设网箱时，应考虑波浪的回波作用，布设距离以 30 m 以外为宜。除升降式之外的其他类型网箱，都有一个技术上难以解决的问题——鱼类伤亡，这是因为在台风中海浪袭击网箱时养殖鱼类之间、养殖鱼类与网箱、养殖鱼类与海底等之间会发生碰撞挤压缠绕等剧烈运动，因此，有条件的海区应提倡应用升降式网箱；无条件的地方应设置消浪减流设施。

（二）网箱养殖海况调查与环评分析

在计划安装网箱的海域，要进行现场调查，调查内容主要有本底调查、海流测定、水文历史资料、污损生物量和海区现有生物种类等。

（1）初步选定网箱养殖区域

在现场勘查前，应先确定网箱安装区域的大致范围。可通过海图初步确定网箱安装区域经纬度坐标点和设计网箱布局等。

（2）现场调查

根据海图作业得到的初始资料，开展现场调查确定网箱安装的具体位置。现场调查需要配备全球卫星定位仪和测深仪的船只。船只按照预定经纬度的 4 个点航行，采用"之"字或"回"字航法对预定安装区域进行水深测量。将采集到的数据绘制出海底地形图，从中选择最适合网箱安装区域。现场调查还包括底泥的采集、水样采集和海流的测量等内容。通过上述调查获得底栖生物、初级生产力、海流等技术参数。另外，还要了解海区污损生物的消长周期，防止污损生物附着网箱上配套的合成纤维绳索材料。根据该海区的生物消长规律，回避生物附着。通常在生物消亡期安装网箱，这对防止网箱生物附着有利。对于大型软体浮式网箱箱内养殖对象来说，未必经受得住台风或赤潮侵袭的考验，网箱养殖者应根据自身的经济基础和海区条件综合考虑选择何种类型的网箱，并采取相应的应对措施。

（三）网箱对海区流速的要求

选择适合的流速，可减少网箱养殖容积的损失。通常情况下，海区海流流速大于 1.0 m/s 时，从事合成纤维网衣网箱养殖就比较困难；原因之一就是合成纤维网衣比较轻，而且非常柔软，在强海流作用下，导致合成纤维网衣漂移，容积损失严重。合成纤维网衣网箱有效养殖容积减小（图 1-70）。当海区海流流速大于 1.0 m/s 时，养殖户一般在箱体底部悬挂沉块等平衡海流对合成纤维网衣的作用力，以减小网箱容积损失，这样会增加合成纤维网衣网箱操作的难度。与合成纤维网衣网箱相比，配备金属网衣的网箱对海区流速的要求较低，其在相同流速下的容积保持率一般优于传统合成纤维网衣网箱。尽管金属网衣网箱在高流速作用下，容积损失率较小，但养殖海区的高流速会对网箱设施提出更高的性能要求与装备要求，如高流速下会加速网箱用的合金丝之间的磨损

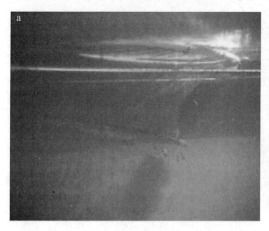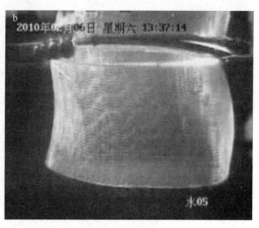

图 1-70 传统合成纤维网衣网箱与金属网衣网箱的容积保持率比较试验

a. 传统合成纤维网衣网箱；b. 金属网衣网箱

或合金板的冲刷腐蚀离子释放，高流速也会使其长期处于恶劣环境下，从而加速合金材料的疲劳、老化和腐蚀（这需要人们对高流速下合金网衣的健康养殖安全性进行研究论证与风险评估等）。此外，该类型网箱重量大、网衣运输加工装配成本高、网箱运输装配与施工操作难度大，这既大大增加了网箱使用成本与配套辅助装备要求，又限制了它在国内外水产养殖上的大面积产业化推广应用，养殖企业应综合考虑各种因素选择合适类型的养殖网箱（诚然，目前在鲀鱼、河豚和大黄鱼等特殊养殖种类中有少量网箱应用）。因此，网箱选址时对海区流速的要求也不宜太高，条件许可的前提下网箱养殖海区可配备阻流设施，以进一步提高网箱的使用寿命。

二、网箱锚泊技术

（一）网箱锚泊方式

锚泊系统在网箱系统中具有重要作用，其稳定性是直接影响网箱安全的一个重要因素，因为只要有其中一根锚绳断裂、松动或出现走锚，都可能导致网箱严重变形或破坏，且维修难度大。因此，如何提供有效的锚泊形式并保证网箱安全是网箱锚泊的关键。目前，国内外常见的网箱锚泊形式有：单点式锚泊、多点式锚泊、水面网格式锚泊及水下网格式锚泊（图1-71）。

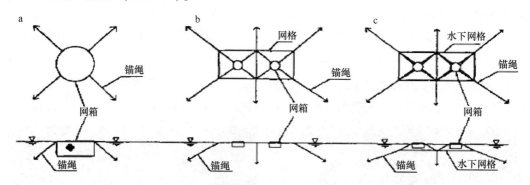

图1-71 常见的网箱锚泊形式

a. 传统的多点式锚泊；b. 水面网格式锚泊；c. 水下网格式锚泊

多点式锚泊系统、水面网格式锚泊系统和水下网格式锚泊系统的网箱锚泊设施大致由锚（或重锤或混凝土块等）、浮子、锚绳和浮框绳等组成。锚绳可单一使用聚乙烯绳索、聚丙烯绳索和UHMWPE绳索等；也可使用"锚链+合成纤维绳索"的组合式锚绳。锚一般有数百千克重的铁质锚，随着网箱的大型化、锚泊地远离岸边等，养殖者也常常采用几十吨重的混凝土块；合成纤维锚绳直接连接在混凝土锚上。在锚绳一定位置上装配有缓冲浮子，缓解网箱波浪力对锚泊系统的冲击。浮子材料有发泡聚苯乙烯、硬质树脂制品等。网箱锚泊方式因海底地形、养鱼环境、海面使用方式等不同，各地区可以采用不同的锚泊方法。在内湾海域也有合成纤维网衣网箱和金属网衣网箱复合连接和方形网箱数个系在一起的连接锚泊。另外，有的地区还有确保一个网箱以上间隔距离的锚泊连接方法。另一方面，外海域的圆形网箱和内湾海域直径为 15 m 以上的大型圆形网箱的连接锚泊，一般网箱间距离为 20 m 以上。网箱排列要与潮流流向并行配置，在内湾网箱养殖场，主锚缆方向要对着湾口方向，在外海网箱养殖场，要有侧拉绳索敷设。另外，大型圆形金属网衣网箱、浮框式网箱及浮式合成纤维网衣网箱也有进行单独锚泊。具有浮式消波作用的外海养殖场，也有采用浮绳网箱，数百个网箱连在一起。养殖地址的不同，则会导致养殖鱼类的生长、存活率等存在明显差异，因此养殖者会采用相互交换网箱锚泊地址的方式进行养殖。

1. 方形网箱的锚泊连接

方形网箱一般使用在浪小的内湾和海峡，大多数采用组合式连接锚泊。组合式连接锚泊由于集约式养殖容易管理，一般网箱间隔窄，每一排列的连接网箱个数为 2~10 个，也有双重连接锚泊，把连接排列 2 列并列起来。图 1-72 所示是以 10 m×10 m 方形网箱为对象的连接锚泊的一个例子。网箱之间可以用绳索连接，网箱间的距离为 1 m。通过锚泊浮子和锚绳与锚连接，锚为混凝土方块或打桩等。

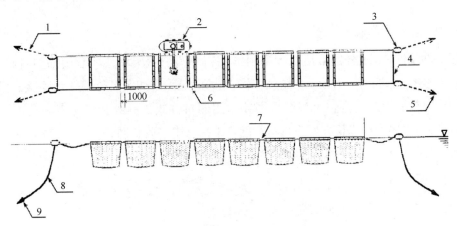

图 1-72　方形网箱连接锚泊示意
1、8. 锚绳；2. 饲料船；3. 浮子；4. 侧张绳；5、9. 锚；6、7. 连接部

2. 圆形网箱的锚泊连接

内湾用的圆形网箱，由于浮框为圆弧形结构，其强度比方形浮框好，所以，圆形网箱锚泊在湾口附近等地方。在波浪平静的海域，圆形网箱也有与方形网箱连接锚泊。圆形网箱采用锚的方式有不设圆形网箱间隔的连接锚泊方式，也有采用设置一个圆形网

箱以上间隔的锚泊方式，圆形网箱锚泊如图 1-73 所示。图中是以连接网箱直径 12 m 内的圆形网箱为对象，网箱之间用装了浮子的侧拉绳索连接；侧拉绳索连接各网箱的 4 处，通过缓冲浮子同锚连接，而且锚、锚绳及浮子的选用一定要考虑安全性。

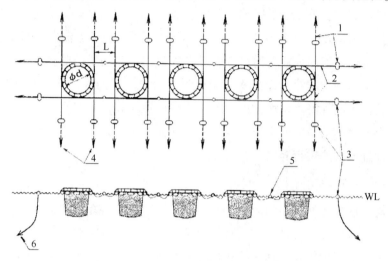

图 1-73 圆形网箱的锚泊示意

1. 锚绳；2. 侧张绳；3. 缓冲浮子；4、6. 锚；5. 浮子

3. 大型圆形网箱锚泊连接

图 1-74 和表 1-1 分别给出了大型圆形网箱的锚泊示例及其配套用锚泊材料规格，仅供读者参考。实际生产中，读者应根据海区的海况采用切实可行的锚泊连接，以确保大型圆形网箱的生产安全。大型圆形网箱适用侧拉方式，一般使用绳索和混凝土方块（20~60 t），由绳索拉成长方形或棋盘状网格结构，中央放置网箱。图 1-74 所示的锚泊

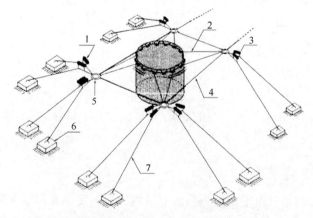

图 1-74 直径 30 m 以上的大型圆形网箱锚泊示意

1. 缓冲浮子；2. 系框绳索；3. 浮子；4. 绳索；5. 转向环；6. 混凝土方块；7. 锚绳

方法特别适用于大型圆形金属网衣网箱，金属网衣垂直向下，用浮子支持框架。挪威的鲑、鳟养殖或澳大利亚、地中海的金枪鱼类蓄养的网箱均为浮式圆形网箱，其直径为 20~50 m，锚泊方式为单独锚泊，网箱浮框周围 8 处用绳索连接，浮绳框 4 点与锚绳连接。

（二）锚泊系统安装工程技术

1. 网箱的下水

深圳南风管业有限公司与东海水产研究所石建高研究员等组成的网箱研究团队已开发出网箱的海上组装与修补技术，减少了网箱下水工序。但国内外绝大多数网箱一般在陆地上进行组装，然后进行下水工序。网箱陆上组装完成后，大多采用起吊机、故障排除修理车等重型机械装备把网箱吊放至海中；少部分网箱生产企业在码头通过特定的滑道将组装后的网箱滑入水中；还有部分网箱生产企业退潮时在沙滩组装网箱，网箱组装完毕后置于沙滩，等到满潮时网箱在框架和（或）浮筒的浮力作用下漂浮在海面的"待潮式网箱下水法"；少数企业采用在配有起吊机装备的网箱组装专用船台上组装网箱，网箱装配完成后，用吊机将网箱吊放下水的方式。各种各样的网箱下水方式都是为了网箱容易曳航至锚泊场所。曳航中，为避免网箱底网接触海底，网箱下水时需要将侧网衣卷成筒状，用吊绳暂时固定在浮框上，待到达网箱锚泊处后，将固定的吊绳同时徐徐放松，网箱的网衣通过重力作用自然垂下。网箱入水前要检查各部件的固定情况，支撑架与浮管的缝隙不能有相互磨损现象。支撑架相对浮管的平移不能超过 200 mm，支撑架的间距为 1.9~2.1 m。网箱拖曳速度一般有网时小于 0.5 m/s，无网时小于 1.5 m/s；在浮管上系"十"字绳，其中一根在拖曳绳的延长线上。图 1-75 为网箱下水实景。

图 1-75　网箱下水

2. 网箱的锚泊系统安装

锚泊系统是网箱在水中的根基，科学选择网箱锚泊地址并设计合理的锚泊系统可以确保网箱系统的稳定、安全，保证网箱不会因为风浪侵袭而造成整体受力不均甚至破损。在网箱锚泊系统中，海底底质性质和采用的锚泊种类决定着锚泊系统的稳定性能。

目前，采用的锚泊主要有铁锚、打桩和混凝土块及其组合式锚等几种类型。铁锚则主要利用其与海底的抓力，操作较为方便，但要求底质为泥、泥沙或者沙底；用桩结构固定网箱，是目前我国网箱系统中一种较为普遍的形式，这种形式较多使用于底质为淤泥的海域，将一定长度的木桩利用打桩设备打进海底一定的深度，利用桩与海底地层间的作用力，维持其自身的稳定性，桩上可以绑扎绳索、竹片等提高其作用力，但水深较大时打桩操作就比较困难，且当一个桩松动后，基本会失掉其作用力，导致整个锚泊系统破坏；而混凝土制成的锚泊主要靠其自重和与海底的摩擦力来维持其自身的稳定性，要求其具有很大的自重，这在很大程度上受到海底底质条件的限制，而且装配难度较大。大型网箱锚泊建议一般采用铁锚锚泊系统。图 1-76 为水泥锚、铁锚、卸扣和钢筋水泥连接环。

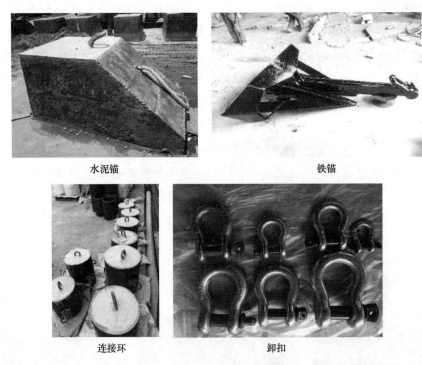

水泥锚　　　　　　　　　　　　铁锚

连接环　　　　　　　　　　　　卸扣

图 1-76　铁锚、水泥锚、卸扣和连接环

（1）预定锚位

用绳子将沉子与浮子连接，连接绳的长度比投放处水深稍长，在辅助小艇或工作船上可通过定位仪（DGPS）或全球卫星定位仪（GPS）找出预先计算好的坐标锚位，投下沉子；然后，依水面的浮子位置对预先计算好的锚点位置坐标进行校正，使浮子在水面的最终位置作为投锚时的参考投放点。在现场调查中采集到的基础数据上，计算出每个锚位的经纬坐标，用浮标在安装现场标示出每个锚位的位置，作为现场安装时锚位位

置的提示。图 1-77 为网箱安装区域定位。

（2）锚泊系统预连接

锚泊系统的各部分连接应在工作船上预先完成，并检查无误，按投放顺序排好。图
1-78 锚泊系统准备安装。

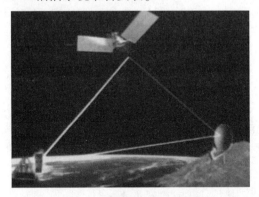

图 1-77　网箱安装区域定位

图 1-78　锚泊系统准备安装

（3）纵向、横向锚的投放

依据风向或流向，从风流合压差的上方，顺序投放与风流合压差梯度方向平行的锚
泊及锚绳。

（4）锚位校正

锚泊系统中相同部位的绳子长度应基本相同，但由于锚位所处的水深不一样，而且
投放时存在锚位误差，因此，会造成投锚后的锚绳绷紧程度可能不同。此时需通过拖曳
预先系锚尾绳进行校正，直至观察到连接网格锚泊系统的浮子在水面上分布方正为止。
锚泊系统安装完毕后，即可将网箱与锚泊系统相连。锚位投放完毕后，对锚位进行调
整。可依靠工作船对不正确的锚位向网箱外侧拖曳，直至正确为止。正确与否可通过锚
泊系统上的浮筒进行观察。

（5）挂网整体调试

浮式网箱框架挂网后，整体安装工作基本完成。升降式网箱框架挂网后，还需要通
过反复升降调试网箱，以确定网箱外加重参数，使网箱整体达到最佳作业状态。

综上所述，水下网格式锚泊系统的安装方法具有以下优点：①锚系统安装中的每
一步连接都可在工作船上进行，装配容易、操作简便，连接质量有保证；②投锚前先进
行锚位预定，这样可减少海上工作的盲目性和工作量，保证投锚的准确、快捷，提高工
作效率；③锚泊系统校正简单易行，可以应对不平坦的海底地形，安装后锚的位置误差
范围小，锚泊系统的绳子张紧程度可调；④所需的安装设备简单，安装效率高，大大降
低了安装成本等。对于暂时不使用的金属网衣网箱，一般通过网箱专业人员利用重型机

械起吊上岸。金属网衣和网箱框架分离解体，普通金属网衣可按废金属处理而贵金属网衣可回收利用；网箱框架通过替换连接件、腐蚀处除锈后修补以及破损浮子包裹修补后重新利用。由于生长在合成纤维网衣网箱各部位的藤壶、鞘类和贻贝等海洋生物附着物既增加合成纤维网衣重量，又在离水死亡后腐败变质、污染周边环境，所以，合成纤维网衣上岸后应及时去除海洋生物附着物，确保网箱清洁干净，以延长网衣使用寿命。

三、网箱受力分析与阻力计算

（一）网箱受力分析

从实际应用的角度看，波浪和水流对网箱的作用主要表现为网箱体积的变形、箱体网衣的撕裂、网箱连接结构的疲劳破坏与松动、网箱锚绳的断裂以及走锚、网箱框架的变形与破坏、网箱随波浪的起伏、纵倾以及垂直方向的振动等。网箱体积的变形主要由水流引起。不同类型的网箱在不同的水流流速作用下，其体积变形不一样。一般来说软网箱的变形要远大于刚性网箱。普通重力式网箱在水流 1.0 m/s 的情况下，即使网衣下端悬挂很重的沉子，其容积损失率也高达 80%，而刚性网箱体积变形则很小。网箱的体积变形过大对鱼类的生长非常不利，但是从力学角度上来讲却有利于减小结构总载荷，因此，刚性网箱应适当地考虑变形，以减小作用载荷。根据研究结果显示，金属网衣网箱的变形要小于传统合成纤维网衣软网箱。和所有刚质网箱一样，金属网衣网箱应适当地考虑变形，以减小其所承载的外部载荷、延长其使用周期或使用寿命。

网箱在波长较大的波浪作用下，会随波浪产生起伏运动及倾斜。美国新罕什布尔大学曾在波浪水槽中做过模型比为 1:22.5 的模型试验；模型试验结果表明，网箱的起伏基本上与波浪的起伏同步；网箱在波谷处基本上不产生纵向倾斜，而网箱在接近波峰处出现最大纵倾。普通重力式网箱底部悬挂有沉子或沉块，而且网衣本身又带有弹性，因此，波浪的起伏相当于给网箱施加了一种周期性（规则波）的载荷，使网箱产生受迫振动。以合成纤维网衣作为箱体网衣材料的深海网箱在连续波浪的作用下箱体底部的合成纤维网衣的振动范围较大，相比之下刚性网箱的振动属于整体振动，可以克服重力式网箱的诸多不便，对网箱养殖鱼类的生存影响相对较小。网箱箱体网衣的撕裂往往并不一定是出现在水流速度最大或波浪最大的情况下，而主要是由于箱体网衣的运动与网箱框架（或浮架）的运动不同步造成的。因为网箱框架（或浮架）在水流及波浪的冲击作用下产生随波运动，而箱体网衣由于与框架不处在同一水层，受沉子及自身的惯性作用往往产生滞后运动，从而在箱体网衣与网箱框架（或浮架）的连接处产生瞬时冲量，再加上波浪的周期性起伏运动，这种动力效应相互叠加最终导致连接处的箱体网衣撕裂。网箱框架（或浮架）的变形是一种比较复杂的情形，需要进行系统研究分析。对于网箱锚泊系统来说，海底的底质条件及锚桩的结构形式则决定着网箱锚泊系统的稳定性。目前，网箱锚泊系统采用的锚主要有混凝土块及铁锚等；以混凝土块作为网箱锚泊系统用锚时，主要靠混凝土块的自重及其与海底间的摩擦力提供抗拉力，这在很大程度上受到海底底质条件的限制，而且锚泊系统装配难度较大；而以铁锚作为网箱锚泊系统用锚时，铁锚则被设计成锄头形，这充分利用铁锚与海底之间的咬合力，其操作方便，铁锚目前在网箱锚泊系统中应用较广；此外，网箱锚泊系统还有一种打桩形式的锚（如木桩、铁管桩、角铁桩和水泥柱桩等），这种桩锚形式一般在海底为淤泥或泥沙等底质时用得较多，但水深较大时锚泊操作较困难、整体设计施工要求高，在实际生产中桩锚应谨慎使用。

（二）网箱阻力计算

水流和风浪是威胁网箱安全的两大因素，从实际应用的角度看，风浪和水流对网箱的作用主要表现为网箱体积的变形、网箱随风浪的起伏、网箱纵倾以及垂直方向的振动、网箱网衣的撕裂、网箱连接构件的疲劳破坏与松动、网箱锚绳的断裂以及走锚、网箱框架的变形与破坏等。箱体网衣是整个网箱系统中受力最为复杂的部件，下面对在水流和风浪分别作用下网箱网衣的受力情况作简单的分析介绍。

1. 水流作用时的箱体阻力计算

（1）冲角

如图 1-79 所示，假设水流与网衣的冲角为 α，冲角 α 的余角为 θ，其计算公式以公式（1-2）表示

$$\alpha = \frac{\pi}{2} - \theta \tag{1-2}$$

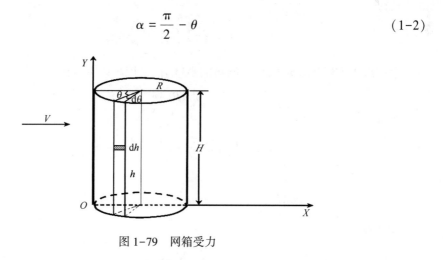

图 1-79　网箱受力

（2）网片线面积的计算公式为
因为

$$ds' = Rd\theta dh \tag{1-3}$$

所以

$$\mathrm{d}s = \frac{d}{a}\frac{1}{E_N E_T}\mathrm{d}s' = \frac{d}{a}\frac{1}{E_N E_T}R\mathrm{d}\theta\mathrm{d}h \tag{1-4}$$

设

$$\frac{d}{a}\frac{1}{E_N E_T} = \lambda \tag{1-5}$$

则

$$\mathrm{d}s = \lambda R\mathrm{d}\theta\mathrm{d}h \tag{1-6}$$

式中，$\mathrm{d}s$ 为网片线面积；E_T，E_N 为水平、垂直缩结系数；R 为网箱直径；a 为目脚长度；d 为网线直径。

（3）阻力系数

根据田内网片的阻力系数公式：

$$C_\alpha = (C_{90} - C_0)\sin^2\alpha + C_0 \tag{1-7}$$

式中，C_{90} 为网衣与水流垂直时的阻力系数，田内取 1.1；C_0 为网衣与水流平行时的阻力系数，田内取 0.27。

（4）阻力计算

①网衣在水流作用下的阻力 F 为

$$\mathrm{d}F = \frac{1}{2}C_\alpha\rho V^2\mathrm{d}s \tag{1-8}$$

所以

$$F = 4\int_0^{\frac{\pi}{2}}\int_0^H C_\alpha\frac{1}{2}\rho V^2\mathrm{d}s \tag{1-9}$$

根据海上实际测量的结果，网箱的高度 H 与水流 V 的关系为

$$V = 0.970\,1e^{-0.200\,7h} \tag{1-10}$$

所以

$$F = 4\int_0^{\frac{\pi}{2}}\int_0^H C_\alpha\frac{1}{2}\rho\lambda R\,(0.970\,1e^{-0.200\,7h})^2\mathrm{d}\theta\mathrm{d}h$$

$$= 2\rho\lambda R\int_0^{\frac{\pi}{2}}\int_0^H(0.83\cos^2\theta + 0.27)\,(0.970\,1e^{-0.200\,7h})^2\mathrm{d}\theta\mathrm{d}h \tag{1-11}$$

②计算例

设网箱规格为：$\dfrac{d}{a} = \dfrac{1}{25}$，$E_T = 0.65$，$R = 8$ m，$H = 8$ m，

则：$F = 3\,194.88$ kg。

2. 风浪作用时箱体阻力计算

（1）风浪对网箱性能的影响

普通海面见到的波浪其水粒子基本按圆形轨道运动，水越深，轨迹半径越小（图 1-80）。设表面水粒子的轨圆半径为 a_0，波长为 λ，则 $2a_0$ 为波高；设某深度 Z 水粒子的轨圆半径为 a，则 $a = a_0 e^{\frac{2\pi z}{\lambda}}$。

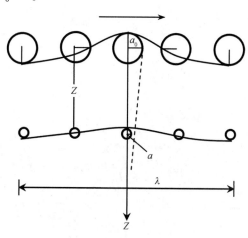

图 1-80 波浪的运动

网箱在水面随波浪的波动而起伏摇摆，波越高，起伏摇摆的幅度越大，但在水下起伏摇摆的幅度随水层加深而越来越小。当 $Z = \lambda$ 时，$a = a_0 e^{-2\pi} = 0.001\ 87$，即水下起伏摇摆的幅度要减小到水面的 0.2% 以下。根据不同风浪的波长和波高（表 1-4），用上式可以计算网箱在水下起伏摇摆的幅度。在同一风力条件下，深度增加，a/a_0 值减小，网箱摇摆也减小。当风力增大，相同水层 a/a_0 值增大，网箱摇摆幅度也增大，这就必须把网箱放到更深的水层才能减小摇摆的幅度，因此，网箱所处的水层越深越安全。

表 1-4 不同风浪时的波高和波长

风力	浪级	波高（m）	波长（m）
6	4	0.75~1.25	15~25
7	5	1.25~2.00	25~40
8	6	3.50~6.00	75~125
9	7	6.00~8.00	125~170
12	8	8.00~11.00	180~220

（2）阻力计算

①Φ. N. 巴拉诺夫认为：风浪对网片的水动力是由水质点的运动而引起的，如果水深超过波高的 9~14 倍，就可采用坦谷波的理论公式。根据坦谷波的理论，处于水深 h 处的水质点轨圆速度 V 可采用式（1-12）求得

$$V = \frac{\pi r}{t}$$
$$= r_0 e^{-\frac{\pi h}{L}} \sqrt{\frac{\pi g}{L}}$$

(1-12)

式中，r_0 为水面的轨圆半径；L 为 $\frac{1}{2}$ 波长。

②网片线面积：

因为

$$\mathrm{d}s = \frac{d}{a} \frac{1}{E_N E_T} R \mathrm{d}\theta \mathrm{d}h$$

设 $\frac{d}{a} \frac{1}{E_N E_T} = \lambda$ ，则

$$\mathrm{d}s = \lambda R \mathrm{d}\theta \mathrm{d}h$$

(1-13)

式中，$\mathrm{d}s$ 为网片线面积；E_T，E_N 为水平、垂直缩结系数。

③冲角。假设网片与水流的冲角为 α ，则

$$\alpha = \frac{\pi}{2} - \theta$$

④阻力计算。由于风浪作用而产生的水阻力为

$$\mathrm{d}F = \frac{1}{2} K \rho V^2 \mathrm{d}s$$
$$= \frac{1}{2} K \rho r_0^2 \frac{g\pi}{L} e^{-\frac{2\pi h}{L}} \lambda R \cos\theta \mathrm{d}\theta \mathrm{d}h$$

(1-14)

$$F = 2 K \rho \lambda R r_0^2 \int_0^{\frac{\pi}{2}} \int_0^H \frac{g\pi}{L} e^{-\frac{2\pi h}{L}} \cos\theta \mathrm{d}\theta \mathrm{d}h$$

(1-115)

式中，K 为阻力系数。

⑤计算示例。网箱规格为 50 m×8 m，$\frac{d}{a} = \frac{1}{25}$，$E_T = 0.65$ 的网箱设置于波长为 40 m，周期为 8 s 的海域，如果不计框架的阻力。由于目前对网衣在风浪中的阻力系数还未测试，所以参考田内的阻力系数公式，得出 $K = 0.685$。根据对公式（1-15）计算，结果显示，当波高超过 4 m 时，风浪引起的阻力大于水流引起的阻力；反之，水流引起的阻力大于风浪引起的阻力。

若设置网箱的水层下降 4 m（即 $Z=4$ m），则根据公式（1-16）

$$a = a_0 e^{\frac{2\pi z}{\lambda}}$$ (1-16)

式中，a 为水面水质点的轨圆半径；a_0 为水深 Z 处水质点的轨圆半径。

用公式（1-15）的计算，得 $F = 4\,151.8$ kg，也即当网箱设置水层下降 4 m 后，网箱阻力明显下降，即从 16 640 kg 下降到 4 151.8 kg，后者只有前者的 25%，因此，在台风等灾害性天气来临时，适当降低网箱的设置水层，可以较大程度地减小网箱经受风浪的作用力，从而起到保护网箱的作用。通过对风浪和水流分别作用时的阻力计算值的比较，结果表明，风浪作用时的箱体阻力明显大于水流引起的箱体阻力。当流速为 1.25 m/s，波高为 5 m 时，风浪作用时的箱体阻力占水流和风浪共同作用时的箱体总阻力的 60.9%，因此，在设置网箱时，波浪是重点考虑的因素。当然，海域不同，波、流条件不同时，计算结果差异较大。

3. 风、流、浪共同作用时箱体阻力计算

以上阻力的计算是一种理想的状态，实际上，由于波浪和水流的共同作用而产生的动力效应往往对网箱产生很大的破坏作用。在渔具力学中有简化的计算公式：

$$F = KHV^2 + 2Ka_0VC + \frac{1}{2}Kga_0^2$$ (1-17)

式中，KHV^2 为水流单独作用时的阻力，且 K 为阻力系数，H 为网片高度，V 为水流流速；$2Ka_0VC$ 为浪流交互作用力，且 a_0 为水质点运动的轨圆半径，C 为波速；$\frac{1}{2}Kga_0^2$ 为波浪单独作用力，且 g 为重力加速度。

在理论分析中，波浪和水流对网箱的作用通常分开来讨论，然后再将两者的作用力叠加，但并非是简单的线性叠加，这主要是考虑到水流和波浪作用并非是同步的，而且两者之间也存在交互影响作用。实际上波和流共同作用是一个复杂过程，如何建立合理的动力模型是一个重要又非常复杂的问题，这有待于工程研究人员今后进一步深入研究。

第四节　海水网箱容积变化与工程材料

网箱工程材料、框架和箱体结构、养殖海况和锚泊系统等因素直接影响网箱容积变化。网箱容积变化既直接关系到鱼类养殖密度、鱼类生长速度、鱼类成活率和养殖效益，又关系到网箱产业可持续发展；而网箱工程材料既直接关系到养殖鱼类的安全性和抗风浪性能，又关系网箱产业的成败。由于网箱种类、养殖海况、锚泊系统和鱼类行为等的多样性，导致网箱容积变化与工程材料的研究非常重要。本节主要介绍网箱内外流速变化、网箱网形及其浮沉力、网箱工程材料等内容。

一、网箱内外流速变化

网箱工程材料尤其是箱体用绳网材料不同，其内外流速变化不同。在实际网箱养殖生产中，当箱体网衣材料滤水性好、污损生物少、目脚粗度小且表面光滑时，网箱内外流速变化较小。当网箱箱体置于刚性框架内且处于张紧状态时，网箱内外流速变化较小。当网箱置于水流很急的恶劣海况下时，网箱内外流速变化较大。网箱有方形、三角形和圆形（也称圆形网箱或圆柱形网箱）等不同形状，其内外流速的计算方法有所不同。现将养殖生产中常用的方形网箱、圆形网箱内外流速情况概述如下。

（一）方形网箱

方形网箱在水产养殖中应用较广，是传统近岸网箱中用量最多的网箱种类。假设流速 u 与 $l_1 \times l_3$ 面成直角（图 1-81），作用于 $l_1 \times l_3$ 上流方的力为 F_1、下流方为 F_2、侧面为 F_3，作用于底面的为 F_4；f_1，…，f_4 为作用于各面的单位面积的力；则作用在方形网箱上的力 F_1，F_2，F_3，…可用公式（1-18）表示：

$$F_1 = f_1 \cdot l_1 \cdot l_3, \quad f_1 = 2ku^2$$
$$F_2 = f_2 \cdot l_1 \cdot l_3, \quad f_2 = 2ku'^2$$
$$F_3 = f_3 \cdot l_1 \cdot l_2, \quad f_3 = ku^2$$
$$F_4 = f_4 \cdot l_2 \cdot l_3, \quad f_4 = ku^2 \tag{1-18}$$

$$k = \frac{C_D w_0 d}{2sg} \tag{1-19}$$

$$\frac{u'}{u} = \frac{1}{2} + \sqrt{\frac{1}{4} - \frac{gf_1}{w_0 u^2}} = \frac{1}{2} + \sqrt{\frac{1}{4} - \frac{2gK}{w_0}} \tag{1-20}$$

当网箱箱体网衣为菱形网目时，公式（1-18）的 f 可用如下公式表示：

$$f = 2ku^2, \quad f_2 = 2ku'^2, \quad f_3 = f_4 = 2ku^2 \tag{1-21}$$

作用于方形网箱总体的流体力 F 可用如下公式表示：

$$F = F_1 + F_2 + 2F_3 + F_4 \tag{1-22}$$

（二）圆形网箱

圆形网箱是我国应用最广的深远海网箱。如图 1-82 所示半径 R、高度 D 的圆筒形网箱，与来流呈 θ 角度的网箱面积为 $R \cdot d\theta \cdot D$，所以作用于这个面的力为 $f \cdot R \cdot d\theta \cdot D$。将圆筒形网箱全周进行积分所得的值加上作用于圆筒形网箱底面网衣上的力 $f\pi R^2$，其合力就是作用于圆筒形网箱的流体力 F：

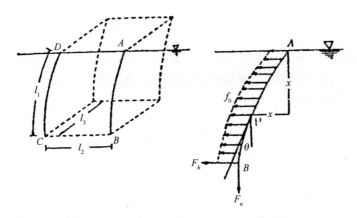

图 1-81　作用在方形网箱上的力与网形

$$F = \int_0^{2\pi} fRD\mathrm{d}\theta + f\pi R^2 \tag{1-23}$$

式中, f 为单位面积的阻力。

当网箱箱体网衣为方形网目时，单位面积的阻力 f 值用下式来表示：

$$f = \frac{C_D d\rho u^2}{2} \cdot \frac{1}{s}(1 + \sin\theta) \tag{1-24}$$

当网箱箱体网衣为菱形网目时，单位面积的阻力 f 值用下式表示：

$$f = \frac{C_D d\rho u^2}{2} \cdot \frac{\sqrt{3 - \cos2\theta}}{s} \tag{1-25}$$

当网箱箱体网衣为方形网目时，结合公式（1-23）和公式（1-24）中的第一项 $F = \int_0^{2\pi} fRD\mathrm{d}\theta + f\pi R^2$ 为

$$\frac{C_D w_0 dRD}{2sg}\left[u^2 \int_0^{\pi}(1 + \sin\theta)\,\mathrm{d}\theta + u'^2 \int_0^{\pi}(1 + \sin\theta)\,\mathrm{d}\theta\right] \tag{1-26}$$

上式中的 u 为网箱外部迎流的流速，u' 为网箱内的流速，第 1 积分项是网箱迎流前半周的积分，第 2 积分项是后面半周的积分。w_0 为水的密度（ρg），s 为目脚长度。α（冲角）值可用公式（1-4）求得

$$\alpha = \int_0^{\pi}(1 + \sin\theta)\,\mathrm{d}\theta = \pi + 2 = 5.142 \tag{1-27}$$

在公式（1-1）、公式（1-2）和公式（1-4）的基础上，作用于圆筒形网箱的流体力 F 可表示为

$$F = \frac{C_D w_0 dRD}{2sg}\left[\alpha(u^2 + u'^2) + \frac{\pi R u^2}{D}\right] \tag{1-28}$$

当网箱箱体网衣为菱形网目时，α 为

$$\alpha = \int_0^\pi \sqrt{3 - \cos 2\theta}\, d\theta = 5.403 \qquad (1-29)$$

把以上归纳起来，作用于圆筒形网箱网衣上的流体力，可以用公式（1-25）、公式（1-27）和公式（1-28）求得。网箱内流速 u' 可以用以下方法求出。

阻力和流速分布的关系式可用公式（1-30）表示：

$$F_D = 2\frac{u'}{u}\left(1 - \frac{u'}{u}\right)\frac{Aw_0u^2}{2g} \qquad (1-30)$$

式中，$A = 2RD$。

公式（1-27）的 F_D，因为相当公式（1-27）中上流方向一半的阻力，如果公式（1-27）中 $u'=0$ 的话，成为圆筒的前半部分，又因为沿底面的流程很短，底面阻力不太影响 u'，所以，F_D 可以用公式（1-31）表示：

$$F_D = \frac{C_D w_0 dRD}{2sg}\alpha u^2 \qquad (1-31)$$

把公式（1-30）代入公式（1-31），得到公式（1-32）：

$$\frac{u'}{u} = \frac{1}{2} + \sqrt{\frac{1}{4} - \frac{gF_d}{Aw_0u^2}} = \frac{1}{2} + \sqrt{\frac{1}{4} - \frac{\alpha C_D d}{4s}} \qquad (1-32)$$

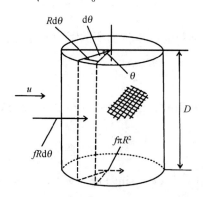

图 1-82　作用于圆筒形网箱的力

图 1-83 为公式（1-29）的理论值和试验值的比较结果。把公式（1-32）代入公式（1-28），可以求出作用于网箱的流体力。作用于相同流时的圆筒形网箱流体力的理论值与试验值的比较如图 1-84 所示。如果是波动运动时，如图 1-85 所示。这样，公式（1-28）不但可以用于流，而且也可以计算因波力引起的最大流速 u_m。

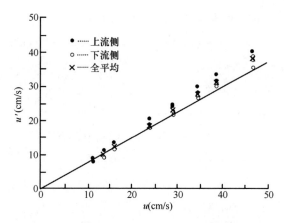

图 1-83　网箱内流速的理论值与试验值的比较

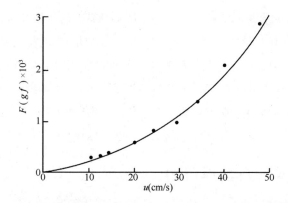

图 1-84　作用于相同流时的圆筒形网箱流体力的理论值与试验值的比较

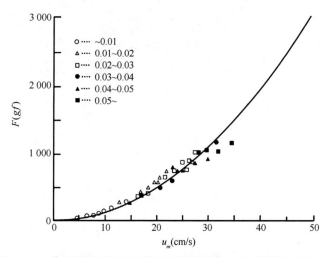

图 1-85　作用于有波时的圆筒形网箱的流体力的理论值与试验值

[例1-1]　　圆筒形金属网箱箱体网衣的网线直径 $d=3.2$ mm、目脚长度 $s=3.7$ cm；C_D 为 0.86；求半径 $R=7.5$ m、高 $D=5$ m 的圆筒形金属网箱内流速以及作用于圆筒形金属网箱的流体力 F。

[解]　　$s/d=11.6$，$C_D=0.83$。

代入公式（1-32）得

$$\frac{u'}{u}=\frac{1}{2}+\sqrt{\frac{1}{4}-\frac{5.403\times0.83\times0.0032}{4\times0.037}}=0.89$$

代入公式（1-28）得

$$F=\frac{0.83\times1.03\times0.0032\times7.5\times5}{2\times0.037\times9.8}\left[5.403\times(1+0.98)^2+\frac{3.14\times7.5}{5}\right]u^2$$

$$=2.04u^2\ (\text{t})。$$

金属网箱内流速是外部流速的89%，作用于金属网箱的力为 $2.04u^2$ t。金属网箱箱体网衣上的网目如果因为海洋生物附着而堵塞的话，C_D 就变大，金属网箱内流速 u' 减少，作用于圆筒形金属网箱的流体力 F 增大。金属合金网衣（如锌铝合金网衣等）具有一定的防附着性能，在养殖生产中，金属合金网衣网箱、金属合金网衣围网的金属合金网衣网目一般不会因为海洋生物附着而堵塞，C_D 就变化幅度很小，金属合金网衣网箱内流速 u' 减少幅度很小，因此，作用于金属合金网衣网箱的流体力 F 增大幅度也很小。

二、网箱的网形及其浮沉力

小型网箱一般因下部水流而产生"摇晃"；当摇晃引起网箱网形变化厉害时，网箱养殖鱼类会因此生病或受损。为防止摇晃，可在网箱下缘吊挂重锤等重物。网箱上部安装浮子，浮力大小要能够承受网箱网衣、沉子、框架、作业器具、操作人员等的重量和系留纲索的垂直力。纤维网衣方形网箱的网形计算可以用以下方法求得。图1-81的 $p(x,z)$ 点，网的接点与垂直线成 θ 角度，相互之间的关系以公式（1-33）表示。

$$\left.\begin{aligned}\tan\theta&=\frac{f_0l_p+F_H}{wl_p+F_v}\\f_0&=\frac{F_1+2F_3}{l_1l_3},\quad F_H=\frac{F_4}{l_3}\\F_V&=\frac{wl_2}{2}\left(1+2\frac{l_1}{l_3}\right)+\frac{W}{2l_3}\end{aligned}\right\}\quad(1-33)$$

式中，F_1、F_2、F_3、F_4 为公式（1-18），公式（1-21）的值；l_p 为 B_p 间的长度；W 为沉子的水中总重量；w 为网的单位面积的水中重量。

对金属网衣网箱而言，由于金属网的刚性和自重大等因素，其网衣的网形变化相对较小。当网箱网衣的网形变化过大时，网箱沉子的重量应随之增加。网箱用沉子、网片、网箱作业工人及其相关装备等都具有自重，网箱框架及其配套浮子必须具有足够维持网箱框架不沉入水面下的浮力，因此，浮子的总浮力 F_U 以公式（1-34）表示

$$F_U > W + w\left[2(l_1l_2 + l_1l_3) + l_2l_3\right] + M \tag{1-34}$$

式中，M 为网箱作业工人及其相关装备重量。

锚纲不是直接系留网箱，而是系留浮子，用侧边张纲把锚纲同网箱连接。系留浮子的必需浮力 F_{UA} 可以用公式（1-35）表示

$$F_{UA} > \frac{nFh}{\sqrt{L_a^2 - h^2}} \tag{1-35}$$

式中，n 为连接网箱的只数；F 为一只网箱的力；L_a 为系留索的长度；h 为水深。

三、网箱工程材料

新材料技术则是按照人的意志，通过物理研究、材料设计、材料加工和试验评价等一系列研究过程，创造出能满足网箱工程需要的新型材料的技术。网箱工程新材料的应用为深远海网箱的离岸化、大型化和现代化发挥了重要作用。材料是网箱工程的基础，网箱框架系统、箱体系统、锚泊系统和配套装备等均离不开工程材料，现将框架材料、网衣材料和锚泊系统用绳索材料简介如下。

（一）框架材料

网箱是用于养鱼的载体，其框架制作材料的选用对养殖网箱的安全可靠性和抗风浪能力至关重要。中国是世界上最大的网箱框架材料生产大国。用于建造传统近岸网箱的主要框架材料有木板、毛竹、圆木、浮绳、钢管和 HDPE 管等；建造大型深远海网箱的框架材料有 HDPE 管、金属管、浮绳、橡胶管或玻璃钢管（简称 FRP 管）等；建造深远海渔场、碟形网箱和球形网箱等（超）大型网箱的框架材料有特种高强材料（包括特种高强钢材等）。有关 HDPE 管和金属钢管材料的内容读者可参考本章第二节或相关专著（如石建高等编著的《海水抗风浪网箱工程技术》）中的相关内容，这里不再重复。针对网箱用 HDPE 管材料，东海水产研究所主持制定了水产行业标准《养殖网箱浮架 高密度聚乙烯管》（SC/T 4025—2016）；针对网箱用金属管材料，国家海水鱼产业技术体系三沙综合试验站依托单位（三沙美济渔业开发有限公司）联合石建高研究员团队等主持制定了水产行业标准《浮式金属框架网箱通用技术要求》（SC/T 4067—2017）。深远海渔场、碟形网箱和球形网箱等（超）大型网箱的框架材料目前尚无国家标准或行业标准，建议相关部门尽快制定相关标准，以推动我国网箱产业的健康发展。

（二）网衣材料

中国是世界上产量最大的网衣材料生产国，2016 年全国绳网制造总产值高达 111.3

亿元，相关网衣技术已形成系统性论著《渔具材料与工艺学》《渔用网片与防污技术》和《绳网技术学》等。国际上知名的网衣厂家很多，如 AKVA group 等。中国也有许多知名网衣材料生产厂家，如江苏金枪网业有限公司、湛江经纬网厂、惠州市艺高网业有限公司和惠州市益晨网业科技有限公司等。多年来在石建高研究员团队、山东爱地高分子材料有限公司等的共同努力下，我国研究开发了特力夫网衣等多种深远海网箱网衣新材料，并在深远海网箱养殖上实现了产业化应用，有效抵抗了台风的袭击。石建高研究员团队及其合作单位研发、推广应用的网衣助力了中国深远海网箱产业的健康发展。网箱箱体网衣材料主要包括合成纤维网衣材料、金属网衣材料和其他新型网衣材料。深远海网箱用合成纤维网衣材料主要有聚乙烯网衣、聚酰胺网衣和 UHMWPE 纤维网衣等。UHMWPE 网衣的国内外代表性品种包括 Dyneema® 网衣、Spectra® 网衣和特力夫网衣等，其中特力夫网衣为山东爱地高分子材料有限公司和东海水产研究所石建高研究员团队等联合开发的渔用 UHMWPE 网衣。UHMWPE 绞捻网衣与 PE 绞捻网袋如图 1-86 所示。UHMWPE 经编网衣及其在网箱上的应用如图 1-87 所示。

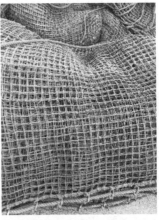

图 1-86　UHMWPE 绞捻网衣与 PE 绞捻网袋

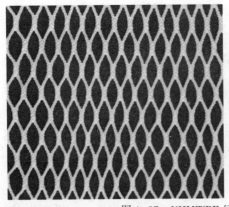

图 1-87　UHMWPE 经编网衣及其在网箱上的应用

　　深远海网箱用合成纤维网片可分为有结网片和无结网片，其中无结网片使用较多，无结网片网目连接点的形式主要有经编、辫编、绞捻、平织、插捻和热塑成型等；其中，目前使用较多的是经编网片、绞捻网片和辫编网片几种；如果无结网片网目连接点上相互连接的网线愈多，网目连接点长度增加，则网目形状从一般的菱形变成六角形或其他多边形。网箱水体交换率与网目大小、网线直径有直接关系。网目越大，网线越细，水体交换率越高。在不逃鱼的条件下，应选择尽可能大的网目，其大小应根据放养鱼个体的大小而定。此外，在网箱养鱼的各个阶段，网目应随着鱼体的增长而相应增大，网线也须相应加粗以增强网箱网衣的强度。目前，国内生产的网箱网衣网目大小尚无统一的标准，以养殖过程中不逃鱼以及不刺挂养殖鱼类为原则。诚然，网箱网衣网目大小还与鱼的品种与体形、网箱装配工艺（如网衣缩结系数）等直接相关。东海水产研究所石建高研究员团队根据深远海网箱大型化、向外海发展以及装备技术升级的迫切需要研发出多种深远海网箱工程用 UHMWPE 绳网线新（型）材料，提高深远海网箱强度、规格、安全性、抗风浪流性能和防台减灾效果，为深远海网箱产业的可持续发展提供技术支撑。2011 年，东海水产研究所石建高研究员团队联合山东爱地高分子材料有限公司率先将树脂处理后的单死结型 UHMWPE 网衣成功应用于金属网箱箱体底部上，取得了很好的试验效果。在渔业生产上 UHMWPE 网衣可被用于制造捕捞围网、拖网、网箱和养殖围网等。用 UHMWPE 制作的网衣具有高强力，可减小网具线、提高滤水性能的特点，从而降低渔具或箱体网衣的阻力。随着深远海网箱的发展，UHMWPE 网衣将会得到更加广泛的应用。东海水产研究所石建高研究员团队率先将特力夫网衣等 UHMWPE 网衣应用在组合式网衣网箱、（超）大型养殖网箱、（超）大型养殖围网上，提高了相关养殖设施的抗风浪性能，取得令人瞩目的养殖效果，引领了我国大型养殖围网产业的发展。2013 年至今东海水产研究所石建高研究员主持或合作开发了周长 386 m 的双圆周管桩式大型养殖围网、周长 498 m 的大跨距管桩式围网、650 亩[①]生态海洋牧场堤坝围网、海洋牧场柱桩式围网等多种（超）大型养殖围网（图 1-88）；通过网具结构的创新设计和特种装配技术完美结合，实现 UHMWPE 网衣在大型养殖围网工程中的创新应用，彰显了 UHMWPE 网衣卓越的抗风浪性能。

　　深远海网箱用金属网衣可用锌铝合金丝、铜（锌）合金丝或镀锌钢丝（弹簧钢丝材料表面镀锌）等制作而成斜方网或编织网，也可用特种金属板材加工而成的拉伸网等。锌铝合金网衣为日本等国在深远海网箱上选用的一种网衣。国内传统网箱的箱体网衣一般采用聚乙烯网片等合成纤维网衣。若条件许可，箱体合成纤维网衣最好经防污涂料进行防污处理，以减少网衣污损生物附着，增加网衣内外水体交换。东海水产研究所石建

---

①　亩为我国非法定计量单位，1 亩 ≈ 666.7 m², 1 hm² = 15 亩。

图 1-88　UHMWPE 网衣在大型养殖围网上的创新应用

高研究员所在团队联合燎原化工有限公司和海南科维功能材料有限公司等多家单位长期开展增养殖设施绳网防污技术系统研究，引领了我国增养殖设施防污技术升级；有关金属网衣和渔网防污技术的详细信息，有兴趣的读者可参阅石建高研究员主编专著《渔用网片与防污技术》，这里不再重复。除上述传统合成纤维网衣、金属网衣之外，在深远海网箱和大型养殖围网等增养殖设施上人们还使用 EcoNet 等其他网衣。以特种复合纤维为基体纤维，采用特殊的织网方法制作名称为"EcoNet"等半刚性养殖网衣（图 1-89）。半刚性养殖网衣具有综合性能好、使用寿命长和抗疲劳等优点，它在水产养殖上创新应用为人们选择水产养殖网衣材料提供了一个新的选择。目前，东海水产研究所石建高研究员率先联合半刚性养殖网衣厂家、大型装备企业等开展半刚性养殖网衣基础研究、加工机械研究与产业化应用研究（如宁波百厚网具制造有限公司等），引领了半刚性养殖网衣在中国水产养殖上的创新应用。

图 1-89　EcoNet 网衣

网衣质量主要包括物理性能和外观质量两大类，前者可用强力试验机、疲劳试验机和老化试验机等仪器设备进行测量，后者可以通过人眼观察来判断。箱体网衣使用寿命除与网衣自身性能相关外，还与网衣的优化设计、装配技术、后处理技术和保养技术等因素相关。为了确保箱体网衣在养殖生产中有良好性能，我们要正确设计网具、装配网衣、后处理和保养网衣以延长其使用周期。

（二）绳索材料

网箱工程用绳索称为网箱用绳索。在养殖网箱中绳索主要用于制作网纲、悬挂沉块、连接浮球、系缚充气浮管、构建锚泊系统和系泊养殖工作船等。网箱用绳索应具备一定的粗度、足够的强力、适当的伸长、良好的弹性、良好的柔挺性、良好的结构稳定性、良好的耐磨性、良好的耐腐性和良好的抗冲击性等基本力学性能。网箱锚泊系统绳索主要有锚绳索、配置在网箱周围的拐角绳索及侧拉绳索等。养殖网箱锚泊系统绳索材料基本上与渔网、网箱箱体网衣材料相同，养殖网箱锚泊系统绳索以纯纺绳为主。除普通合成纤维绳索外，随着科学技术的进步，世界上出现了许多合成纤维绳索新品种，如UHMWPE 纤维绳索、UHMWPE 裂膜绳索和对位芳香族聚酰胺纤维绳索等。锚泊绳索中大多使用 PP 绳缆，而网箱浮子固定、网箱吊绳和侧纲等多使用 PE 绳索。中国是世界上产量最大的绳索材料生产国，2017 年全国绳网制造总产值高达 120.1 亿元，相关绳索技术已形成论著《渔业装备与工程用合成纤维绳索》《渔具材料与工艺学》和《绳网技术学》等。多年来在石建高研究员团队、山东爱地高分子材料有限公司等的共同努力下，我国研究开发了特力夫绳索等多种深远海网箱绳索新材料，并在深远海网箱养殖上实现了产业化应用，有效抵抗了台风的袭击。石建高研究员团队等的绳索研究助力了中国水产养殖业的可持续健康发展与现代化建设。UHMWPE 纤维绳索因具有断裂强度高、伸长小、自重轻、耐磨耗、特柔软、易操作等特性，因而在安全防护领域首先得以应用（图 1-90）。随着 UHMWPE 纤维的批量生产，一些渔业发达国家已将部分 UHMWPE 纤

图 1-90　UHMWPE 纤维绳索

维绳索应用于渔业生产。国内有关网箱用 UHMWPE 纤维绳索研究较少。2012 年起，东海水产研究所石建高团队在"水产养殖高新技术开发研究"和"深水网箱箱体用高强度绳网的研发与示范"等项目的资助下，携手山东爱地高分子材料有限公司等企业开展了深远海网箱箱体用 UHMWPE 纤维绳网的研发与示范，成功开发出周长 200 m 的特力夫纤维超大型深海养殖网箱，相关项目的实施有助于深远海网箱产业突破高强度绳网技术瓶颈，缩短我国深远海网箱绳网与发达国家的差距，为深远海网箱产业的可持续发展提供技术支撑。

深远海网箱用绳索质量主要包括物理性能和外观质量两大类，前者可用强力试验机、疲劳试验机和老化试验机等仪器设备进行测量，后者可以通过人眼观察来判断。深远海网箱用绳索使用寿命除与绳索自身性能相关外，还与绳索的装配技术、后处理技术和保养技术等因素相关。为了确保绳索在养殖生产中有良好性能，我们既应创新研发、筛选与装配绳索，又应科学合理的后处理和保养绳索，以保障养殖设施安全并延长其使用周期。

第五节　海水网箱养殖装备与养殖种类

养殖装备、养殖种类、捕捞技术、加工技术和销售模式等均为影响网箱产业发展的因素。投饵机、洗网机和吸鱼泵等养殖装备对网箱养殖业发展起推动作用，可提高工作效率、降低劳动强度等。随着网箱离岸化、现代化、（超）大型化发展，人们越来越重视网箱养殖装备的研发与养殖种类的筛选。网箱养殖通常选择生长快、个体大、肉味美、适应性强、苗种容易解决、饵料来源广泛、饲料转化率高、养殖周期较短、经济价值高，且能适合高密度养殖的养殖种类。大黄鱼、鲈鱼、金鲳鱼、真鲷、河豚、鲆鲽类、红拟石首鱼等品种是目前国内海水网箱养殖的主要群体。本节简要介绍网箱养殖装备与养殖种类，供读者参考。

一、网箱养殖装备

1. 安全监测装置

网箱养殖鱼类数量多，一旦发生逃鱼事故或环境污染事故，养殖户或养殖企业的经济损失巨大，因此，研究网箱安全与环境监测装置十分重要。目前，网箱水下安全监测装置主要利用光波、声波或电子信号等形式对养殖鱼类或环境因子进行监测。目前，已开发的网箱水下观察设备主要有水下机器人、水下监视器、声呐探测器、电子信号监测系统、水产在线监控渔业互联系统等。Akava 集团、平阳县碧海仙山海产品开发有限公司、明波水产有限公司等单位成功开发了水产在线监控渔业互联系统，对被测水体进行实时在线水质监测（图1-91）。水产在线监控渔业互联系统可设置报警功能，主控制柜上有触摸屏幕，可实现现场操作并设定水质数据的上下范围值，当被测水质指标超出设定上、下限范围时，系统自动显示报警，让工作人员知晓情况并采取相关措施。

图1-91 实时在线水质监测

水产在线监控渔业互联系统可实现水下或岸上视频监控（图1-92）。水下摄像头在水的透明度和能见度较好等情况下对水下一定深度的养殖环境实时监控，可以看到摄像头附近的水下动态。岸上安装视频监控的摄像头可以对整个养殖区域环境进行实时的在线监控，拍摄到的视频通过网络等传输到监控室视频显示器上。支持多个摄像头多通道视频同时查看，全视角监控养殖区域环境；支持用户可以在云平台控制中进行摄像头（球机）拍摄的视角控制，全方位的监控养殖区域实时情况；本地硬盘可进行录像的循环录制，确保用户回看已有的视频监控数据等。

光波在水中传导性差、吸收大、衰减快，尤其在海水混浊时，照射范围很小，并且采用光学探测还需要提供较大的供电系统。声波在水中传播的性能好，特别是采用双频探测方法，可以在网箱中对鱼群进行有效监测。监控系统是精准喂料的灵魂，通过一系列传感器包括多普勒残饵量传感器、喂料摄像机、环境传感器（温度、溶解氧、潮流和波浪）传感器。其关键技术在于：通过对温度、溶解氧、潮流和波浪等参数的监测、实时观察网箱内鱼类的生活情况以及对残饵、死鱼的监测，达到精确控制投饵量的目的。摄像头可以上下、左右移动，以观察鱼类摄食情况，最深可移动到网箱底部观察到死鱼

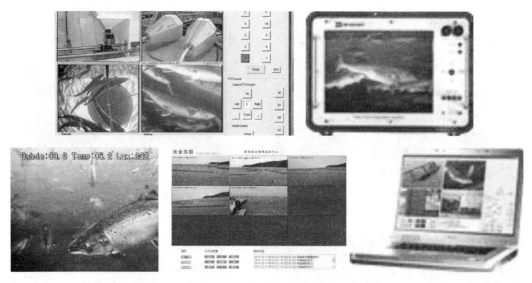

图 1-92　实时在线视频监控

的情况。其关键技术在于：调解机构采用单独可控双鼓轮，通过收放绳索，调整下部摄像头上下和左右的位置。在安全防护与环境监测系统方面，国外网箱已高度集成应用，AKVA 集团网站及相关研讨会议上展示的网箱安全监测装置如图 1-93 所示。

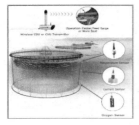

图 1-93　网箱安全监测装置

2. 自动投饵机

挪威、日本等国在网箱产业化生产中已部分采用自动投饵机，实现了饵料运输、储存、输送以及投放的精准控制。在网箱养殖中，自动投饲系统可采取定时定量的自动化投饵，并可根据水温、气候变化、鱼类行为和残饵剩余量等自动校正投饵量。随着自动化、机械化、数字化和智能化技术的发展，国内外已研发出多种网箱养殖自动投饵机（图 1-94）。三沙蓝海海洋工程有限公司正联合东海水产研究所石建高研究员团队等开发了一种深远海养殖用投饵机，推动了我国投饵机的技术升级。

挪威生产的某型号自动投饵设备通过鼓风将饵料由直径 10 cm 的送料管送至每个网箱，送料管最长可达几千米。AKVA 集团在网箱自动投饲系统方面走在世界的前列，该

图 1-94　网箱养殖用自动投饵机

集团研发的自动投饵系统融入了生物学、工学、电学、计算机等技术，研制出自动投饵系统；系统由风机、风力调节器、下料器、投饵分配器和喷料器组成；投饵系统采用电脑控制，电脑的投饵决策由温度、潮流、溶解氧、饲料传感器（水中饲料余量）、摄像机系统（鱼类行为）和喷料状态等信息经养殖管理软件综合分析决定并发出各项指令，养殖管理软件是投饵系统的决策中心。图 1-95 为 AKVA 集团网站展示的一种自动投饵系统。

图 1-95　一种自动投饵系统

3. 洗网机

网箱置于水中一段时间后，会经受海洋污损生物附着，从而影响网箱内外水体交换、鱼类生长等。我国南方海域（如海南陵水海区），网箱污损生物种类多、生长快，网箱投放后有时经过 1~6 个月即被海洋污损生物附着（图 1-96），因此，网箱网衣必须坚持定期清洗及更换，以确保网箱养殖安全。

图 1-96　合成纤维网衣附着情况

　　我国网箱一般采用换网、清洗、暴晒和敲打等机械方法清除箱体网衣附着的污损生物（附着物），但其劳动强度高、工作效率低，为此人们开发了很多防污方法（机械清洗法、人工清洗法、药物清洗法、"阳光暴晒+物理敲打" 清洗法和生物清除法等方法），以解决网箱网衣防污技术难题。目前已开发的网箱洗网机主要有射流毛刷组合清洗、纯高压射流清洗和纯机械毛刷清洗等。机械清洗箱体网衣速度快，一般比人工洗刷提高工效 4~5 倍。国内相关单位开发的洗网机设备如图 1-97 所示。挪威、日本等国在网箱网衣清洗设备方面走在世界前列，相关公司网站或宣传册中公开展示的先进洗网机如图 1-98 所示。

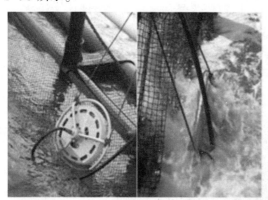

图 1-97　国产洗网机

图 1-98　国外先进洗网机

4. 吸鱼泵

随着网箱的发展，鱼类起捕变得困难。如果采用人工方法捕鱼，那么工人劳动强度大、捕鱼时间长、渔获物的死亡率也高。挪威、美国、丹麦、俄罗斯、日本等国在大型网箱养殖鱼类捕捞中多采用吸鱼泵等智能起捕装备。养殖网箱吸鱼泵类型较多，有真空吸鱼泵、气力吸鱼泵、离心式吸鱼泵和射流吸鱼泵等。目前国内研究用于网箱鱼类起捕的真空吸鱼泵，是利用真空负压原理，完成出鱼出水工作，实现间歇式真空起捕活鱼。国产吸鱼泵如图 1-99 所示。国外研制的全自动吸鱼泵可通过吸鱼泵把鱼连海水一起从网箱中吸出，再分级或直接收获；有时全自动吸鱼泵还增设计数、称重、施药等多种功能，实现养殖鱼类捕捞、分级和收获的智能化。国外 Karmøy Winch AS 等单位在网箱吸鱼泵研发和应用方面走在世界的前列，图 1-100 为 Karmøy Winch AS 公司网站或会议文献中展示的先进吸鱼泵。

图 1-99　国产吸鱼泵

图 1-100　国外先进吸鱼泵

5. 分级装置

网箱养殖过程中，鱼类受自身生理特性和外界环境等因素的影响，其生长速度不尽相同和均衡。鱼苗投放网箱一段时间后，其规格会出现差异，必须按大、中、小规格进行分级，将规格相近的鱼分箱养殖，否则会产生强弱混养、浪费饵料、管理困难的现象。此外，在养殖鱼类起捕销售时，也需对鱼类规格进行分级筛选。为解决网箱养殖鱼类大小分选问题，人们开发出多种型式的鱼类分级装置。网箱养殖鱼类规格分选方法主要包括网箱内水中分选和起捕后分选两种。对适于在网箱内水中分级的网箱，应尽量选择水中分级，以减小分级过程对鱼类的干扰、惊吓等影响。Karmøy Winch AS 在鱼类分级装备与鱼水分离器上非常有名。鱼类分级装备与鱼水分离器能实现鱼水精准分离，并确保鱼类好的品质。通过 Karmøy Winch AS 制造的鱼类分级装备与鱼水分离器，我们可以将养殖鱼类大小分级。图 1-101 展示的是一种鱼类分级器。

图 1-101　鱼类分级器

6. 养殖平台

养殖平台（也称管理工作平台）既是水产养殖生产中的相关工作平台与小型仓库，又是水产养殖人员工作及休息等的场所。养殖平台上一般设有饵料平台，兼具管理、监控、记录、储藏、休息、暂养、垂钓休闲和旅游观光等功能。有的网箱之间铺设工作廊桥，便于行走和操作。国内养殖平台面积一般 $100\sim300\ m^2$，其结构形式多样，既可采用"小木房+木板或塑料板+浮筒或泡沫浮球+护栏+锚泊系统"组合式结构平台，又可采用"小木房+HDPE 浮管或 HDPE 框架+木板或塑料板+护栏+锚泊系统"组合式结构平台、还可采用"改装后退役旧船+锚泊系统"，等等。近年来，中国国际海运集装箱（集团）股份有限公司设计开发了逾 $600\ m^2$ 的多功能海洋牧场平台，平台除用于深水抗风浪网箱工作平台外，还可以用于休闲垂钓等产业。多功能海洋牧场平台扩展了海洋渔业发展空间，实现了水产养殖从近岸向深远海的拓展，助力我国渔业装备的智能化进程。图 1-102 为国内具有代表性的养殖管理工作平台。

图 1-102　国内养殖平台

　　国外养殖平台主要有相对固定的钢筋混凝土浮台和可移动养殖工船两种。图 1-103 为 AKVA 集团网站或资料文献中展示的国外养殖平台。

图 1-103　国外展示的养殖平台

7. 养殖管理工作船

　　网箱养殖离不开养殖管理工作船。养殖管理工作船既可用于日常生产（如饵料投喂、网衣清洗、鱼类加工、水质监控或鱼类起捕），又可用于日常运输（如人员、饵料、冰块和鱼类等的运输）。在网箱养殖中，人们既可购置或建造新的养殖工作船，又可通过购置或改造利用旧船，以获得养殖工作船。根据养殖海况、企业情况与养殖规模等因素，人们在养殖管理工作船上可有选择地配备吊机、活水仓、吸鱼泵、网箱投饵机、网衣清洗机、水质监控系统以及饵料加工设备等。中大型的养殖管理工作船既可作网箱养殖工作平台，又可进行鱼类养殖、加工、运输或休闲垂钓，等等。养殖管理工作船与养殖工船是两个完全不同的概念，读者应注意区分。图 1-104 为 AKava 公司网站等资料文献中展示的各类养殖管理工作船。

图 1-104　国外展示的多功能养殖工作船

8. 其他养殖装备

已经研制或正在开发的网箱用其他养殖装备还包括活水船（图 1-105）、活鱼运输车（图 1-106）、死鱼收集泵（图 1-107）、养殖网衣破损智能报警系统、养殖水域赤潮报警系统、养殖水域溢油污损报警系统和残饵收集系统等。限于篇幅，本书不作详细介绍。

图 1-105　活水船

图 1-106　活鱼运输车

图 1-107 死鱼收集系统

综上所述，网箱养殖装备基本上囊括了安全监测装置、自动投饵机、洗网机、吸鱼泵、分级装置、养殖平台、养殖管理工作船等网箱养殖装备，相信有了这些先进的养殖装备，就能使网箱养殖如虎添翼。为使网箱养殖业得到持续发展，我国应尽快研发一批实用性强、生产效率高、节省劳力和减轻劳动强度的智能化养殖装备，以获取较高的经济效益和较好的社会效益，引领我国深远海网箱养殖装备技术升级。

二、网箱养殖种类

因养殖装备与水域环境等不同，国内外网箱养殖种类很多，本节主要介绍我国网箱养殖的大黄鱼、石斑鱼、河豚等主要种类。

（一）主要网箱养殖种类的生态习性

1. 大黄鱼

大黄鱼（*Larimichthys crocea*）俗名黄花鱼、黄瓜鱼、红瓜、黄姑鱼，是暖温性集群洄游鱼类，通常栖息于水深 60 m 以内的近海中下层。厌强光，喜浊流。黎明、黄昏或大潮时多上浮，白昼或小潮多下沉。大黄鱼为广温、广盐性鱼类，对水温的适应范围为 8~32℃，最适生长水温为 18~25℃，水温低于 14℃ 或高于 30℃时，摄食明显减少，成鱼较幼鱼更耐低温。大黄鱼对盐度适应范围较广，最适盐度在 30.5~32.5，人工养殖中也能适应河口区的较低盐度。但在人工繁殖中盐度影响其浮性卵在海水中的垂直分布，特别是孵化用水的密度不应低于 1.016，否则其卵粒会沉底，孵化效果差。大黄鱼对溶解氧的要求较高，幼鱼的溶解氧阈值在 3 mg/L 左右，稚鱼则在 2 mg/L 左右。所以人工育苗，尤其在养成中特别要注意保持溶解氧在 5 mg/L 以上，否则易造成缺氧浮头导致死亡。大黄鱼为"广食性"的肉食性鱼类，在自然环境中食饵种类多达上百种。成鱼主要摄食各种小型鱼类（如龙头鱼、叫姑鱼、带鱼、幼鱼等），虾类（对虾、鹰爪虾、糠虾），蟹类，虾蛄类；幼鱼主食桡足类、糠虾、磷虾等浮游动物。同时，大黄鱼又吃自己的幼鱼，因此，大黄鱼也是同种残食的鱼类。人工育苗中常见 2 cm 以上的幼鱼吞食 1 cm 左右的稚鱼。大黄鱼的不同种群在不同的海域，因水温不同其生长状况有一定差异。岱衢族大黄鱼生长慢、寿命长、性成熟晚。在人工养殖条件上，大黄鱼经 18 个月养殖，一般可达 300~500 g 的商品鱼规格，雌鱼生长明显快于雄鱼。

2. 石斑鱼

常见的石斑鱼包括青石斑鱼（*Epinephelus awoara*）、网纹石斑鱼（*E. chlorostigma*）和赤点石斑鱼（*E. akaara*）等品种（图 1-108 至图 1-110）。浙江俗称海鸡鱼，福建称鲙鱼，广东称过鱼。石斑鱼常栖息于岛礁附近，以岩礁和珊瑚礁丛为底质的水域或多石砾海区的洞穴之中，喜栖息在光线较弱的区域。肉食性凶猛，不集群。栖息水层随水升降而有深浅变化，通常分布在 10~30 m 水深处，盛夏在 2~3 m 处也有分布，秋冬季水温下降，石斑鱼适移到较深水域。幼鱼栖息的水层比成鱼浅，高龄鱼则较少移动。石斑鱼对环境适应性较强，适盐范围较广，在 11~41，生活最适水温为 20~30℃。当水温在18℃以下时，随着水温的进一步下降而食欲递减。当水温低于 13℃时，食欲很低。下限温度为 6℃以下，上限温度为 35℃以上。无论是人工培育的幼鱼，还是自然海域捕获的成鱼，于放流后的当年或第二年、第三年，均在放流处附近不远的海域重捕到。由此可见，石斑鱼是不作长距离洄游的地域性较强的定居性岛礁鱼类。石斑鱼属典型的肉食性鱼类，从开口仔鱼到成鱼，终生以动物性饵料为食。成鱼口大，凳齿尖锐且稍向内倾斜，能有力地捉住猎物，锥形的咽喉齿能压碎蟹类、藤壶和贝类的硬壳。强有力的胃肌、肝大、胆管长以及具有幽门盲囊等构造特点都与其肉食性相适应。石斑鱼是凶猛捕食性鱼类，常以突然袭击方式捕食。但其生性多疑，在人工饲养条件下，除非饥饿才会游上水面抢食，否则多在投饵时，待饵料下沉一段垂直距离之后，再行从掩蔽物处快速游出抢食，即又游回掩蔽物中。当食物不适口或人工投喂的饵料鲜度较差时，石斑鱼有吐出口中食物现象。在一般情况下，石斑鱼不食沉底食物，在人工养殖时应使食饵在水中有一定的悬浮时间，引诱石斑鱼群出来抢食，以免浪费饵料。石斑鱼有残食同类现象。在人工育苗中，仔鱼发育到稚鱼后期，大个体鱼苗吞食小个体鱼苗现象经常发生，造成鱼苗大量损耗。在网箱养殖成鱼时，发现大鱼吃小鱼的现象，体长 329 mm 的石斑鱼大肠内竟有一尾 158 mm 的小石斑鱼。我国近海的石斑鱼共有 31 种，其中东海 12 种，最常见的种类有赤点石斑鱼、青斑鱼、鲑点石斑鱼、云纹石斑鱼、黑边石斑鱼、宝石石斑鱼、小点石斑鱼、云纹石斑鱼和六带石斑鱼等，体长通常在 200~300 mm，而大型种类如最大体长分别可达 2 m 的巨石斑鱼和 1.2 m 棕点石斑鱼则较少。

图 1-108　青石斑鱼

图 1-109　网纹石斑鱼

图 1-110　赤点石斑鱼及其工厂化养殖车间

3. 河豚

常见的河豚包括红鳍东方鲀（*Fugu rubripes*）、紫色东方鲀（*F. porphyreus*）、假睛东方鲀（*F. pseudommus*）和黄鳍东方鲀（*F. xanthopterus*）等品种（图 1-111 至图 1-113）。

图 1-111　红鳍东方鲀及其养殖网箱

（1）河豚的特异习性

①胀腹：河豚胃的一部分，形成特殊袋状，它可以吸入水和空气而使腹部膨胀，此习性被认为与威吓对方和自卫有关。皮刺为胀腹更增加了效果，而且与胀腹的习性有着

图 1-112　紫色东方鲀

图 1-113　假睛东方鲀

深刻的联系。一般腹部皮刺发达，而背部略差，尾部几乎没有。在个体发育中，在皮刺长成之前，无胀腹现象，如红鳍东方鲀，布氏鲀的皮刺最发达，其胀腹习性也最显著、最有趣。

②钻沙：河豚经常会将腹部朝下，"坐"在海底，将身体左右剧烈晃动，拨开海底的沙子，并用尾部将沙撒在身上，埋于沙中，眼睛和背鳍露出外面。

③闭眼：一般来说，鱼类没有眼睑，无法闭眼。但河豚眼周围有许多皮皱，通过来回运动，这些皮皱使河豚可慢慢眨眼。在鱼类当中，迄今发现只有河豚才有此习性。

④咬尾：河豚的牙是愈合齿，呈鸟喙状，若身体互相接触，有疯狂厮咬的习性。钓上来的红鳍东方鲀，一放入水槽中，即刻厮咬，有时可咬伤对方。因此，渔民常在钓上河豚后将其牙打断，以防厮咬。

⑤呕吐：当钓上或网上河豚后，放入水槽中，由于受到水质环境条件变化的刺激，河豚即刻将胃中食物吐出。因此，常常会发现水槽中有大量呕吐物。另外，河豚类还有发声、死亡洄游等特异习性。

（2）红鳍东方鲀

红鳍东方鲀，地方名黑艇巴、黑腊头（图1-111）。它产于中国、朝鲜和日本；我国产于黄、渤海和东海；近海底层食网性鱼类，主食贝类、甲壳类和小鱼；体长一般为350~400 mm，大者可达700 mm以上；性成熟期体长雄性为350 mm，雌性为360 mm。红鳍东方鲀产卵期3—5月，主产日本沿海；其卵巢和肝脏有强毒，卵巢毒力随季节变化而有很大差异。在鲀科鱼类中，红鳍东方鲀的毒力还是属于弱的；但在各种鲀科鱼类中毒统计中，食用红鳍东方鲀而引起中毒者较多。由于红鳍东方鲀体型较大，一般1尾体重2~2.5 kg的鱼，其全毒量可致10人死亡。

（3）假睛东方鲀

假睛东方鲀分布于中国、朝鲜和日本（图1-113），为沿岸近海底层肉食性杂鱼。我国主要产区在东海、黄海和渤海；有溯江特性。长江亦有分布，曾记录于苏州。体长可达457 mm。性成熟期体长，雄性为245 mm，雌性为260 mm。卵巢有毒，其毒力最高为 10 000 单位。肝脏毒力最高为 1 000 单位，大部分时间无毒。肠及皮肤有弱毒。精巢和肉全年无毒，可供食用。本种体型中大，毒量最高为 $40×10^4$ 单位，能使 2 人致死。

（4）黄鳍东方鲀

黄鳍东方鲀，地方名条纹东方鲀、艇巴、花蜡头、黄天霸、乖鱼、花龟鱼、花河豚（图 1-114）。黄鳍东方鲀分布于我国沿海、朝鲜和日本；生活于近海底层，游泳能力差，遇危险气囊可吸入水和空气，使腹部膨胀，用以自卫或漂到水面；喜集群，亦进入江河，幼鱼栖于咸淡水中。黄鳍东方鲀以贝类、虾类、小公鱼等为食；冬末性腺开始成熟，春季产卵，卵浮性；4—5 月在沿岸可捕到幼鱼；个体较大，体长 200~500 mm。每年春季，由外海游向近岸，亦进入长江。秋季，由近岸向外海洄游。为延绳钓、拖网、定置网、流刺网的兼捕对象。牙锐利，常咬断钓丝及网具，影响渔民作业。卵巢和肝脏有剧毒，误食可致死。卵巢毒力最高达 10 000 单位，1 尾体重 2 100 g 的黄鳍东方鲀，其卵重约 87 g，而毒量可达 $87×10^4$ 单位。肝脏毒力最高达 4 000 单位。肠有弱毒，精巢、皮肤和肉基本无毒。鲜肉洗净可供食用。

图 1-114　黄鳍东方鲀

（5）菊黄东方鲀

菊黄东方鲀分布于我国，产于黄海和东海（图 1-115）。为近海底层杂鱼，体长可达 300 mm。内脏和血液等有毒，毒性不详，尚待深入研究。

（6）虫纹东方鲀

虫纹东方鲀，地方名为面艇巴、气鼓子、鸡抱、蜡头（图 1-116）。分布于我国沿海、朝鲜和日本，为暖温性底层食肉性鱼类。栖于近海及河口咸淡水中，有时也进入江河。主食贝类、虾、蟹和小鱼。有气囊，遇敌害时能使腹部膨胀。4—5 月为产卵期，此时在沿海河口附近可发现产卵亲鱼。产卵后，多在稍深近海栖息。体长一般为 150~250 mm，最大体长在 300 mm 以内。虫纹东方鲀产量不少，为我国次要经济鱼类。虫纹东方鲀毒性强，卵巢和肝脏有剧毒，卵巢毒力最高达（2~4）$×10^4$ 单位，而毒量高者可达 $20×10^4$ 单位以上。虫纹东方鲀肝脏毒力为 2 000 单位，而毒量亦可高达 $20×10^4$ 单位。

据测定，1 尾体重 400 g 的虫纹东方鲀，卵巢和肝脏两者合计的总毒量最高可达 96×10^4 单位，这样的毒量能使 5 人致死。日本因接连发生虫纹东方鲀中毒事件，厚生省已作出禁止进口和经营虫纹东方鲀的决定。虫纹东方鲀也是药用鱼类。

图 1-115　菊黄东方鲀

图 1-116　虫纹东方鲀

（7）暗纹东方鲀

暗纹东方鲀，地方河豚、街鱼（图 1-117）。它分布于我国，产于黄海、渤海和东海，朝鲜也有分布。暗纹东方鲀为近海与河川食肉性中、下层洄游鱼类；暗纹东方鲀溯河性强，每年春末夏初性成熟的亲鱼群游入江河产卵，幼鱼生活在江河或通江湖泊中育肥，到翌年春季返回海里，也有直接入海的，在海里长大到性成熟时再溯河在淡水中产卵。杂食性，主食虾、蟹、螺、鱼苗、水生昆虫、枝角类和桡足类，也食植物叶片和丝状藻等。在长江，暗纹东方鲀产卵期为 4—5 月，5 月为盛期，在长江中下游江段或洞庭湖、鄱阳湖水系产卵，有时溯河达宜昌等地，怀卵量 $(14 \sim 30) \times 10^4$ 粒。暗纹东方鲀产量大，在整个长江渔业中占有一定比重，江苏省年产量达 150×10^4 kg，具有一定的经济价值。主要产区在南京以下沿江各县，以江阴县产量最高，渔汛在 3 月下旬为旺汛。在东南沿海无明显汛期，终年可以捕获。肉鲜美，脂肪和蛋白质含量高，鲜食和腌制颇受群众欢迎。也可作药用，药效同虫纹东方鲀。卵巢、肝脏、肾脏和血液有剧毒，卵巢在产卵期含毒很高，毒力最高为 10×10^4 单位；肝脏毒力在 2 000~4 000 单位。皮肤和肠有强毒，肉和精巢无毒。鲜食时，需将内脏、血液、皮肤、鱼眼除去，长时间烹煮方可食用。

（8）弓斑东方鲀

弓斑东方鲀，分布于我国沿海和朝鲜，为近海底层食肉性鱼类，也进入河口咸淡水区域，以贝类、甲壳类和小鱼为食（图 1-118）。弓斑东方鲀春季产卵，体长一般 100~150 mm，卵巢有强毒，肝脏、皮肤和肠的毒性亦较强，其肌肉和精巢无毒。弓斑东方鲀为药用鱼类，药效与东方鲀相同。

图1-117　暗纹东方鲀

图1-118　弓斑东方鲀

4. 卵形鲳鲹

卵形鲳鲹（*Trachinotus ovatus*）别名鲳鲹、红三、金鲳鱼、黄腊鲳等。卵形鲳鲹分布于印度洋、印度尼西亚、澳洲、日本、美洲的热带及温带的大西洋沿岸及我国黄渤海、东海和南海。体呈鲳形，高而侧扁，长为高的1.7～1.9倍，尾柄短细，侧扁高大，高大于长。卵形鲳鲹眼小，前位。吻钝，前端几呈截形。卵形鲳鲹尾鳍叉形，背部蓝青色，腹部银色，体侧无黑色点。卵形鲳鲹，属暖水性中上层洄游鱼类。2月份可见卵形鲳鲹幼鱼在河口海湾栖息，群聚性较强或时向外海深水移动；它为肉食性鱼类，以小型动物、浮游生物、甲壳类为主要饵料。卵形鲳鲹的肉色细嫩，脂肪含量高，鲜美甜口，是高级的海水鱼。卵形鲳鲹生长速度快，养殖半年多个体体重可达500 g。卵形鲳鲹鱼在广东、广西、福建均有一定数量可捕；它在中国台湾人工育苗已获成功，有相当数量销往广东、广西、福建等省进行网箱养殖。

图1-119　卵形鲳鲹及其养殖网箱

5. 军曹鱼

军曹鱼（*Rachycentron canadum*）别名海鲡、竹五、海干草、海竺鱼、锡腊白（图

1-120）。军曹鱼广泛分布于西南太平洋，北至我国东海与黄海各处，只不见于太平洋的东部。军曹鱼体圆长，头平扁而宽，口前位，近水平而宽阔，体背部黑褐色，下接明显的银色纵带，腹部灰白色。背鳍硬棘短且分离，臀鳍具 2~3 枚弱棘。幼时尾鳍呈圆形，成体尾鳍则内凹呈半月状。一般体长可达 2 m，体重达 50 kg。卵浮性。常于大陆架外近海捕获，常有鱼卵寄生其上，以甲壳类为主要食物。军曹鱼在我国台湾省人工育苗成功，已批量生产。人工孵化后 30 天鱼苗全长可达 6 cm 左右。养殖半年可达 1~2 kg，养殖 1 年可达 3~5 kg，养殖 2 年可达 10 kg。在养殖过程中，尾鳍形状有变化。在体长130 cm 时，尾鳍为尖尾形；体长 180 cm 时，尾鳍略呈截形；体长 300 cm 以上时，尾鳍渐变为深叉形，上叶略长于下叶。在养殖过程中，仔鱼和鱼苗大小要分筛，以免互相残食。近些年来，海南、广东相继开展军曹鱼的养殖，特别是深水大网箱的养殖，且取得了好成绩，人工育苗也初获成功。

图 1-120　军曹鱼及其养殖网箱

6. 鲈鱼

鲈鱼［*Lateolabrax japonicus*（Cuvier et Valenciennes）］又名花鲈、七星鲈、鲈板、白鲈、花塞等（图 1-121）。鲈鱼为广盐、广温性鱼类，通常生活在河口地区，也有直接进入淡水湖泊，因此可进行淡水池塘饲养。若经盐度逐步淡化，成活率会更高。水深20 m 以上，盐度高达 34 的海域，也可捕到花鲈，冬季在表层水温 -1℃ 的条件下可以存活，夏季在 38℃ 的河口浅滩区也有发现。鲈鱼是肉食性凶猛鱼类，好掠捕食物，即使在表层海水结冰或自身处于性成熟期，也很少出现空胃。在黄海、渤海海区，鲈鱼在当年体长可达 24~30 cm，体重达 200~450 g。在淡水养鱼池内混养（放养密度 3~5 尾/亩），由于食料丰富，2 年内体重可达 2.5 kg；在广西地

图 1-121　鲈鱼

区，体长 4.0~8.0 cm 的幼鱼，经 2 年饲养，体重可达 5.09 kg。花鲈的生长与水温密切相关，当水温低于 3℃ 时，基本不长；当水温为 22~27℃ 时，为快速生长期。在鲈鱼的生命周期中，体长的生长以前 3 年最快，平均每年增加 6~10 cm 以上，4~6 龄鱼生长速度开始降低，7 龄以上花鲈才显著减慢，鲈鱼的寿命约为 10 龄。尖吻鲈如图 1-122 所示。

图 1-122　尖吻鲈起捕及其深远海养殖网箱

7. 黑鲷

黑鲷（*Sparus macrocephalus*）又称海鲫、黑加吉、海鲋、黑立、乌格（图 1-123）。体椭圆形、扁。头中大、前端稍尖，上颌前端具犬牙 6 枚，两侧具臼齿 3 行。体被中大弱栉鳞。背鳍鳍棘强大，以第 4 鳍棘最强。臀鳍第 2 鳍棘最强大。体灰褐色，具银色光泽，头部色暗，腹部较淡。侧线起点处有一黑斑，体侧有若干条褐色、纵条纹，各鳍边缘黑色。黑鲷为暖温性底层鱼类，分布于北太平洋西部，我国沿海均有分布，喜栖息于沙泥底质或多岩礁的浅海，一般不作远距离洄游。以小鱼、虾为食，或用尾部挖掘软体动物及环节动物为食。黑鲷有明确的性逆转现象，体长 1 cm 幼鱼全为雄鱼，15~20 cm 为雌雄同体，25~30 cm 大部分为雌鱼。性成熟在 4—5 月，当水温达 14~15℃，盐度为 14 以上时，便可产卵。卵浮性，无色透明。初孵仔鱼全长 1.96~2.06 mm，饲养 60 天，幼鱼全长 3.0 cm，外形与成鱼相同。1 龄鱼体长 12.1 cm，2 龄鱼 18.7 cm，3 龄鱼 22.4 cm。黑鲷人工繁殖技术已解决。黑鲷食性杂，适应性强，很适合网箱养殖。既可单养，也可混养。上、下极限水温为 3.5~35℃。当水温在 6℃ 以上时，开始摄食。当水温在 20℃ 以上时，生长良好。鱼种放养密度为 10 kg/m³，要注意放养规格一致。混养的对象为鲈鱼、真鲷、鮸状黄姑鱼、石斑鱼等，混养密度以 2 尾/m³ 为宜。黑鲷在混养条件下生长速度往往比单养时快 50%，而且能有效利用投喂的饵料，并能清除网箱附着物，是网箱养殖中的"清道夫"之一。

图 1-123　黑鲷及其混养用的大型围栏设施

8. 真鲷

真鲷（*Pagrus major*）又名海鸡、红加吉、铜盆鱼、加腊鱼等，为近海暖水性底层鱼类（图 1-124）。真鲷栖息于水质清澈、藻类丛生的岩礁海区，结群性强，游泳迅速。真鲷有季节性洄游习性，表现为生殖洄游。真鲷主要以底栖甲壳类、软体动物、棘皮动物、小鱼及虾、蟹类为食。最适水温 18~28℃。水温在 9℃ 以下时，停止摄食；水温在 4℃ 以下时死亡。夏季水温在 30℃ 以上时，身体衰弱。10 龄以下生长较快，1~4 龄生长最快，10 龄以上生长缓慢，最大个体达 10 kg，最高年龄为 16 龄。真鲷的生殖季节，在我国南北海区差别很大。南方厦门海区，生殖季节为 10 月下旬至 12 月下旬，盛期为 11月下旬至 12 月上旬；广东沿海，生殖季节为 11 月底至翌年 2 月初，盛期为 12 月中至翌年 1 月底；北方黄海、渤海区，真鲷的产卵期为 5—7 月，盛期为 5 月中旬至 6 月上旬，产卵水温 14~19℃。真鲷亲鱼的性腺，在年生殖周期内连续成熟，分批产卵。1 尾亲鱼在产卵期可产 30~90 次。野生真鲷一般 4 龄达性成熟，生物学最小型因海域而异，一般为尾叉长 280~360 mm，体重 0.5~1.1 kg；养殖鱼 2 龄即能产卵，体重 0.26~0.4 kg 的范围；生殖季节的性腺成熟系数，雌鱼为 1.55 ~ 9.31，平均为 4.59，雄鱼为 0.56 ~ 2.25，平均为 1.52。怀卵量与年龄和体重有关，平均怀卵量在 100×10^4 粒以上，高者达 300×10^4 粒，低的只有 25×10^4 粒。

图 1-124　真鲷及其养殖用网箱

9. 黄鳍鲷

黄鳍鲷（*Acanthopagrus latus*）又名黄加拉、赤翅（图1-125）。适应力强，生长快，为我国南方网箱养殖的重要对象。黄鳍鲷，体长椭圆形，侧扁，北面狭窄，腹面钝圆。黄鳍鲷体高，头部尖。背鳍鳍棘部与鳍条相连。尾叉形。体色青灰带黄，体侧有若干条灰色纵走线，沿鳞片而行。背鳍、臀鳍的大部及尾鳍下叶为黄色。黄鳍鲷广泛分布于日本、朝鲜、菲律宾、印度尼西亚、红海及我国台湾、福建、广东沿海。在河口半咸水域也有分布。黄鳍鲷为浅海暖水性底层鱼类。幼鱼的适温范围较成鱼窄，生存适温9.5~25℃，生长最适水温为17~27℃；致死低温为8.8℃，致

图1-125　黄鳍鲷

死高温为32℃。成鱼则可抵御8℃的低温和35℃的高温。适盐范围较广，在盐度为0.5~4.3的海水中均可生存。可以从海水中直接移入淡水，在半咸水中生长最佳。仔鱼以动物性饵料为主；成鱼则以植物性饵料为主，主要为底栖硅藻，也食小型甲壳类。对饵料要求不严格。仔鱼期常因饥饿而相互残食。摄食强度以水温17~20℃以上最大。1龄鱼体长16.9 cm、重150 g；2龄鱼体长21.8 cm，重325 g；3龄鱼体长26.2 cm，体重550 g左右。黄鳍鲷有明显的生殖迁移活动，在产卵期来临之前约2个月，从近岸半咸水海区向高盐的深海区移动，产卵后又回到近岸。1龄鱼性腺开始发育，2龄鱼发育成熟。在我国南方近岸产卵适温为17~24℃，10月下旬至翌年2月产卵，1—2月可见鱼苗。

10. 笛鲷

我国目前养殖的有紫红笛鲷（*Lutianus argentimaculatus*，其别名银班笛鲷、银纹笛鲷、红鲅、海鲤、海鳟，图1-126）、红鳍笛鲷（*L. sanguineus*，别名红鱼、红鸡、红鳟，图1-127）、星点笛鲷（*L. stellatus* Akazaki，图1-128）、川纹笛鲷（*L. sebae*，图1-129）等。分布于太平洋中西部、印度洋、我国南海及东海南部。笛鲷科鱼类上下颌均具大型犬齿，前鳃盖骨具锯齿缘，背鳍连续，颊部、前鳃盖及鳃盖骨被鳞，吻无鳞，鳃耙数少，口大，颌齿发达，体长椭圆形，侧扁，头中大。紫红笛鲷体长为体高之2.51~2.84倍，体褐色，幼鱼之体侧有7~8个银色横带。红鳍笛鲷体长为体高的2.16~2.18倍，侧线上方鳞列全部斜行，侧线下方鳞与体轴平行。体红色或粉红色，两背鳍起点至上颌有一暗色斜带，尾柄之鞍状斑仅见于幼鱼，长成后即消失。笛鲷属暖水性中下层鱼类，栖息于近海岸礁或泥沙底质、水深80 m的海区里。属肉食性鱼类，食性广。生长较快，养6~8个月，可长至600~800 g，且无明显洄游现象。笛鲷为较大型海产经

济鱼类，肉质丰厚坚实，含丰富的蛋白质和脂肪，味鲜美，经济价值高，饵料来源方便，人工繁殖容易，是网箱养殖的优良品种。但红鳍笛鲷鱼苗较难运输，给养殖带来了不便。

图 1-126　紫红笛鲷

图 1-127　红鳍笛鲷

图 1-128　星点笛鲷

图 1-129　川纹笛鲷

11. 胡椒鲷

花尾胡椒鲷（*Plectorhynchus cinctus*）别名加吉、打铁婆、打铁母、黑脚子（图 1-130）。花尾胡椒鲷主要分布于我国沿海、朝鲜、日本、越南、印度和斯里兰卡沿海。花尾胡椒鲷体侧有 3 条微斜之黑色横带，第一横带过眼部，尾鳍几近截平；为中型鱼类，系亚热带浅海底层鱼类；栖息于沿海，以岛屿附近为多，部分为半咸淡水，所栖底质有砂泥质以至岩礁及珊瑚礁；栖息于沙底者多呈素色，体色斑纹常因身体生长而变异。多分散活动，移动范围不大，是肉食性鱼类，以鱼、虾及甲壳类等为食；春季产卵，为底拖网和延绳钓的兼捕对象。花尾胡椒鲷肉质细嫩，经济价值高，是南方沿海优

图 1-130　花尾胡椒鲷

良养殖对象；3 cm 鱼苗在网箱中当年可长至 500 g。中国台湾近年来人工繁殖已获成功，可批量生产。福建、浙江等省也已成功地进行了人工繁殖。由于花尾胡椒鲷商品鱼价格较高，养殖效益好，随着人工育苗的成功，养殖产量会越来越多。

12. 断斑石鲈

断斑石鲈（*Pomadasys hasta*）别名头鲈、猴鲈、白鸽、星鸡鱼、石鲈（图 1-131）。

图 1-131 断斑石鲈

我国产于东海及南海，日本、朝鲜、印度尼西亚、越南和菲律宾也有分布。断斑石鲈体稍长，侧扁，体长为体高的 2.9 倍，为头长的 2.8 倍。头中等大，背部稍凹，口端位，微倾斜，体被中等大小薄栉鳞，背鳍有 12 鳍棘，14 鳍条，中央之缺刻较深。臀鳍小，3 鳍棘，7 鳍条。尾鳍浅凹形。体背侧有由褐色斑组成的 3 个纵形斑点带，幼鱼时较明显，长成后则极不明显。成体背部淡青色。体侧约有 8 条灰绿色断斑，各断斑间隔均匀。断斑石鲈为暖水性、近岸性中下层鱼类，一般个体不大，体长多在 10~20 cm，大的可达 34 cm 左右，体重最大 2.5~3 kg。在近海港湾生活的个体小，外海生活的个体大。繁殖季节在 1—2 月，到内海产卵；4—5 月在沿海能捕到小鱼。喜栖息在岩礁海区，多分散活动，不集群。以小鱼、虾类及虾蛄类等为食。肉质良好，为珍贵海产优质鱼类之一，经济价值高。近年来，中国台湾对断斑石鲈的人工育苗已获得成功，并可批量生产。

13. 美洲条纹狼鲈

美洲条纹狼鲈 [*Morone saxatilis*（Walbaum）] 又名条纹石鲈、海狼鲈、线鲈（图 1-132）。体修长、线条流畅。头部较小，尾为正尾叉型。全身呈鲜明的浅白色。体背部上沿至体侧中一有窄长黑色条纹 7 条，此为其主要特征，并因而得名。常见捕捞个体重为 4.5~9 kg。美洲条纹狼鲈原产于美国东部沿岸 38°58′~25°00′N。美洲条纹狼鲈属广盐、广温性鱼类，广

图 1-132 美洲条纹狼鲈

泛栖息于淡水、半淡水和海水中。能在水温 4~33℃ 中生活，生存水温为 1~38℃，最适生长水温为 20~27℃。在盐度为 1~25 水域中均可生长，高达 35 的高盐海水中也能生存。条纹狼鲈为肉食性鱼类。在自然水域，仔鱼以桡足类和枝角类浮游动物为食，稍大

后摄食小鱼小虾，成鱼摄食凶猛，故易于钓捕。在人工养殖的条件下，仔鱼摄食卤虫幼体，稍后摄食卤虫成体、鱼虾肉糜及颗粒饵料。养成期喂以冰鲜鱼、虾肉和配合饲料。美洲条纹狼鲈有明显的溯河产卵洄游习性。产卵期为4—6月中旬，甚至可延长至7月。稚、幼鱼和产卵群体多聚集于河口区活动。卵径1.8 mm，产卵水温为10~25℃，高峰期为15~18℃。受精卵孵化水温为19~24℃，仔鱼培育初期的存活水温为10~26℃，最佳水温为18~24℃。育苗时盐度为1~3，对受精卵发育较为有利。条纹狼鲈肉质细嫩，营养高，经济价值高，且生长快，抗病能力强。另外，美国自20世纪80年代以来，将此鱼与金眼狼鲈杂交，后代表现出良好的杂交优势，在适温条件下生长速度很快，养殖一年约可达1 kg体重，已广泛应用于生产，已是继斑点叉尾鮰后，美国第二养殖鱼种。中国台湾南部于1991年开始引进该杂交种的受精卵来养殖，周年水温保持在18℃以上，生长速度甚快，饵料系数1.7，均产11 kg/m³。大陆南方近年也有少量引进，可望进一步扩大。

14. 鲕鱼

鲕鱼（*Seriola quinqueradiata*）俗称章红、红甘鲹，体呈纺锤形，稍侧扁（图1-133）。背鳍吸硬棘和软鳍条29~30条。鲕鱼臀鳍有分枝鳍棘1条和软鳍条17~22条。鲕鱼鳃的上半部有鳃耙8~12条，下半部17~23条。鲕鱼侧线鳞210~220。背部暗蓝色，腹部银白色。鲕鱼体侧有一黄色纵带。标准体长30~80 mm的仔鱼，体色呈金属光泽的黄褐色，体侧有红褐色的横带6~11条。我国鲕鱼主要有

图1-133 鲕鱼

黄鲕鱼（*S. lalandei*，图1-134）和高体鲕（*S. dumerili*，图1-135），均用于养殖。日本网箱养殖主要是5条鲕鱼，养殖产量达14×10⁴ t。鲕鱼是一种温水性鱼类，分布于日本海及台湾以南海域。鲕鱼自春季至夏季由南向北洄游，自秋季至冬季由北往南洄游。

图1-134 黄鲕鱼

产卵期在东海区为2—3月，在日本的九州和四国岛周围海域为3—5月。卵浮性，直径1.15~1.44 mm，初孵仔鱼全长3.5 mm，大量出现在水温19~21℃和盐度为19.1~19.3的水域中。仔鱼一般随着黑潮及其支流向北漂流，并集中在海洋锋区，常附着在随波逐流的海藻上。当鲕鱼长至15 cm时，离开漂流的海藻，

营自由游泳生活。4 cm 以下的鰤鱼，主
要摄食蜇水蚤之类的桡足类及甲壳动物，
随着生长，开始摄食鳀鱼幼鱼和其他小
型鱼类。长至 15 cm，则以沙丁鱼、鲭、
乌贼等为食。鰤鱼的寿命为 7 岁，最大个
体为 96 cm，体重 13 kg。目前人工繁殖
技术已解决，鰤鱼的网箱养殖周期为 2
年，5 月将苗种放入网箱，养殖密度以每

图 1-135　高体鰤

立方米水体放养成鱼 20 kg 为宜。随着生长，网衣的网目必须相应增大。鰤鱼在水温 7~
28℃范围内生存，生长最适水温为 24~26℃。当海水比重因大雨等从 1.025 降至 1.015
时，生长会受影响。每天投喂饵料 1 次。为防止投饵过量，每星期可停饵 1~2 天。随着
生长，每千克体重需要的饵料量也随之减少。养殖的第一年，夏季饵料投喂量要大，冬
季要少。养殖的第二年，夏季饵料投喂量提高至鱼体重的 8%，冬季降至其鱼体重的
3%~4%。玉筋鱼、鳀鱼、沙丁鱼、鲐鱼和秋刀鱼可作为鰤鱼的饲料。投喂的饵料，必
须新鲜，否则，饵料腐败、脂肪氧化，鰤鱼食后会引起生理上的不正常。投喂的饵料
鱼，必须贮存在-20℃以下。用冻鱼投喂前，先切断或剁碎再投。饵料系数 8 左右。养
殖中主要病害有诺卡氏菌病、假结核病和链球菌病等。

15. 日本黄姑鱼

日本黄姑鱼（*Nibea japonica*）又名黑毛鲿（图 1-136）。分布于我国的东海及日本
南部沿海，分布纬度最高不超过北纬
35°，喜栖息于泥沙质底，200 m 深水域。
是一种大型经济鱼类，最大个体可达 1 m
以上，全长 30 kg 体重，日本自 1985 年
由宫崎栽培渔业中心岩田一夫首次进行
日本黄姑鱼的人工育苗并获成功，近年
每年育成大约有 50 万尾的日本黄姑鱼苗
种，其中 90% 用于放流，仅 10% 供养殖。

图 1-136　日本黄姑鱼

日本黄姑鱼虽然分布于我国沿海，但由于捕捞量原本有限，加上资源破坏等原因，要捕
捞活的亲鱼用于人工繁育更极为困难，投入资金也会较多。为尽快开发日本黄姑鱼的养
殖，浙江省海洋水产研究所于 2000 年、2001 年和 2002 年连续 3 年从韩国国立水产科学
院引入日本黄姑鱼的受精卵，同时开展人工繁育及养殖试验，均获得了成功。育苗已达
生产性水平，养殖显示了很好的优势。引种培育的亲鱼已经成熟产卵并用于全人工繁
育，每年所培育出的苗种量均超百万，从根本上解决了日本黄姑鱼的苗种问题。日本黄

姑鱼生长快，一年可养成 1 kg 商品鱼，二年可达 2 kg，平均年增重 1.5 kg。养殖的饵料效率高，每养成 1 kg 体重，只需 5 kg 鲜饵。与鲕鱼需 8~10 kg 相比，可大大降低养殖成本，提高养殖生产效率，而日本黄姑鱼的价格在日本市场却比鲕鱼高 900~1 000 日元/kg。日本黄姑鱼还具有病害少、适应不良环境、易于养殖等优点，其生长速度、肉质及市场喜好均超过美国红鱼。日本黄姑鱼的生存温度为 7~34℃，高至 33℃，低至 11℃ 都能摄食。越冬的安全温度为 12℃ 以上，性成熟 4 龄以上，体重超过 4 kg。

16. 鮸状黄姑鱼

鮸状黄姑鱼（*N. miichthioides*）系近海底层肉食性鱼类，主要以虾、蟹、小杂鱼及底栖动物为食（图 1-137）。鮸状黄姑鱼分布于南海、台湾海峡和浙南沿海一带，成鱼体呈银灰色或银白色，与鮸鱼属的鮸鱼较接近，俗称"白鮸鱼"。鮸状黄姑鱼肉质细腻，有韧性，味鲜美，主要销往我国台湾、港澳地区，为台湾人所钟爱。鮸状黄姑鱼鱼苗大约于每年 3 月下旬出现在广东、福建一带近海水域，4 月下

图 1-137　鮸状黄姑鱼

旬至 5 月上旬在浙江玉环、洞头一带海域大量出现。鱼苗 4.9~5.1 cm 时，形体与成鱼基本相似。鮸状黄姑鱼生长特别快，养殖周期短、耐高温，其适宜生长水温 17~33℃，最佳生长水温 29~32℃，通常 5 月底放苗到春节前，8 个月平均体重可长至 500 g，大的可达 860 g，鱼糜饵料的饵料系数为 8~10，鮸状黄姑鱼的人工育苗已基本解决。鱼苗收购后，先暂养 2 天，剔除伤残鱼苗，然后按大小分成 3~4 种规格，分别放养，5~6 天后进行第一次分苗，以后每隔 20~25 天进行一次分苗，按大小分开放养。当体长达到 18 cm 以上，放入成鱼网箱中养殖。放养密度，每立方米水体 1.5 尾左右为宜。体长 5 cm 以下的鱼苗，投饵以少量多次为原则，每天 5 次，前期投喂蛋黄、鱼粉（鳗鱼饲料粉或米糠），穿插投喂鱼糜。当体长达 5 cm 左右时，改喂新鲜小虾或杂碎的低值鱼肉。成鱼阶段，以量足次少为原则，投喂至鱼停止上浮水面抢食为止。变质饵料不能投喂给鮸状黄姑鱼，阴雨天少投。当水温降至 10℃ 时，鮸状黄姑鱼停止摄食，水温降至 5℃ 时，鮸状黄姑鱼出现死亡。越冬期间不得拉网和换网，以免惊动鮸状黄姑鱼，使之受冻、受伤死亡。

17. 黑鲪

黑鲪（*Sebastes schlegelii*）又称黑鱼、黑石鲈、黑寨、黑头、黑猫等（图 1-138）。黑鲪分布于北太平洋西部，我国黄渤海、东海都有，北方沿海冬天可见。肉质鲜嫩、洁

白，脂肪少，软硬适口，尤适清蒸和做汤。生长快，适应性好，是网箱养殖的较好种类。黑鲪身体延长，侧扁。体长一般为 20~30 cm，体重 100~300 g。黑鲪吻较尖，下颌长于上颌。眼大，高位。黑鲪背鳍一个，中间有缺刻，具 13 鳍棘、12 软条。黑鲪尾鳍圆形。身被细圆鳞，背部及两侧灰褐色，具不规则黑色斑纹。胸腹部灰白色。背鳍黑黄色，其余各鳍

图 1-138 黑鲪

灰黑色。黑鲪系冷水性近海底层鱼类，喜栖息于浅海岩礁间或海藻丛中。不喜光。春秋季可结成小群，作短距离洄游。较耐低温，适温范围 8~25℃，其中，水温 14~22℃生长最快。当水温下降至 5~6℃时，停止摄食，致死水温为 1℃。黑鲪为肉食性鱼类，属游泳摄食，十分贪食，摄食量大，胃饱满度高。低龄鱼的日摄食量可达体重的 7.5%，饱食量达 11%左右。生长较快，人工育种养殖第 2 年尾重可达 250 g，第 3 年尾重可达 600~800 g。寿命一般为 5~8 年，最大体长 50 cm，体重超过 10 kg。5 龄以前生长快，5 龄以后生长下降，8 龄以后生长明显下降。繁殖年龄为 3~14 龄，其中 3~4 龄鱼中雄鱼占优势，5~7 龄鱼则雌鱼占优势。山东近岸产仔期在 4~5 月，盛期为 5 月上、中旬。黑鲪繁殖初期水温约 11℃，盛期 13~16℃。黑鲪通常在近岸、内湾口外有礁石且潮流畅通、水质清新处产仔。黑鲪卵胎生，仔鱼自母体产出时即可自由游泳。

18. 褐牙鲆

褐牙鲆（*Paralichthys olivaceus*），又称牙偏、偏口、比目鱼、左口、沙地、高眼等（图 1-139）。为冷温性底栖鱼类，喜栖息砂泥质海底。无远距离洄游习性，为近岸种类。冬季移向较深海域越冬，喜结群游向浅海索饵产卵。生长适温 8~24℃，冬季水温在 2℃左右时仍可存活，但较大个体的褐牙鲆不耐高温。褐牙鲆仔鱼，主要摄食小型浮游动物轮虫类等；稚鱼至幼鱼期，以摄食桡足类、糠虾类、端足类、十足类等小型甲壳类为主；成

图 1-139 褐牙鲆

鱼主要以小型鱼类为食，兼食虾类、头足类和贝类等。生活在自然海区的褐牙鲆，由于生活海域的不同，因此生长速度也有所不同。根据调查结果，一般 1 龄鱼体长 20~35 cm，2 龄鱼体长 25~40 cm，3 龄鱼体长可达 50 cm，4 龄鱼体长可达 50~70 cm，8 龄

鱼个体较大的体长可达 85 cm，体重达 9 kg。牙鲆一般经 2~3 年的生长，大部分鱼达到性成熟，开始生殖活动。我国黄渤海沿岸海域生活的牙鲆，产卵时间为 4—6 月；黄海南部生活的牙鲆，4 月中旬即发现产卵鱼；黄海北部产卵期，一般为 2 个月左右。在产卵期内，1 尾雌鱼可多次产卵。产卵盛期，水温为 14~16℃。卵径为 0.8~1 mm，单油球。正常的受精卵，在盐度为 30 的海水中静置时浮在水面。

19. 大菱鲆

大菱鲆（*Scophthalmus maximus*）音译名为"多宝鱼"，原产于大西洋东北部沿岸，为该海域特有的一种比目鱼，我国于 1992 年从英国引入（图 1-140）。年产量已达逾 3 000 t，销售产值超过 10 亿元。适应于低水温生活和生长，是大菱鲆的突出特点之一。

它能短期耐受 0~30℃ 的极端水温，1 龄鱼的生活水温为 3~26℃，2 龄鱼以上对高温的适应性逐年有所下降，长期处于 24℃ 以上的水温条件下将会影响成活率，但对于低温水体（0~3℃）只要管理得当，并不会构成生命威胁。实践证明：大菱鲆 3~4℃ 仍可正常生活，10~15 cm 的大规格鱼种，在 5℃ 的水温条件下，仍可保持较积极的摄食状态。在集约化养

图 1-140 大菱鲆

殖条件下，大菱鲆要求水质清洁，透明度大；pH 值为 7.6~8.2；对光照的要求不高，200~3 000 lx 即可；能耐低氧（3~4 mg/L）；适盐性较广（12~40）。总之，大菱鲆对不良环境的耐受力较强，喜集群生活，互相多层挤压一起，除头部外，重叠面积超过 60%，对生长、生活无妨。大菱鲆喜集群摄食，饲料利用率和转化率都很高，可以集约化养殖，所以是适应北方沿海养殖的一种理想良种。大菱鲆在自然界中营底栖生活，以小鱼、小虾、贝类、甲壳类等为食。人工育苗期的饵料系列为轮虫、卤虫幼体、微颗粒配合饲料。成鱼养殖阶段可以投喂鲜杂鱼、冰鲜杂鱼或配合饲料。大菱鲆从幼鱼开始至整个养成期间，极易接受配合饲料，而且转化率很高，饵料系数为 1.2，甚至为 1。大菱鲆在水温 7℃ 以上可以正常生长，10℃ 以上可快速生长。我国北方沿海养殖证明，在工厂化养殖条件下，最适的养殖水温为 15~19℃，全长 5 cm 的鱼苗入池养殖 1 年，体年可达 800~1 000 g，第二年至第三年生长速度加快，一般年增长速度可以超过 1 kg。3~4 龄鱼体重可达 5~6 kg。大菱鲆的个体发育与褐牙鲆基本相似，初孵仔鱼全长 2.5~3 mm；孵化后第 3 天开口并摄食；孵化后第 8~15 天消化道分化，鳔器官形成；孵化后第 15~20 天各部器官基本形成，右眼开始上升左移；孵化后第 25~30 天右眼移至左侧，开始伏底并变态为稚鱼。孵化后第 60 天完全变态为幼鱼时，全长达 30 mm 左右。牙鲆发育

期无鳔器官发生，而大菱鲆无冠状幼鳍的发生，各自显示出种的不同特点。大菱鲆属于分批产卵鱼类，产卵量与雌鱼个体大小密切相关，平均可产卵 100×10^4 粒/kg。野生雌性大菱鲆 3 龄性成熟，体重 2~3 kg，体长 40 cm 左右；雄鱼 2 龄性成熟，体重 1~2 kg，体长 30~35 cm。自然繁殖季节为 5—8 月。养殖亲鱼性成熟年龄一般可以提早一年。大菱鲆亲鱼对光照和温度很敏感，可以利用光温调控方法，诱导和控制亲鱼在年周期内的任何一个月份产卵。

20. 美国红鱼

美国红鱼（*Sciaenops ocellatus*）学名为红拟石首鱼，又叫红鱼、红姑鱼、斑尾鲈、海峡鲈、黑斑红鲈和大西洋红鲈（图1-141）。美国红鱼在自然界中生长于咸水洼地，北自美国的马萨诸塞州南至墨西哥的维拉库鲁日，均被商业性捕捞。但 90% 的产量来自墨西哥湾，其中 3/4 为得克萨斯州及佛罗里达州。由于过量捕捞产卵群体，美国于 1987 年 7 月开始严格限制捕捞。美国红鱼是洄游性鱼类，

图1-141 美国红鱼

在大洋中产卵，但幼体大部分尚在河口区。夏末、秋天在外沙洲口附近产卵，卵由潮流带至河口，沉至河口特定区域中可避免被掠食，长至手指大小的小鱼在河口区域栖息，直到 2~5 龄。成熟时则游至大洋。第一次产卵后，则较长时间停留在近海，且成群活动。红鱼喜欢集群，游泳迅速，洄游习性明显。大的红鱼于早秋从水域深处游向浅海和河口，并在那里繁衍后代。这时大的亲鱼，经常能在河口或防波堤水口见到。野生红鱼在美国得克萨斯州近岸水域一直栖息到 12 月或翌年 1 月，然后随着水温的下降转移到深水水域。红鱼为近海广温、广盐性鱼类。繁殖季节栖息在浅海水域。野外水域生存水温为 2~33℃，其生活适宜水温为 10~30℃，生长最适宜水温为 20~30℃，繁殖最佳水温为 25℃，仔稚幼鱼适温为 22~30℃。对低温的忍耐力还受盐度、pH 值的影响。突然降低水温，有时会引起红鱼的大量死亡，0.5~1 cm 的鱼苗，在盐度 5 的水中致死低温为 6.9℃；0.5~7.4 g 的鱼种，在水温为 4℃的低温下，有较好的越冬成活率（22.7%~85.3%，平均为 57.5%）；野生 1~3 龄红鱼，当水温降至 3℃时，仅有少部分鱼死亡。红鱼的幼鱼和成鱼是广盐性的，可以生存于淡水、半咸水及海水中，卵和仔鱼只能生活在盐度为 25~32 的海水中。要求溶解氧含量大于 3.0 mg/L，当溶解氧含量小于 2.0 mg/L 时，可能会引起浮头。幼鱼的窒息点为 0.38~0.79 mg/L，耐低氧的能力，在海水中较在半咸水、淡水中强。美国红鱼为肉食性杂食鱼类，而且食物链环节较高。在自然水域中，主要摄食甲壳类、头足类、小鱼等。在人工饲养的条件下，也摄食配合饵料，而投

喂浮性配合饲料最好。红鱼的食量大、消化速度快，一般个体的最大摄食量可达体重的40%。在人工饲养的条件下，饱食后停留不长的时间，若再投喂仍然争抢凶猛，尤其是稚、幼鱼有连续摄食的现象。如饲料不足，自相残杀的现象比较严重，但体长超过 3 cm后，自残现象有所缓解。红鱼的生长很快，在原产地，当年的个体可达 500~1 000 g，最大个体甚至可达 3 000 g。在人工养殖的条件下，在我国南方 1 周年可达 1 000 g，北方地区 1 周年可长到 500 g 左右。相同年龄的雌鱼比雄鱼大，在自然水域中发现的最大雌性个体重 42 kg，而雄鱼只 14 kg。红鱼寿命在 13 龄以上，最长的有可能达 33 龄。此鱼在 10℃以下停止生长，10℃以上生长快速，日增重 3.4 g 以上。在自然水域中，雄性红鱼 3 龄性成熟，雌鱼 4 龄成熟。在蓄养条件下，雄性 4 龄性成熟，雌性 5 龄性成熟。红鱼怀卵量大，一般每次产卵量 $5 \times 10^4 \sim 200 \times 10^4$ 粒，多者可达 300×10^4 粒以上。

21. 虹鳟

虹鳟（*Oncorhynchus mykiss*）俗称鳟鱼（图 1-142）。虹鳟原产美国加利福尼亚州，主要分布于墨西哥到阿拉斯加间的水域，现已被引入大洋洲、东南亚、欧洲、日本和朝鲜。1959 年首次由朝鲜引入我国，先在淡水池塘中养殖，后又经驯化，作为网箱养殖的对象之一（图 1-143）。虹鳟肉质细嫩，含脂量多，味道鲜美，是深受消费者欢迎的优质鱼类。虹鳟体纤长，呈纺锤形。头长约为全长的 20%。口大，上、下颌发达；鳃耙中等长。性成熟的个体沿着侧线中部有一条宽而鲜

图 1-142　虹鳟

艳的彩虹带，故得名虹鳟。雄性比雌性头较小，体较高。雄性随年龄的增长而下颌变曲增大。幼鱼背部呈蓝绿色，两侧银白色，腹面白色，在头和尾鳍间有 5~10 条纵行斑纹，成鱼斑纹消失，出现斑点。虹鳟在自然环境下，常栖息于水质澄清、沙砾底质的水域。属冷水性鱼类，但较其他冷水性鱼类更能忍耐较高的水温。生活水温为 3~24℃，以 10~18℃较为合适。生长适温为 14~18℃。水温 17℃左右生长最好。虹鳟是高逆流和喜氧的鱼类，采用流水、网箱养殖较好，耗氧量大，随个体的成长而增强，稚鱼的适盐范围为 5~8，当年鱼适盐为 12~14，2 龄鱼适盐为 20~25。虹鳟主要摄食毛翅目、鞘翅目、蜻蜓目等幼虫和成体，也食蝌蚪、摇蚊、小鱼虾等，还吃水生植物的叶和种子。在网箱养殖条件下，可投喂小杂鱼、贝类等以及配合饲料。生长受水环境、饵料的影响较大。山东地区在 9—10 月放养 100 g 左右鱼种进行网箱养殖，翌年 4—5 月份即可养成 500 g 左右的商品鱼，以 2 龄鱼生长率最高。虹鳟的寿命一般为 8~11 年，个体达 7.5 kg，最大

个体可达 20~25 kg。性成熟年龄一般为 3~5 年，雄鱼比雌鱼性早成熟 1 年。产卵季节因地域、温度而异，一般在春节前后产卵，通常产于小河砾石滩上。在生殖期内，雄鱼间互相格斗，雌鱼挖产卵坑，雄鱼保护。

图 1-143　虹鳟养殖网箱

除上述鱼类外，有关金枪鱼、三文鱼等养殖鱼类读者可参考相关文献（图 1-144 至图 1-146），这里不再介绍。

图 1-144　金枪鱼养殖网箱

图 1-145　三文鱼养殖网箱

图 1-146　三文鱼养殖工船

（二）网箱养殖用苗种

1. 网箱养殖用苗种来源

苗种是养殖的基础。网箱养鱼所需的苗种，有自然海区捕捞的苗种和人工培育的苗种。往往开始时采捕自然苗种养殖，而随着养殖的成功，苗种需求量增大，野生苗种又往往因过度捕捞而匮乏，从而开始尝试通过人工育苗的途径，来解决发展人工养殖苗种供应不足的问题。

（1）野生苗

目前国内网箱养殖的某些鱼类，如石斑鱼、鲈鱼、笛鲷、河鳗等人工育苗技术尚未突破，或育苗量尚未达到以批量生产水平，且由于自然苗较易采捕，成本也较低，对海区资源破坏不明显，目前暂时仍然依赖于捕捞自然苗进行养殖。采捕自然野生苗，首先应掌握需捕鱼苗的形态特征，以便有针对性地捕捞、挑选；其次要熟识自然苗出现的时间及地点。因为自然海区鱼苗出现的时间，受水温、风向、潮汐等环境因子的限制，且随地区不同而略有差异，各种鱼苗栖息的海区都有所不同；再就是要根据各种鱼苗不同的习性，确定相应的捕捞工具和方法，捕捞网具大致分为固定式和移动式两类。

（2）人工育苗

人工繁殖鱼苗，不仅从根本上解决养殖用苗难题，还能起到资源保护的作用。育苗中还可采用现代生物技术手段，如杂交选育、雌核发育、多倍体育苗等，可以选育出名优鱼类品种。国内已大量用于养殖的人工苗有黑鲷、真鲷、东方鲀、牙鲆、大黄鱼、美国红鱼、胡椒鲷等，其他几种鱼尚未形成生产规模。另外，人工苗的质量也有待于提高，如成活率和畸形率等。

2. 鱼苗鉴别

鱼苗与成鱼不同，形态特征不甚明显，需仔细辨认，确保无误。通常根据鱼苗的体形、头部和形态特征，结合观察体色、游泳情况来鉴别。

3. 鱼苗优劣区分

通常采用鱼体观察（优质鱼苗鲜体体色鲜明，嫩滑有光，体形匀称，大小整齐，游泳活泼）、吹水观察（随机取数十尾鱼苗放在白瓷盘时，用嘴徐徐吹动水面，能迎风逆游的为优）、倒水观察（将盛有鱼苗的白瓷盘内的水倒净，在盘底剧烈挣扎，头尾弯曲的为优）、搅水观察（把鱼苗放在脸盆或鱼篓内，用手适当搅水成漩涡，能逆水流动的为优）等方法。野生鱼苗，以采捕时风浪小、天气温暖、鱼苗未受损伤的为优质苗。涨潮时捕的苗质量好，放在网箱内能活泼游泳或自动跳出者为优质鱼苗。从育苗厂购买人工苗，最好选择健康自然亲鱼亲卵育出，育苗中少用药物，不属于高温培育的鱼苗。

4. 清杂除野

在捕捞鱼苗中，有可能混入其他各类生物。为使苗种纯正，必须将它们除去。简单的方法是手捉，但费工费时，一些捕食性鱼类很难彻底清除。也可以加淡水调节盐度、密集缺氧、用鱼筛过筛等办法清除。但这些方法必须谨慎小心，以免伤害所需鱼苗。

5. 鱼种培育

从鱼苗到大网箱养成，中间有个过程，就是鱼种培育。即把鱼苗培育成个体较大、生命力较强的鱼种，鱼种培育可在池塘、小网箱或育苗池内进行。

（1）池塘培育鱼种

面积一般为 2~5 亩，水深 1.5 m，最好为泥沙底质。在放养之前，需严格清整池塘，施入基肥，网滤进水，繁殖好基础饵料。鱼苗入池时，水色正常，透明度 25~30 cm，放苗量 2 000~5 000 尾/亩。在培育过程中，要不断追肥，并根据定质、定量、定位、定时的投饵原则，合理投喂，对于杂食性鱼类，可投喂饼粕、米糠、糟粕、蚕蛹和配合饲料等，日投饵量为鱼体重的 10%~20%。对于肉食性鱼类，可投喂桡足类、小鱼虾、贝类和配合饲料等。常换入适量新水，保持透明度 25~35 cm 的正常水色，做好巡池、防逃和防病工作。

（2）网箱培育鱼种

应选择潮流通畅不急，平缓而稳定的港湾，在面积较大、换水条件好的深水池塘，架设网箱也可，网箱规格为 3 m×3 m×3 m 或开始小些，以后增大。2~3 cm 的鱼苗，用小网目筛网或经编网，放养量200~500尾/m³，5~8 cm 的鱼苗，网目增至0.8 cm，放养量150尾/ m³。不同鱼苗的食性和日投饵率各不相同，同种鱼随个体长大日投饵率降低。日投饵量一般为鱼体重的15%左右。每次投饵前，先用手在网内划水，使鱼苗养成集群上浮摄食的习惯，接着先在集群处快投，待大批鱼苗吃饱散开或下沉时，再在周围继续少量投喂，让体弱鱼苗也能吃到饵料。网箱内水流湍急时，不宜投喂，要经常换洗网箱，防止网眼堵塞，换箱时用药物消毒鱼苗。经常观察流急时网箱的位置和鱼苗动态，详细记录水质及苗种集群、摄食、病害和死亡情况。鱼苗培育中，要经常进行大小分级，分开培育。当年繁殖的鱼苗，当年往往不能养成商品规格，尤其在北方更是如此。因此，培育的鱼种必须越冬，越冬的方法有火坑、室外上池上盖塑料膜、地热水或工厂余热水室外越冬、室内工厂化越冬池越冬等，也有在南方培育鱼种，北方养成。

（3）陆基培育鱼种

采用方形或圆形水泥池，面积50 m²左右，水深1.5 m，一般在遮光、充气、流水条件下进行培育。放养密度以不超过鱼体重5 kg/m³为好。随着鱼苗体重的增加，相应定期进行分池。饵料以鱼虾肉糜为主，逐渐转为冰鲜鱼虾片块，每天投饵5~6次，投喂时应均匀缓慢，饵料中需添加必要的维生素。日换水1~2次，换水量50%~100%，每2天清底1次，定期倒池，加强病害防治。

6. 苗种的海水驯化

虹鳟、罗非鱼等苗种，在淡水中繁殖，进入海水养殖之前需进行驯化。罗非鱼开始可直接放入盐度为10的半咸水中，暂养1天后，以每天提高盐度3的梯度，逐渐提高至养殖海水的盐度；虹鳟的驯化，如用大鱼种，可在短期内驯化过渡，约7天可完成。如用10 g鱼苗，驯化时间则较长，大约需要1年。

第二章 人工鱼礁工程技术

全球因长期以来捕捞强度过大、海洋环境变化等原因造成主要经济渔类资源衰退、生态系统遭到严重破坏，这已引起国内外广泛关注。联合国粮农组织（FAO）于1995年通过的《负责任渔业行为守则》中专门提到包括人工鱼礁建设等的渔场生态修复工程。鱼礁是适合鱼类集群栖息、生长繁殖的海底礁石或其他隆起物；其周围海流将海底有机物和近海底营养盐类带到海水中上层，促进各种饵料生物大量繁殖生长，为鱼类等提供良好的栖息环境和索饵繁殖场所，使鱼类聚集形成渔场。选择适宜的海区，投放石块、树木、废车船和钢筋水泥预制块等，可诱集和增加定栖性、洄游性的底层和中上层鱼类资源，形成相对稳定的人工鱼礁渔场。人工鱼礁工程对保护和增殖近海渔业资源是一项非常有效的技术手段。本章主要介绍人工鱼礁定义和功能、分类、建设现状、设计与制造和投放等人工鱼礁工程技术内容。

第一节 人工鱼礁定义和功能

一、人工鱼礁的定义

人工鱼礁（artificial reef）是一种人为设置在水域中的构造物，利用生物对水中物体的行为特性，将生物对象诱集到特定场所进行捕捞或保护的一种设施。最初的人工鱼礁是以诱集鱼类造成渔场，以供人们捕获为目的，而且主要以鱼类为对象。发展至今，人工鱼礁的概念有了新的拓展：即人为在海中设置构造物，其目的是改善海域生态环境，营造海洋生物栖息的良好环境，为鱼类等提供繁殖、生长、索饵和避敌的场所，达到保护、增殖和提高渔获量的目的。目前，国内外已经广泛开展人工鱼礁建设，进行近海海洋生物栖息地和渔场修复，而且取得了较好的效果。随着人工鱼礁事业的不断深入发展，其概念和内涵得到进一步丰富和拓展。目前，人工鱼礁的概念已经不仅仅局限于集鱼设施和人工构造物，其内涵已经延伸到人工海洋生物栖息地的范畴。特别是1988年11月在美国迈阿密召开的第四届国际人工鱼礁研讨会上，通过了将人工鱼礁正式更名为人工鱼类栖息地，新名称更符合人工鱼礁建设的目的和意义。但为方便对人工鱼礁的宣传及建设经验的推广，本书将依然采用"人工鱼礁"这一习惯叫法。

二、人工鱼礁的功能

（一）人工鱼礁对非生物环境的影响

海洋渔场本身是一个由多生物种类组成的海洋生态系统，从原始的单细胞藻类到高营养级的鱼类，构成了互为依存的完整食物链。投放人工鱼礁后，会使周围的海洋环境和生态环境产生多种效应，围绕礁体逐渐形成新的局部人工生态系统，其生态效益通过以下6种效应实现。

1.流场效应

鱼礁在海底的堆放，改变了原来海水的流态，在礁的前侧产生了滞流和紊流，后侧产生了涡流和流影，给鱼类等水生生物戏水和滞留提供了场所。在礁的滞留和紊流一侧，海水由于压力减少而产生向上涌升，使得低温且营养盐丰富的深层流和表层暖流混合，从而促进了底栖生物和浮游生物的生长，有利于新生产力的产生，提高了海域基础饵料水平。同时，礁体表面是许多附着性饵料生物生长的良好场所，进而可形成极佳的饵料场，吸引洄游性鱼类的聚集和滞留。图2-1为人工鱼礁改变营养盐的分布，图2-2为人工鱼礁改变局部流态。

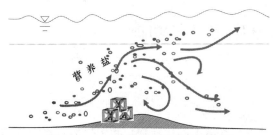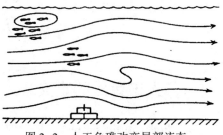

图2-1　人工鱼礁改变营养盐的分布　　　　图2-2　人工鱼礁改变局部流态

众所周知，鱼类喜欢有水流的地方，有些鱼喜欢急流区，有些鱼喜欢缓流区。游泳能力强的鱼喜欢在急流区，如鲣、金枪鱼和鲛等喜欢在礁石的迎流区逗留和游动。根据渔民的经验，龙虾、鲍等喜欢在急流区的洞穴藏身；曼氏无针乌贼和秋刀鱼等则喜欢在缓流区逗留，在礁石的侧面或背面游动。渔谚中有"鱼随流转"，这就是说鱼一般有随着流水方向的变化而变换位置的习性。鱼礁区的流态随着海流和涨落潮方向的改变而经常在变，这正迎合了不同鱼类的生长需要。

据国内外有关专家研究的结果，一座1 000多空方的人工鱼礁在潮流的作用下，对流场的影响半径达200～300 m。在这个半径范围中水体上升、涡动、扩散，形成异常活跃、初级生产力繁盛的小型人工生态系统。

2. 阴影效应

有些鱼种会聚集在阴影处，例如船底、漂浮物下面、红树林丛中等。鱼礁在水中也能产生阴影效应，沉船鱼礁有明显的集鱼效果就是一个很好的实证，因为沉船具有很好的遮蔽性，即阴影效应好。有些鱼礁的设计是没有顶盖的，在浅海中阳光能透射入海中，对某些鱼种来说，没有顶盖的鱼礁阴影效果就差些。所以，阴影效应也是设计鱼礁时值得考虑的重要因素之一。

3. 水温效应

鱼类的生长繁殖有不同的适温范围，多数鱼类能对 $0.03 \sim 0.05℃$ 的温度变化做出反应。大型人工鱼礁的礁体内外和上下会产生不同的流态，各处温度会有较大差异，可为鱼类提供适宜的生活环境。

4. 附着效应

人工鱼礁投放后会被大量的生物所附着，如藻类、贝类等，海藻的生长能消耗大量的氮、磷等营养盐类，同时光合作用吸收二氧化碳，释放氧气。而贝类等通过滤食消耗掉大量浮游生物，净化水质，减少赤潮发生的几率。

5. 音响效应

由物理学可知，不同的介质对声波的反射作用是不同的，在海洋中已测得泥底反射系数为30%、沙底反射系数为40%、岩底为60%；鱼礁对声波的反射效果要远好于上述介质，显然鱼礁的存在改变了海水中的声学效应（声场），即提高了对声波的反射效率。当海水由于鱼礁产生涡动而发生声波或声波碰到鱼礁被反射后，声波便可以沿水中"声道"传到很远的地方，为鱼类趋礁行为提供了"响导"。

6. 味觉等其他效应

有些材质的鱼礁在投放后一段时间内有水溶性物质溶出，另外，鱼礁表面及周围生物所产生的分泌物、有机物分子的扩散，直接影响鱼礁下游方向的味觉环境，可能有助于嗅觉敏锐鱼类的趋集于礁体。

(二) 人工鱼礁对生物环境的影响

1. 趋礁本能说

生活在海洋中的鱼类，在生活过程中要经常接触水中物体，才能更好地生长。鱼类趋集于鱼礁是一种本能；不同鱼种对鱼礁的依赖程度不同，有的鱼种一生都在鱼礁区度过，有的则是阶段性在鱼礁区度过。有研究表明，在两个相同的水槽里，一个放入鱼礁，另一个不放，供给相同的饵料，结果在有鱼礁的水槽里鱼类生长得更好，死亡率也较低。鱼类喜聚集于鱼礁是其对物体趋触性的本能行为。

2. 饵料效应

鱼礁投放后，礁体周围的物理环境发生变化，随后引起了生物环境的变化。日本学者大久保等的调查研究表明，鱼礁投放后不久，附着生物便在鱼礁表面着生，鱼礁周围的底栖生物和浮游生物的种类、数量和分布也发生变化：附着植物的着生量，受水深、透明度和种质等影响，一般情况下，在鱼礁上方、侧上方以及水深较浅的水域比较大；附着生物的着生量，则在透明度高、底质较粗、流速较快的水域中比较大；附着生物的总量在一定时间内逐渐增大，例如，水深 35 m 处的鱼礁，投放 1 个月后表面着生了硅藻，3 个月后出现了许多藤壶、蜗旋沙蚕等，9 个月后鱼礁表面完全被附着生物覆盖，1 年后，大型藻类群落形成。鱼礁区里的底栖生物总个体数比周围多，而其中节肢动物的湿重大于环形动物。另外，单体鱼礁内部和附近环形动物的种类、个体数量有减少的趋势。鱼礁内部和后方聚集着许多浮游动物，其中桡足类主要分布在礁后面，糠虾类则多分布在礁内部。桡足类在流速快时，集中于礁体后的流影处，流速慢时活跃在礁体后方。

底栖生物和礁体上的固着生物在礁区的生态效应更为明显，有调查报告指出，在礁体投放几天后就开始有浮游生物聚集，礁体上有藻类附着并逐渐出现藤壶（Balanus）、牡蛎（Ostrea edulis）之类的固着生物，而且生长速度很快，几个月后几乎覆盖整个礁体表面。多数鱼类都以浮游生物和固着生物为食物，饵料生物丰富的水域，自然就成了鱼类栖息聚集的良好场所。

3. 避敌效应

鱼礁的结构、堆放后的重叠效应及其表面附着的生物所造成的孔隙、洞穴，构成了底栖鱼、贝类、虾类、蟹类和仔稚鱼栖息、避敌的优良环境。生态学研究表明，鱼类（或其他无脊椎动物）都具有避敌的本能。低营养级种类的幼体随时有被吞食的可能，因此，鱼类的行动除了摄食以外，还时刻注意着栖息避敌环境。人工鱼礁的设置为鱼类建造了良好的"居室"。许多鱼类选择礁体及其附近作为暂时停留或长久栖息的地点，礁区就成了这些种类的鱼群密集区。对于营养级较高的凶猛鱼类，自然也会进入礁区摄食，于是形成小型的人工生态系。另外，鱼礁表面及隐蔽处成了乌贼和其他产黏着性鱼卵鱼类附着鱼卵及孵化幼鱼的场所，许多幼鱼又把礁体作为隐蔽庇护场所，这使幼鱼大大减小了被凶猛鱼类捕食的几率，从而提高了幼鱼的存活率，有利于资源的增殖。

4. 阻止底拖网作业

特别是 20 世纪 90 年代以来，我国近海渔业资源遭到人们的狂捕滥捞，捕捞强度过大，经济鱼类资源越来越少，鱼类个体越捕越小，质量下降，出现了严重的资源衰退，以往一直为之骄傲的海产四大经济品种（大黄鱼、小黄鱼、墨鱼和带鱼）已经形不成渔汛。更为严重的是由于作业单一化，长期采用底拖网作业，使近海海底的自然鱼礁——海底突起部分和海沟夷为平地，海底呈平秃化、荒漠化，生态环境日趋恶化。人工鱼礁建成以后，可防止底拖网作业和滥捕行为，对海洋渔业资源起到了保护作用。同时可为人们提供垂钓的休闲娱乐场所，有利于促进旅游业的发展，进而优化蓝色海洋产业经济结构。

5. 改善投礁海域的生态环境

鱼礁上长满了大型藻类，通过藻类吸收了海水中的氮、磷等营养物质，净化了水质，降低了富营养化程度和赤潮的发生频率，大大改善了投礁海域的生态环境。鱼礁也可改善渔场的底质环境，使鱼种较少的沙泥底质环境变成生产力较高、鱼种较多的岩礁环境，增加附近渔场的资源量。

（1）流场环境发生变化吸引鱼类聚集

鱼礁的堆放改变了底层海水的流态，在礁体的一侧形成涡流与流影，另一侧则产生滞流或紊流，同时在礁体内部和周围形成几何阴影区。由于海水向上涌升，使得营养盐丰富的深层冷流和表层暖流相混合，从而加强了营养盐的向上输送，促进了藻类的生长。此外，浮游生物也在阴影区滞留和繁衍，因而形成了丰富的饵料场。

（2）定栖性鱼类喜好栖息于固定物周围

不同的鱼具有各自不同的行为特点，有的鱼类喜欢接触固态形体，有的喜欢以固态形体作为行动的定位，有的喜欢阴影，有的则喜欢流急处等。对鱼礁而言，有的鱼类喜欢在礁体内部的阴影部分滞留，有的喜欢在鱼礁的上部停留，有的则喜欢在鱼礁周围游动。但无论如何，鱼类总是本能地游向饵料充足、水流多变且有阴影的场所。鱼礁的存在恰恰给鱼类创造了这样的环境，日本也正是利用这个道理，率先利用"人造海流法"制造人工渔场，即在高 10 m、长 10 m 左右的两块人造礁石之间构造向上的涡流，从而达到集鱼目的。

（3）声音环境发生变化有利于鱼类趋礁

鱼类眼睛的视野范围通常在 1 m 以内，但是在外界水流和声波的作用下，凭借视觉、听觉、嗅觉和触觉等各种感官的共同作用，加上鱼类侧线（感官）对反射声波的感应，可以感知到 1 km 远处的目标。对比不同的介质对声波的反射效果可以发现，泥底反射系数仅为 30%（即 70% 被吸收），沙底反射系数约为 40%，而岩底则为 60%，可见鱼礁的反射性能要好于其他介质。另外，当鱼礁改变了海水流态（即流场）的同时，也改变了海水的声学效应，即改变了声场。因此，当海水在输送过程中遭遇礁体形成涡动进而产生声波时，声波便可以传到更远的地方，这对鱼类趋礁行为的发生是十分有利的。然而，目前关于鱼礁水声效应的研究甚少，有待于今后进行更多的研究和探索。

6. 鱼礁及其周围的光、味环境吸引鱼类

海洋中设置鱼礁后，礁体周围的光、味环境也随之发生变化。在光线到达的范围内，鱼礁的周围可形成光学阴影，随着光照度的增强，在水中会形成对比度较大的暗区（暗区的大小与鱼礁的大小成正比）。制作鱼礁的材质多种多样，有些材质的鱼礁在投放后会溶出水溶性物质，礁体及其周围生物所产生的分泌物和有机物分子扩散，也直接影响鱼礁下游方向的气味环境。国外研究发现，鱼礁形成的光、味环境对鱼类的诱集均起着一定的生物学效应。

7. 鱼礁附着生物营造了饵料场

鱼礁投放后形成的上升流，将海底深层的营养盐带到光照充足的上层，促进了浮游生物的繁殖，提高了海洋初级生产力。同时鱼礁本身作为一种基质，附着生物开始在礁体表面着生，鱼礁周围的底栖生物和浮游生物的种类、数量、分布发生变化，从而营造了良好的饵料场。

第二节　人工鱼礁的分类

一、行业标准划分方式

根据中华人民共和国水产行业标准《人工鱼礁建设技术规范》（SC/T 9416—2014），人工鱼礁可以用以下方法进行分类。

1. 按礁体设置水域分类

（1）底层鱼礁：设置在海底的人工鱼礁。

（2）中层鱼礁：主体设置在水域中层的人工鱼礁。

（3）表层浮鱼礁：主体设置在水域表层的人工鱼礁。

2. 按生态功能分类

（1）集鱼礁：主要用于诱集鱼类的人工鱼礁。

（2）养护礁：主要用于培育保护水生生物的人工鱼礁。

（3）滞留礁：主要用于洄游性鱼类中途暂时停留的人工鱼礁。

（4）产卵礁：主要用于鱼类等海洋动物产卵、孵化的人工鱼礁。要求能适应鱼类产卵，表面积要大，尽量在框架上架一些横板，一般设置在礁群中心及缓流处（图2-3）。

（5）其他功能礁：不在上述用途范围内的功能性人工鱼礁。

3. 按主要对象生物分类

（1）海珍品礁：主要用于养护和增殖海珍品（如海参、鲍等）的人工鱼礁。

图 2-3　产卵礁

（2）人工藻礁：主要用于附着大型藻类的人工鱼礁。

（3）其他生物礁：不在上述对象生物范围之内的人工鱼礁。

4. 按形状分类

（1）矩形礁：外部轮廓形状为方形的人工鱼礁。

（2）梯形礁：外部轮廓形状为梯形的人工鱼礁。

（3）柱形礁：外部轮廓形状为圆柱形的人工鱼礁。

（4）球形礁：外部轮廓形状为球形或半球形的人工鱼礁。

（5）锥形礁：外部轮廓形状为圆锥形或棱锥形的人工鱼礁。

（6）其他形状礁：不在以上形状之内的其他形状的人工鱼礁。

5. 按单体鱼礁规格分类

（1）小型鱼礁：体积等于或小于 3 m^3 的单体鱼礁。

（2）中型鱼礁：体积大于 3 m^3 且小于 27 m^3 的单体鱼礁。

（3）大型鱼礁：体积为 27 m^3 以上的单体鱼礁。

6. 按主要人工鱼礁建设目的分类

（1）休闲型鱼礁：与增殖鱼礁相结合，以游钓、休闲和娱乐等为主要利用方式的人工鱼礁。

（2）渔获型鱼礁：主要通过诱集水生动物，提高渔业产量或渔获质量的人工鱼礁。

（3）增殖型鱼礁：以修复生态环境、增殖养殖渔业资源为目的的人工鱼礁。

（4）资源保护型鱼礁：通过修复生态环境和防止拖网等破坏性渔具进入，以保护渔业资源的人工鱼礁。

7. 按造礁材料分类

（1）混凝土礁：以混凝土为主要材料制成的人工鱼礁，这类鱼礁占比较大，包括一次性成型的混凝土礁体和组合起来的礁体。混凝土预制构件的特点是可塑性强、耐腐蚀，可制成不同形状，如方形礁、三角形礁、台形礁、梯形礁、"十"字形礁和半球形礁等（图2-4）。

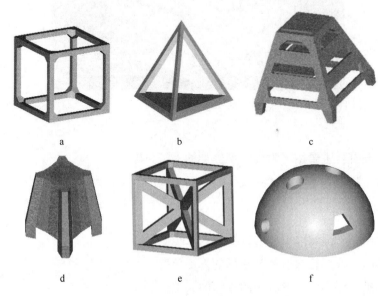

图 2-4　各种混凝土鱼礁

a. 方形礁；b. 三角形礁；c. 梯形礁；d. 台形礁；e. "十"字形礁；f. 半球形礁

（2）石材礁：以天然石材为主要材料制成的人工鱼礁，如海参鱼礁。

（3）钢材礁：通过工厂制作钢制鱼礁部件，在码头现场组装后投放。在建造大型礁体时，采用钢制鱼礁使得制造和运输都较为方便，但成本较高。由于礁体体型大，因此主要运用于深水海域。当今开发的钢制鱼礁一般高为 30~40 m，也有 70 m 高的特大型鱼礁，对深水海域较合适，这类鱼礁用以诱集金枪鱼和鲣鱼等，在我国应用较少，在日本约占 10%（图2-5）。

（4）玻璃钢礁：以玻璃钢为主要材料制成的人工鱼礁。

（5）木质礁：以木料为主要材料制成的人工鱼礁。

（6）贝壳礁：以贝壳为主要材料制成的人工鱼礁。

（7）旧船改造礁：改造废旧船体制成的人工鱼礁。废旧船鱼礁鉴于某些海域水流流速较大的特点，需要投放一批质量大且稳定的礁体，利用钢质的废旧渔船改造的人工鱼礁是一种较好的方案。对于作为基本结构的旧船，首先可通过喷射除锈液去除铁锈，在除锈后涂抹水泥用以防锈（水泥涂抹厚度为 5~10 mm），受损的地方也可采用水泥修补。

图 2-5　钢制鱼礁

投放时在旧船中放置压舱石，并采用两条或多条船链接后沉放，其使用年限可在 20 年以上。船礁沉放可通过在船底均匀加装多个进水阀门来实现（可考虑把线型聚能射流应用于船礁孔隙切割），以解决沉放时间过长的问题。图 2-6 为投放中的船礁。

图 2-6　旧船礁

（8）其他材质礁：使用不在上述材料之内的材料（如岩土纤维材料等）制成的人工鱼礁。

①混合型鱼礁：混合型鱼礁是由多种材料组成的，如由混凝土构件、钢铁、石块和贝壳等组成的礁体（图 2-7）；其主要特点是起到综合效果：既可提供饵料场所，也可提供产卵、繁殖的环境；既可增殖资源，又可改善海洋生态环境。这是因为许多附着性生物，如鲍、贝类等喜栖息于天然石块、瓦片等环境，而墨鱼等又喜在构造复杂的地方产卵，所产的卵不易被海流冲掉，同时也可避免被其他生物吃掉。在日本香川、广岛等县已大幅度推广和普及在混凝土礁上填充贝壳的混合型鱼礁，简称为贝壳礁。混合型鱼礁的构造主要是根据诱集的对象特征，采取混凝土、钢材、网片等制成管状或箱状的疏水性框架，根据对象生物及发育阶段选择不同大小与形状的贝壳进行填充，如将牡蛎或

扇贝壳等塞入直径为 150 mm、长为 1 000 mm 的高密度聚乙烯筒状网笼中，网笼的网目为 25 mm×20 mm，将若干网笼按不同方式排列组合，装入铁、木框中即是贝壳礁。制作混合型鱼礁可根据设置场所和环境条件决定设施的构造与配置，不管是作为单独的构造物，还是作为其他构造物的组装部件，贝壳礁都能起到有效的作用。

图 2-7　混合型鱼礁

a. 竹材混凝土制礁；b. 钢混制鱼礁

②废旧汽车制成的鱼礁：废旧汽车可以制作成鱼礁（图 2-8），这类礁体的制作可以实现变废为宝。但在投放之前必须进行清洗、去污等处理，否则会对海洋生态环境产生一定的污染。

图 2-8　废旧汽车等制成的鱼礁

二、其他划分方式

由于人工鱼礁设计方法、使用材料等不同，其种类多种多样，分类方法也不尽相同，也有人按以下几种方式分类。

1. 按投放水域分类

（1）生态公益型人工鱼礁：投放在重要的渔业水域，用于保护渔业资源。

（2）准生态公益型人工鱼礁：投放在重点渔场，用于提高渔获质量。

（3）开放型人工鱼礁：投放在适合发展休闲渔业的沿岸水域，用于进行游钓业等产业经营。

2. 按建设目的分类

（1）资源增殖型鱼礁：以资源增殖为目的，使海洋生物在礁体上或礁群中栖息、生长、繁殖。主要投放于浅海水域，用于放养海参、鲍、扇贝和龙虾等海珍品，起到增殖作用。

（2）环境改善型鱼礁：可种植海带等藻类，产生海藻场效应，减少造成海水富营养化的物质，并为栖息于这一海域的鱼类、贝类等提供饵料。

（3）渔获型鱼礁：多用钢制材料制成，投放于鱼类的洄游通道上，以诱集鱼类、形成渔场，从而提高捕鱼效率，主要包括鲷科鱼类、金枪鱼和鲣鱼等。

（4）游钓型鱼礁：多投放于距滨海城市旅游区较近的沿岸水域，以诱集和增殖鱼类，供休闲垂钓活动之用。

（5）防波堤构造型鱼礁：在防波堤、渔港和码头等地投放的起防波护堤作用的礁体。

3. 按功能分类

通常在使用人工鱼礁时，需要根据海区不同的水文、海洋环境和本底资源状况及主要增殖和养护的对象生物学特性选择不同功能的礁体，目前主要应用的礁体包括避敌礁、上升流礁等。

（1）避敌礁：避敌礁的作用主要是能使鱼类躲避敌害，适合鱼类（特别是岩礁性鱼类）游逸、躲藏、栖息；其特点是小孔较多，直径为 100~400 mm（图 2-9）。

（2）上升流礁：上升流礁的作用主要是为了改变流场，变水平流为上升流，将海底营养盐涌升至上层海域（图 2-10）。上升流礁体适合设置在流速较大的海域以及礁群外围。由于水流阻力较大，在保证上升流礁有效高度的同时，要求礁体重心较低，底部较大。

图 2-9　避敌礁

图 2-10　上升流礁

第三节　国内外人工鱼礁建设现状

人工鱼礁的历史源远流长，已有学者考证过，我国"羉业"（利用鱼类的生活习性，将柴草放在水中，等鱼钻入其中再集中加以捕获）最早出现在春秋战国时期，最晚出现在汉代，距今有 2 000 余年的历史。在晋朝的《尔雅》一书中就有"投树枝垒石块于海中诱集鱼类，然后聚而捕之"的记载。明朝嘉靖年间，广西北海市一带沿海渔民，就已经利用设置在海中的竹篱诱集鱼群进行捕鱼作业。这些竹篱通常用 20 多根毛竹插入海底，在间隙中投入许多石块、竹枝和树枝等，实际上这就是早期的"人工鱼礁"。至清代中叶，渔民在海中投放石头、破船和竹木栏栅等障碍物，形成了传统的"杂挠"和"打红鱼梗"作业。广东、广西沿海渔民都知道，有沉船或礁堆的地方就有"鱼窝"，经常能钓到大鱼、好鱼。据目前可以查阅的文献记载，向自然水域有目的地抛投诱物吸引鱼类，提高捕鱼效果，这种生产方式，中国比其他国家早得多。因此，人工鱼礁可能起源于中国。然而在科技捕鱼时代到来之前，人类的捕捞量还比较低，所以那时的海洋鱼类资源还非常丰富，人工鱼礁并没有受到特别的重视。直到 1947 年，由智利等国提出的 200 海里主权的管辖权问题得到世界沿海国家的重视，各国都制定相应措施以保护本国近海资源和生态环境。人工鱼礁渔业作为一项流传已久的渔业方式，其诱集和保护鱼类的优越性就是在这样的历史条件下，逐渐被各国海洋生态学家挖掘出来，广泛应用于海洋的牧场化建设。伴随着现代经济迅速发展，城市垃圾（如旧汽车、废旧的船体、煤渣、混凝土构件等）不断增多，处理这些废物需耗费大量资金。人工鱼礁的建设，正好可以利用这些废弃物制作鱼礁，使废物得到利用，一举两得。

一、我国人工鱼礁建设的历史背景

尽管我国渔业发展取得了辉煌的成就，但传统海洋捕捞业仍处在粗放型发展阶段，一些新兴海洋产业尚未形成规模，产值较低。根据《2017 年渔业统计年鉴》，2016 年海洋捕捞产值占到渔业经济总产值的 8.4%，休闲渔业占 2.8%。同时，随着渔业经济的持续、快速发展以及渔业产量的不断增加，渔业生产中海洋捕捞业存在的一些问题也逐渐暴露出来。

1. 海洋捕捞强度过大，渔业资源持续衰退

中国近海几乎所有经济价值较高的鱼类均遭受了或正在遭受过度捕捞，大多数渔业产量均降至非常低的水平，"船多、鱼少"的矛盾更加突出。自 20 世纪 70 年代起，我国近海渔业资源由于捕捞强度过大而开始衰退。为维持海洋渔业产量的稳定和增长，80年代后期开始，我国作业渔场逐渐扩展至外海，渔船尺度和马力大型化，助渔助航设备

现代化，使得捕捞强度进一步增大，从而导致渔业资源进一步衰退。许多质优、量多的捕捞对象如大黄鱼、小黄鱼、曼氏无针乌贼、鲳鱼、鳓等已不能形成渔汛。带鱼虽维持在较高的产量，但鱼体逐年小型化、低龄化，且渔场分散。原来量多、低值的马面鲀也难逃资源衰退的厄运。但是，随着国民生活水平的提高，对新鲜、天然水产品的需求量越来越大，而日益提高的捕捞强度无疑使已几近枯竭的近海渔业资源雪上加霜。

2. 海洋生物栖息地退化、丧失

海洋渔业尤其是底拖网渔业可以使海洋底栖生物的栖息地发生结构性改变。通过近数十年渔业调查研究发现，人类海洋捕捞业对生态系统很重要的影响就是海洋生物栖息地结构的改变，而海洋生物栖息地的损失是数百年来全球生物多样性下降和物种快速灭绝的根本原因。海洋渔业活动对栖息地可以造成短期或长期的影响，因此也将对与之相关的生物群落多样性、种群大小、种群自我恢复能力以及生物量和生产力乃至生态系统功能造成巨大影响。各种底拖网渔具的使用极大地改变了海洋生物栖息地的物理结构、形态和生物生存条件，改变了底质结构的异质性，甚至直接导致了海洋底栖生物的窒息死亡，尤其是生活在软泥环境中的底栖生物对于维持生物圈中生物的化学循环具有重要作用。有充分证据表明，底拖网作业会减少底栖生物的丰度和多样性，软泥环境的物理结构和生物结构的细微改变都会对海洋生物多样性造成深远的影响，底拖网作业对各种底质类型的栖息地均会产生急性或积累性的破坏作用。

3. 海洋生物种群和物种数量减少，资源结构恶化

长期以来，我国在持续增长的高强度捕捞压力下，海洋渔业资源已遭受严重破坏。特别是近海主要经济底层鱼类资源严重衰退，渔获物种类组成发生很大的变化，优质鱼比例不断下降，经济幼鱼和低值小型鱼类比重上升，渔业资源的群体结构向低值种类转化。个体大、经济价值高和营养层次高的主要经济鱼类被个体小、营养层次低的低值小型中上层鱼类所替代。主要经济鱼类普遍存在渔获个体变小、低龄鱼增加、性成熟提前等现象，造成资源整体补充过程的数量和质量大大降低，经济种类在生物群落中的地位急剧下降。我国海洋生产能力在世界范围内仅居中下水平，据报道，我国海区平均每平方千米生产能力仅 3.02 t；而日本近海为 11.8 t；南太平洋沿海高达 18.2 t；欧洲北海也有 4.70 t。同时，大规模海洋商业捕捞中的意外捕捞（也称兼捕，by-catch）是造成海洋生态系统中生物损失的又一重要原因。据统计，全世界每年大约有 $2\,700 \times 10^4$ t 副渔获物被抛弃，而每年上岸水产品仅有 $7\,700 \times 10^4$ t，丢弃部分占总捕捞量的 26%，这对海洋生态系统的完整性造成了严重伤害。另外，不合理的渔具、渔法，操作失误，丢弃或丢失的捕捞渔具等均可对非目标生物造成伤害，甚至造成对整个海洋生态系统的毁灭性破坏。

4. 海洋污染没有得到有效控制

海洋捕捞船只和渔船修造业产生，排放和泄漏的污水、柴油、废物，丢弃的绳网等也对海洋环境产生不良影响。

5. 石油价格上涨，增加渔业成本

随着国际市场石油价格持续上涨，国内市场的油价也随之上涨，增加了渔业成本，使渔业企业和沿海渔民的负担进一步加重。

6. 国际渔业协定限制我国渔业作业范围

随着国际海洋制度的建立和国际海洋法公约的实施以及中日、中韩渔业协定的签署，我国在东海、黄海传统的作业渔场失去了相当大的作业范围，出现了渔船和渔民过剩等情况，将进一步加剧近海渔业资源的压力。

针对上述种种问题，为扭转渔业资源的衰退趋势，保护海洋生态环境，国家有关部门采取了众多措施，如实施捕捞渔具准入制度、禁渔区和禁渔期制度，限制网目大小，限制底拖网作业区域和强度，减少近海作业渔船，鼓励外海和远洋渔业生产等，这些措施对减缓近海渔业资源衰退起到了一定作用，但都不能从根本上解决近海栖息地破坏所造成的渔业资源衰退问题。

21世纪海洋开发的主旋律是可持续发展。经济、资源与环境三者协调发展是可持续发展理论的主题。建设良性循环的海洋生态系统，形成科学合理的海洋开发体系，促进海洋经济持续发展是我国海洋发展战略的总体目标。许多海洋生物学家认为，海洋生产力有极大的可塑性，如果能从食物链与各级生产力之间的关系出发，采取诸如投放具有修复生物栖息地、改善近海水域生态环境、养护渔业资源功能的人工鱼礁，并采取有针对性的种苗增殖放流等措施，充分发挥海洋初级生产力的作用，使其更直接有效地转换成终极水产品，可较大幅度地提高海区渔业资源的数量和质量。这也是我国今后海洋渔业可持续发展的根本途径之一。

近年来，世界各国为了保护和改善海洋生态环境，修复近海海洋生物栖息地和受损珊瑚礁，增大生物资源量，都在不同程度地发展自己的人工鱼礁项目。其中，日本、美国和欧洲一些国家与地区，对人工鱼礁从科学研究到产业化建设都投入了大量的人力、物力和财力，使得人工鱼礁在保护资源的同时，也产生了明显的经济效益和生态效益。

二、国内人工鱼礁建设现状

我国大陆地区人工鱼礁投放试验最早始于20世纪70年代末80年代初。1979年6月，广西钦州地区防城县的水产工程技术人员在前人生产经验的基础上，首次研究设计和制造了26座小型人工鱼礁，投放于该县珍珠港外的白苏岩附近水深20 m处。人工鱼礁投放试验取得初步成功后，1980 年 8 月扩大了试验，设计制造了石块和废船鱼礁、小型钢筋混凝土鱼礁、大型浮沉结合鱼礁、大型沉鱼礁等多种鱼礁，投放地点也从防城逐步扩展到北海、合浦和钦州等地沿海。

1981 年起，中国水产科学研究院黄海水产研究所和南海水产研究所先后在山东省胶南、蓬莱和广东省大亚湾（投放悬浮式人工鱼礁）、电白、南澳沿海投放了人工鱼礁，并进行了相关试验研究工作。1983 年 12 月起，中央主要领导人先后 3 次批示在沿海扩大投放人工鱼礁。此后，广东、海南、辽宁、山东、浙江、福建和广西等地都相继进行了人工鱼礁的试验投放和建设。农业部（现更名为农业农村部）成立了全国人工鱼礁技术协作组，组织全国水产专家指导各地人工鱼礁试验。

1981—1985 年，广东省水产局在南澳、惠阳、深圳、电白、湛江和三亚等县市进行了试点工作，投放人工鱼礁 4 343 个，共计 1.6×10^4 m^3，并开展了多项研究课题，包括礁体模型的水槽实验，研究各种礁体在海流作用下流场流态的分布，收集各投放点的区域水文学与生物学本底资料，对投礁后海底生态环境的变化、礁体集鱼效果进行水下录像等。全国的试验工作进行了 3 年，在沿海部分省、市建立了 24 个人工鱼礁试验点，投放了 28 700 多个人工鱼礁，共投放礁体 8.9×10^4 m^3。人工鱼礁建设需要投入大量资金，由于当时国情所限以及对人工鱼礁建设认识上的不足，使得人工鱼礁投入较小，效果并不十分明显，围绕人工鱼礁的研究和建设工作一度中止。但上述人工鱼礁投放试验研究的成果，为我国今后重新启动人工鱼礁建设提供了宝贵的经验。

近年来，随着我国经济实力的增强，又掀起了新一轮人工鱼礁建设高潮。目前，我国沿海渔业产业结构正在调整，建设人工鱼礁渔场，作为养护和恢复近海渔业资源、改善修复生态环境、促进渔业可持续发展的重要举措，成为许多沿海地方政府的共识，并已付诸实践。其中，广东、浙江、江苏、山东、辽宁等省份都取得了较好效果。

1. 广东省

广东省是最早开展人工鱼礁建设的省份之一，一直十分重视人工鱼礁建设工作。特别是近年来，广东省更是加快了人工鱼礁建设的步伐，在省人大九届会议通过了《建设人工鱼礁促进海洋资源环境》议案，并交由省政府办理。2000 年 12 月，广东省海洋与渔业局会同中国水产科学研究院南海水产研究所，在充分调查、科学论证的基础上，编制了《广东省沿海人工鱼礁建设规划报告书》，规划从 2002 年至 2011 年，用 10 年时间，省、市、县三级财政预算内安排 8 亿元，其中，省级 5 亿元，市、县级 3 亿元，在沿海重点建设 12 个人工鱼礁区域，100 座人工鱼礁群，其中，"生态公益型"（即全封闭，禁止开发利用）人工鱼礁 26 座；"准生态公益型"（即半封闭，限制性地开发利用）人工鱼礁 24 座；"开放型"（即全开放，开发休闲渔业）人工鱼礁 50 座，礁区建设总面积为 80 000 hm^2。

2002 年 12 月 31 日，广东率先在大亚湾海域投放人工鱼礁，揭开了大规模投放人工鱼礁的序幕。2002—2004 年，省、市共投入人工鱼礁建设资金 1 974 万元，完成了大亚湾"生态公益性"人工鱼礁区一期工程建设，共建造投放 5 种不同类型的钢筋混凝土礁体 2 588 个，合计 $9.29×10^4$ 空方。至 2004 年已建成礁区 6 座，在建礁区 20 座，已投放报废渔船 88 艘、钢筋混凝土礁体 17 071 个，礁体总规模多达 $65×10^4$ 空方，礁区面积达 5 101 hm^2。

2003—2004 年，广东省海洋与渔业局海洋环境监测中心会同香港特别行政区渔农自然护理署、珠海海豹国际潜水公司对惠州大辣甲南、深圳杨梅坑、珠海东澳等人工鱼礁区进行潜水观察，发现投放不到 2 年的人工鱼礁礁体上附着各式各样的海洋生物（如海胆、翡翠贻贝、牡蛎等），其覆盖率超过了 95%。这些生物是优质鱼类幼鱼的主要觅食对象，有了这些生物的存在，处于食物链上层的经济鱼类会被吸引进入人工鱼礁区觅食，礁区周围发现了斑鳍天竺鲷、九棘鲈等 23 种海洋经济鱼类，还发现了以三线矶鲈和黄斑蓝子鱼为主的鱼群在礁体四周活动。在廉江龙头沙人工鱼礁区，发现了以金钱鱼（金鼓）和四线天竺鲷为主的鱼群。这些鱼类在人工鱼礁投放前开展的本底调查中并没有发现。同时，调查人员通过拖网试捕发现，投礁后礁区内和邻近海域游泳生物的现存资源密度均比投放前有了大幅度提高（如惠州大辣甲南人工鱼礁区及邻近海域游泳生物的现存资源密度分别比投礁前增加了 12 倍和 14 倍，投放 1 年多的廉江龙头沙人工鱼礁区及邻近海域也分别比投放前增加了 9 倍和 4 倍）。由此可见，建设人工鱼礁对于保护和增殖海洋生物资源具有明显效果。

从对惠州大辣甲南、廉江龙头沙和潮阳海门等人工鱼礁区投礁前后礁区水质、沉积物、浮游生物和底栖生物调查结果的对比分析发现，投礁之后各调查站位浮游植物、浮游动物、底栖生物、鱼卵及仔稚鱼的平均密度比投礁之前都有显著增加，基本呈逐年递增趋势。例如，在惠州大辣甲礁区，投礁后几年浮游植物的平均密度相比于 2002 年 11 月逐年稳步提高。在深圳杨梅坑人工鱼礁区，投礁后礁区海域的生产力明显增加，浮游植物密度增大 1.6 倍，浮游动物密度增大 123.6 倍，鱼卵数量明显增加。

2. 浙江省

近年来，浙江省先后在南麂列岛、舟山朱家尖、嵊泗和椒江等海域进行了人工鱼礁的建设。

南麂岛人工鱼礁的建设始于 20 世纪 80 年代，当时由原浙江省海洋水产研究所温州分所设计的 4 座高 4.5 m 的多层翼船型人工鱼礁，于 1986 年 4 月 20 日至 5 月 2 日投放在平阳县南麂列岛的上马鞍岛附近海域，开始了人工鱼礁建设的探索性试验，后因资金不足等多种原因中断试验。在 2001 年 1 月 13 日探测时这 4 座鱼礁依然存在，礁体高度仍稳定保持在 2.2～3.1 m。1986 年的探索性试验为温州地区的人工鱼礁建设提供了宝贵的经验。

2001 年，由平阳县南麂岛海洋投资有限公司承担，浙江省海洋与渔业局部署的浙江省南麂岛人工鱼礁生态渔业建设项目一期工程正式启动。2001—2005 年共投放 8 种类型的人工鱼礁 120 934.3 空方，其中木质船礁 58 艘 106 460.7 空方、钢制船礁 4 艘 9 955 空方，水泥船礁 1 艘 3 240 空方，混凝土礁 2 座 600 空方，鲍礁 220 座 633.6 空方，轮胎礁 2 座 13.8 空方，贝壳礁 1 座 15.6 空方、钢制礁 1 座 15.6 空方。至 2005 年年底项目一期工程全部竣工，投放面积为 2.69 km²，形成 42 个单独人工鱼礁渔场和鲍礁群。

鱼礁投放后，经调查发现，礁体表面附着生物覆盖率达 100%，测算生物量为 8.4 kg/m³，生物个体密度为 36 600 个/m³。另外，在鲍礁区起礁投饵时发现礁体附近常有石斑鱼、褐菖鲉和鲷科鱼类。据测算，鲍礁诱栖石斑鱼达 0.9 个/空方，生物量约 50 g/空方，春、夏、秋季出现较多。

舟山朱家尖海域于 2003 年 6 月首次投放人工鱼礁，共投放 21 艘木质渔船，累计 4 200 空方。到 2005 年年底为止，项目全部采用木质船礁作为礁体主体，加以混凝土、轮胎和木质等构件。共计投放木质船礁 350 艘 220 074 空方，其中轮胎构件 47 艘、混凝土构件 49 艘、木质构件 80 艘。

嵊泗县于 2004 年开始人工鱼礁建设。一期工程改造旧渔船和制作钢筋混凝土鱼礁单体，建设 2 个人工鱼礁区共 25 座人工鱼礁，总计 9.8×10⁴空方，形成礁区面积 470 hm²。至 2006 年年底，已投入了 628 个 "I" 形十字礁，共 16 956 空方。2007 年在三横山南北 2 个礁区投放 500 个鱼礁单体（3 m×3 m×3 m），形成 15 座单位鱼礁，1 个贴岸礁排，共 13 500 空方；同时进行竹桩集鱼尝试等。

2007 年 1 月，在椒江区海洋与渔业局及大陈渔政渔监管理总站、大陈镇等单位共同监督下，试制 30 只台型钢混礁体和 7 只大型船礁又陆续投放到大陈洋旗屿人工鱼礁区，该区共已投放各类礁体 57 只，礁体体积已达到 2.78×10⁴ 空方。该礁体长、宽、高均为 3.5 m，每个礁体自重约 5.7 t。

洞头县人工鱼礁项目始于 2004 年，位于洞头列岛东面的虎头屿和竹屿附近海域，分 2 个区，建设面积 221 hm²，礁体类型以船礁为主，到 2006 年 12 月已经完成投礁量 36 243.57 空方，完成计划投礁量（7.5×10⁴ 空方）的 48.32%。渔山列岛人工鱼礁已经于 2004 年 11 月投放到指定海域，礁体为钢制船礁和木质船礁加上轮胎、竹和木质构件。至 2006 年 12 月末进行第二次投放，建设礁体 5 000 空方，只完成计划投礁量（4.8×10⁴ 空方）的 10.42%。

3. 江苏省

江苏省连云港市水产研究所曾于 1984 年和 1985 年在海州湾渔场前三岛海域投放混凝土制成的箱形、"X" 形和圆台形中空人工鱼礁共 2 000 空方。这些人工鱼礁主要用来增养殖海珍品，其中吊养的贻贝（*Mytilus edulis*），1 年后体重增重 7.2 倍；放养的刺参，3 年后体长由原来的 1.2 cm 增长到 20 cm，体重达 300 g 以上，密度由原来的每平方米 1 只增加到 2~5 只，最密处达 8~9 只；1985 年秋天放养的扇贝（Pectinacea）平均壳高 1.4 cm、重 0.7 g，1987 年 1 月时平均壳高 5 cm、重 17.5 g，到 1989 年 5 月抽样时平均壳高近 7.6 cm、重 61 g，增重 87 倍。以上数据说明在海州湾进行的人工鱼礁初步试验取得了良好的效果。

自 2002 年开始结合"转产转业"项目，截至 2008 年已由农业部渔业局、江苏省海洋与渔业局等部门连续 6 年累计投入资金 1 490 万元用于"江苏省海州湾渔场修复工程（人工鱼礁建设）和江苏省海州湾海洋牧场示范工程"的实施。目前已经先后完成了 2003—2008 年工程建设项目。实施 7 年来，累计投放混凝土鱼礁 3 340 个、改造后的旧船礁 190 条、浮鱼礁 25 个，总投放规模为 81 652.2 空方，已形成人工鱼礁调控海域面积近 45 km²。经过礁体投放后的跟踪调查，结果表明，人工鱼礁对于投放水域生态环境有所改善，营养盐结构更趋合理，生物多样性指数增高，集鱼效果明显。其中 2008 年对前期建设的礁区及新建礁区的渔业资源进行了跟踪调查，人工鱼礁区调查共发现游泳生物 60 种，对照区 51 种。礁区游泳生物年平均生物量为 50.82 kg/h，对照区 26.21 kg/h，鱼礁区是对照区的 2 倍。礁区平均生物密度为 10 239.50 个/h，对照区 6 662.75 个/h，礁区是对照区的 1.5 倍。礁区游泳生物种类数和生物量均高于对照区，表明礁区游泳生物资源比附近海区丰富。随着后续人工鱼礁建设的开展，结合农业部"转产转业"项目的实施，网箱养殖、筏式养殖等养殖模式的应用，海州湾人工鱼礁建设工程已进一步向内容更丰富、功能更完备的近海内湾型海洋牧场方向拓展。

4. 山东省

山东省人工鱼礁建设始于 1981 年。随后，人工鱼礁的建设规模和试验研究都得到了一定的发展。1985 年，在荣成附近海域建了 41.2×10⁴ 空方的人工鱼礁区，是 20 世纪 80 年代山东省建造的最大鱼礁区。此外，80 年代山东省还建设了一定规模的人工参礁和鲍礁。其中最大的参礁区设置在烟台的龙口附近海域，礁区面积 600 亩。青岛黄岛区在所辖海域，投放鲍礁 17 处，礁区面积 5 300 m²，总投资 120 万元。人工鱼礁建设主要集中在烟台、威海和青岛附近海域。2000 年以来，山东省沿海各地十分重视通过人工鱼礁投放，改善近海环境，营造资源修复环境。按照"统筹规划、科学论证、合理布局"的原则，在重要渔场和近岸优良海域建设大规模的"增殖型鱼礁""渔获型鱼礁""休闲垂钓型鱼礁"和"海珍品繁育型鱼礁"等多种类型的鱼礁群。特别是 2005 年山东省渔业资源修复行动计划的实施，极大地促进了人工鱼礁建设。据沿海各市不完全统计，截至 2007 年年底，全省礁区共投放报废渔船 831 艘、石块 192×10⁴ 空方、混凝土构件 35×10⁴ 空方、废旧车体 421 辆。其中，已建成的 12 处大型人工鱼礁区累计投放报废渔船 731 艘，海底投石 $74×10^4$ 空方，投放鱼礁构件 $32.5×10^4$ 空方。这 12 处人工鱼礁区年度投资已由 2002 年的 300 万元增加到 2007 年的 6 091 万元；12 处礁区 2000—2007 年累计增加水产品产量 1 446 t，增加水产品产值 11 124 万元。人工鱼礁良好的经济效益和发展前景已经显现。

人工鱼礁不仅能带来可观的经济效益，其生态效益也非常明显。通过对礁区增殖效果观察和试捕，礁区投放的海参等海珍品普遍长势良好、无病害，海参单体年增重为 10~15 倍；人工鱼礁聚鱼效果明显，在同一海域试钓，单位时间内礁区钓鱼渔获产量是非礁区的 15~20 倍，且鱼类品质优良，个别单位单个沉船礁体聚鱼量 2 000 kg 左右。水下录像显示，以礁体为分界线，有礁体的一侧，藻类繁茂、鱼类汇集，没有礁体的一侧，藻类不生，成为海底荒漠，鱼类稀少，鱼礁增殖效果十分明显。在烟台豆卵岛附近投放人工鱼礁后，经资源调查监测，礁区单位水体内藻类生物量是未投礁前的 3.2 倍，海洋底栖生物恢复和生长速度明显加快，鹰爪虾、乌贼、短蛸、蟹类、紫石房蛤的收获量已成倍增长，鱼类也由投礁前的 5 种增加到 28 种，每百平方米存鱼量由投礁前的 0.48 kg 增加到 0.52 kg。人工鱼礁项目吸纳了众多转产渔民，并带动了地方石材开采业和休闲渔业的发展，为社会提供了就业机会。随着礁体投放时间的延长，礁区资源生物量将得到进一步提高，水域生态环境也得到进一步改善，人工鱼礁建设的生态效益、经济效益和社会效益也更加明显。

5. 天津市

2006 年 2 月 14 日，国务院发布了《中国水生生物资源养护行动纲要》（国发〔2006〕9 号），明确提出了"建设人工鱼礁（巢）"和"建立海洋牧场示范区"的要求。同年 12 月，天津市政府下发了《贯彻落实〈国务院关于印发中国水生生物资源养护行动纲要的通知〉的实施意见》（津政发〔2006〕115 号），在水生生物资源养护的近期奋斗目标中指出，到 2010 年"在近岸海域建设人工鱼礁群 2 个"。为此，2008 年 7 月，天津市水产局组织专家对天津浅海生态鱼礁建设工程的可行性进行了论证，并制定了《天津市浅海人工鱼礁十年建设规划》，得到了市财政的大力支持。根据《农业部办公厅关于下达 2008 年度海洋捕捞渔民转产转业项目实施方案的通知》（农办渔〔2008〕93 号）中有关建设海洋牧场示范区的要求，市水产局向农业部上报的《天津市海洋牧场示范区项目实施方案》获得了批准。按照规划，10 年内天津市将在近海水域建设生态公益性人工鱼礁 3 处，投放礁体 $84×10^4$ 空方，形成鱼礁区总面积将达 13.7 km^2。工程建设规划预计将分 3 个阶段实施：首期工程 2009 年 12 月 20 日开始实施，投放礁体 2 种（圆管礁和星体礁），均为钢筋混凝土构件，共计 90 个，建成试验性礁区 600 m^2。该礁群规划建成 5.6 km^2 的大港生态公益性礁区；第二期工程从 2011 年至 2013 年，建设汉沽生态公益性礁区；第三期工程为 2014 年至 2018 年，建设塘沽生态公益性礁区。三大生态鱼礁群建成后，可以在天津近岸海域营造一批小型的海洋人工生态体系，并利用不同种类和形状的鱼礁功能，为生物资源提供栖息、繁殖空间，保护渤海生物种群。

6. 福建省

福建省三都澳官井洋是我国著名的大黄鱼产卵区，海区面积 88 km²。在该海区投放人工鱼礁，可以诱集鱼类，形成良好的渔场，提高捕捞产量。同时，可以保护鱼类产卵，提高幼鱼成活率，促进鲍、牡蛎等贝类增殖。因此，福建省选择了该海域作为首个人工鱼礁投放点，2001 年 10 月以 3 艘 18~20 m 长的水泥船按二横一竖排列方式建成约 1 000 m² 的人工鱼礁区。投礁 1 年后，通过定点垂钓、潜水采捕和定期观察，发现各类鱼和日本蟹在鱼礁区富集的现象。4 次在鱼礁区垂钓所捕获的石斑鱼的重量分别为 2 kg、2 kg、5.4 kg、9.5 kg；4 次采集随投放鱼礁放流的鲍，规格分别为 30 mm、32 mm、35 mm、44 mm。另外，按照《福建省宁德市蕉城区斗帽岛礁区和漳州市诏安县城洲岛礁区人工鱼礁建设实施方案》要求，由福建省海洋与渔业厅负责组织实施，福建省水产研究所和漳州市水产技术推广站为项目技术支撑单位，福建海峡建筑设计规划研究院为工程设计单位，诏安县海洋与渔业局为项目建设承担单位，于 2009 年 10 月 14 日，在诏安县城洲岛东南海域，城洲岛人工鱼礁建设工程，该工程共投放礁体 432 个，礁体总体积 3 594 m³。礁体共 4 013 空方，投放构建人工鱼礁礁区总面积 35.93 hm²。

7. 辽宁省

目前，辽宁省人工鱼礁建设已经进入具有鲜明地方特色的"近岸海域海洋牧场建设"的全面发展阶段。大连市甘井子区、旅顺口区、金州区、经济技术开发区、长海县等相继开展了近岸海域牧场化建设工作，共制作投放各类人工鱼礁体数万个，据不完全统计，到 2007 年年底，大连市在 5 个区市县建造人工鱼礁投入资金近 6 亿元，制作并投放各类人工鱼礁 52 700 个，改造报废渔船沉礁 258 艘，投石垒礁 222.1×10⁴ 空方。共计改造并形成海珍品增殖区 10×10⁴ 亩；增殖放流包括海参、鲍、海胆、各种扇贝等海珍品苗种 7.5×10⁸ 头（个），投放洄游性鱼苗 730×10⁴ 尾。此外，由辽宁省水产苗种管理局组织实施，2008—2009 年分别在锦州、葫芦岛两市人工鱼礁示范区建设海域，投放垒石鱼礁 10 050 空方，方形框架式人工构件礁 1 053 座，三角形海珍品增殖礁 1 008 个，"M"形海珍品兼集鱼礁 2 449 个，配套投石造礁 6 500 空方，投放 10 mm 毛蚶苗种 10 560×10⁴ 粒，增殖海参苗种 44.6×10⁴ 头，建成海洋牧场面积 1.5×10⁴ 亩。

为全面贯彻落实科学发展观和国务院《中国水生生物资源养护行动纲要》，改善辽宁省近海海洋生态环境，恢复和增殖渔业资源，促进渔民增收、渔业增效，使海洋渔业经济快速、持续、健康发展，根据农业部渔业局辽西海域海洋牧场示范区建设要求，辽宁省结合近海海域自然环境和渔业资源特点，按照省海洋与渔业厅统一部署，2008—

2017 年，规划在辽宁省近海建设人工鱼礁礁区 42 个，分布在黄海北部和辽东湾内，并在建设礁区进行渔业资源人工增殖放流。选址重点考虑黄渤海重要渔业经济品种的产卵场、索饵场和洄游通道所在水域，水域荒漠化相对严重的渔业水域和渔民转产转业重点地区，其中大连市 31 个、丹东市 2 个、锦州市 3 个、营口市 2 个、盘锦市 2 个、葫芦岛市 2 个。

8. 台湾省

台湾省为了稳定渔业生产发展，系统地实施了沿近海渔场更新改造工作。为有效防止渔场老化，并改善海域底层环境，提供鱼类栖息、繁殖场所，提高近海海域生产力，大量制造投放各类人工鱼礁。一方面通过各种鱼礁的投放培育渔业资源；另一方面可进一步防范各类拖网渔船侵入沿近海域作业，达到保育其近海海域渔业资源的目标。1963—1981 年，共投入经费新台币 357 913 000 元，在宜兰、台北、桃园、新竹、苗栗、台中、彰化、嘉义、台南、高雄、屏东、台东、花莲、澎湖县及基隆、新竹、台南市 17 个沿海县市，设置大规模人工鱼礁区 57 处，设置保护礁区 25 处，浮鱼礁区 2 处。已建造并投放人工鱼礁有轮胎礁 1 160 捆、汽油桶 300 个、船礁 320 艘、浮竹筏 20 对、林木 100 棵、旧车厢 5 座以及各种大小水泥礁 33 326 座（三角框礁 100 座，双层框架钢礁 1 630 座、半圆积叠礁 482 座、1.0 m 和 1.5 m 方形礁分别为 5 923 座和 11 913 座、1.9 m 和 2.0 m 双层式魚礁分别为 4 613 座和 8 666 座）。

9. 香港特别行政区

1998 年 6 月，香港特别行政区立法会通过议案，5 年内拨款 6 亿港元建设香港水域的人工鱼礁渔场；第一期工程耗资 1 亿港元，把 20 艘经过处理的旧船沉放于海下湾和印洲塘两地，并敷设了 216 座轮胎鱼礁、131 座混凝土组件鱼礁，于 1999 年 9 月完工。第二期工程，在南部的索罟群岛、蒲台岛、果洲群岛，西侧的沙洲、龙鼓洲海岸公园等处敷设人工鱼礁。第二期工程已于 2002 年秋季全部完成。

除上述省区外，河北、海南等沿海省区，都开始启动人工鱼礁的规划和建设。显而易见，我国沿海的人工鱼礁建设事业在停滞十几年后又在各地重新兴起，目前正处在规模化发展初期，未来海洋牧场建设将在中国沿海蓬勃发展壮大起来。

三、国外人工鱼礁建设现状

人工鱼礁作为一种海洋生态环境修复的措施，不仅可使被淘汰的废渔船得到利用，同时可以对目前渔场存在的问题进行改造，开创新的渔场，提高资源量。国外人工鱼礁建设的成功经验对之作了充分肯定。近二三十年来，世界上许多滨海国家在各自沿海投放了人工鱼礁，以保护海洋生态环境和渔业资源，取得了许多成功经验，并总结了一些经验教训。人工鱼礁建设包括根据区域海洋学特点和渔业资源本底状况进行的礁区选划、礁形设计或选用、礁体材料研究、投礁工程技术、礁区建成后的跟踪调查、水下录像、对生态学方面的评价、礁区的管理以及结合滨海旅游业把人工鱼礁渔场作为旅游资源进行开发等，这些都有值得借鉴之处。国外人工鱼礁发展较快的国家主要有日本、韩国和美国等，以下将分别予以简要介绍。

1. 日本

日本在 20 世纪 50 年代以前就开始利用废旧船作为人工鱼礁。1950 年日本全国沉放10 000 只小型渔船建设人工鱼礁渔场。1951 年开始用混凝土制作人工鱼礁。日本政府有计划地投资建设人工鱼礁始于 1954 年。进入 20 世纪 70 年代以后，由于世界沿岸国家相继提出划定 200 海里专属经济区，这一形势迫使日本加速了人工鱼礁的建设进程。1975年日本颁布了《沿岸渔场整修开发法》，规定了发展沿岸渔业，提高水产品的供应，要大力发展鱼礁建设事业、水生动植物的增殖场、沿岸渔场保全 3 项公共事业。人工鱼礁的建设以法律的形式固定下来，中央政府每年下达计划给予财政补助，分别由农林水产和各都、道、府县按规定执行，把人工鱼礁作为发展沿岸渔业的一项重要举措，保障了产业的持久发展。1976—1981 年的 5 年间建设人工鱼礁 3 086 座，体积 3 255×10^4 m^3，投资 705 亿日元；2000 年以后，日本投资数百亿日元建造数千座人工鱼礁。

由于采取人工鱼礁建设这一重大举措，从 1959—1982 年的 23 年中，日本沿岸和近海渔业产量从 473×10^4 t 增加到 780×10^4 t，在世界渔业资源利用受到限制的情况下继续增加捕捞产量，主要是依靠建设沿岸渔场，其中人工鱼礁渔场作用最大。海洋生态环境一度遭受严重破坏的濑户内海，在有计划地进行人工鱼礁投放和海洋环境治理以后，已变为名副其实的"海洋牧场"。近几年来，日本每年投入沿海人工鱼礁建设资金为 600亿日元。目前，全日本渔场面积的 12.3% 已经设置了人工鱼礁，投放的人工鱼礁已达5 000 多座，共计 5 306×10^4 m^3，总投入 12 008 亿日元，收到了良好的效果。日本人工鱼礁的类型多种多样，结构差异大，根据不同的海区情况建设人工鱼礁，现已发展到在水深 60~90 m 海域设置高 30~40 m，最大达 70 m 的特大型鱼礁。日本的研究表明，1 m^3 的人工鱼礁一年可以增加 10 kg 的鱼类资源量。

2. 韩国

韩国 1973 年开始大规模建设人工鱼礁，政府已投资 4 253 亿韩元（约合人民币 30亿元），地方投资 1 063 亿韩元（约合人民币 7.5 亿元），2001 年政府又增加投资 29 亿韩元（约合人民币 2 亿多元），地方投资 0.5 亿韩元（约合人民币 5 000 万元），已建鱼礁区面积达 14×10^4 hm^2。韩国东部的忠清道是韩国开展人工鱼礁建设比较好的地区，自1973 年开始建设人工鱼礁，到目前已建造人工鱼礁 12 048 hm^2，已投入资金 392 亿韩元，投放人工鱼礁 64 035 个。在实施人工鱼礁工程 3 年后，人工鱼礁附着大量生物，海藻生长茂盛，由于饵料丰富聚集了大量的经济鱼类，与没有投放人工鱼礁的地方相比，产量增加了 2.3~3.1 倍。实施人工鱼礁工程 14 年后，完全收回成本，30 年后利润可达投资总额的 15 倍。

3. 美国

美国政府推进海洋经济发展中最重要的一条经验是重视海洋资源养护，其主要举措是建造人工鱼礁、加强海洋资源管理和生态保护。20 世纪 50 年代，美国一家啤酒公司将木制啤酒箱给一家船务公司，船务公司把啤酒箱填充到混凝土构件中沉入海底作为人工鱼礁。这一试验获得了成功，成为美国现代人工鱼礁建设的开端。此后，美国在东部海域投放了很多城市废弃物作为鱼礁，如废汽车、废火车头、废车厢、废锅炉、废轮胎、废管道等。建礁范围从美国东北部逐步扩大到西部和墨西哥湾，甚至到夏威夷，至 1983 年鱼礁区已达 1 200 处，每座面积数十英亩，投礁材料也更广泛，废石油平台、废军舰、废货船都在投放之列。据介绍效果最好的是石油平台，因其体积大、空间大、礁体高，集鱼效果好。

1984 年美国国会通过国家渔业增殖提案并相应地对人工鱼礁建设给予规定，主要内容是要求商务部根据当时获得的最佳科学信息，为促使人工鱼礁技术有效利用，编制并公布了国家长期的人工鱼礁建设规划方案。佛罗里达州是美国人工鱼礁建设数量最多的州，全美约一半的人工鱼礁分布在该州；亚拉巴马州是全美人工鱼礁建设规划最大的州。此外，美国矿产管理局针对墨西哥湾的石油开采和渔业栖息地的情况，制定了平台导管架变成鱼礁的方案，得到了批准并收到良好的成效。15 年来已有 150 座海洋平台的水下导管架变成了人工鱼礁。美国 1976 年至 20 世纪 80 年代中期大量投放旧船入海作为人工鱼礁（其中约有 200 艘"二战"时的退役军舰被用作人工鱼礁，近 10 年来又有超过 100 艘 300 英尺[①]长的军舰用作人工鱼礁）。

由于人工鱼礁的普遍设置，游钓业随之兴起，每年到礁区参加游钓活动的人数达 5 400 万人，约占美国人口总数的 1/4。使用的游钓船只达 1 100 万艘次，钓捕鱼类产量约 140×10^4 t，占全美渔业总产量的 35% 和食用鱼上市量的 2/3，可安排就业人员 50 万人。更可观的是其带来的旅游收益，到目前为止，全美因游钓渔业所带来的社会效益达 500 亿美元。此外，为之服务的各种行业也迅速发展，如沿海的旅馆、饭店、渔具店、钓具工业、饵料商店、游钓船厂等，其从业人员每年以 3%~5% 速度增长。目前，美国以每年 5%~10% 的进度扩大人工鱼礁建设。

此外，英国、德国、意大利、葡萄牙、俄罗斯、斯里兰卡、泰国、印度尼西亚、菲

---

① 英尺为我国非法定计量单位，1 英尺 ≈ 0.304 8 米。

律宾、朝鲜、古巴、墨西哥和澳大利亚等国都在 20 世纪六七年代以后陆续建造人工鱼礁，这在保护渔业资源和生态环境方面都起到积极作用。

第四节　人工鱼礁设计与制造

在人工鱼礁礁体设计过程中，必须遵循海洋土木工程的一般设计准则。同时，由于鱼礁的礁体结构和施工方法等特殊性，因此在设计上也有其特别的计算方法。

一、礁体设计基本原则与要求

1. 礁体设计基本原则

通常人工鱼礁的设计是利用计算机辅助设计（CAD）对多种备选人工鱼礁的线条、平面、空隙等主要几何构成要素进行量化，确定礁体的有效空间、阴影效果、结构复杂度等特征指标值；运用水槽、风洞等模型试验方法和数值计算方法来量化由前述特征指标值所产生的流速大小、湍流度等水动力效应。同时参照对象生物的行为学实验结果，获得多种对象生物种类对有效空间、阴影效果、结构复杂度以及流速大小、湍流度等喜好程度的权重及其适宜范围。然后，根据人工鱼礁建设的功能要求以及海域增殖或诱集的渔业资源栖息类型等，筛选出满足条件的备选礁体。在此基础上，调整礁体的线条、平面、空隙等比例，使之满足对象种类对有效空间、阴影效果、结构复杂度以及水动力效应等方面的不同要求，实现礁体结构和功能的优化。

具体而言主要涵盖了以下几个方面：

（1）礁体应具有较好的稳定性，能适应不同潮流、波浪和底质状况，不易发生滑动、倾倒和埋没。

（2）礁体应能承受搬运、沉设、堆栈等强度需求而不致破损。

（3）礁体材质应能充分发挥其特点和功能，经济可行且不会造成海域污染。根据投放地点的底质、海况、生物种类等情况，选择鱼礁材料，如混凝土、钢铁、玻璃钢、石材、木材、贝壳以及其他经试验、检测与评估对海洋无污染的材料。综合考虑以下 5 个问题：①功能性：适宜鱼类和水生生物的聚集、栖息、繁殖，能与渔具渔法相适应；②安全性：礁体在搬运和投放过程中不损坏变形，投放后不因波浪、潮流的冲击而移动或埋没，材料不能溶出有害物质而影响生物附着或引起环境污染；③耐久性：礁体结构能长期保持预定的形状，使用年限要长；④经济性：材料价格要便宜，制作、组装、投放要容易，费用要少；⑤供给性：材料来源容易，供给稳定、充足。

（4）鱼礁应能配合礁区作业的渔具渔法，并可有效防止渔网或渔具与鱼礁本身发生缠绕、挂钩等现象，以维持鱼礁的正常功能。

（5）良好的透空性。礁体内空隙的数量、大小和形状将影响礁体周围生物的种类和数量的多寡；应尽量将礁体设计成多空洞、缝隙、隔壁、悬垂物结构，使礁体结构有很好的透空性。

（6）增大礁体的表面积。礁体表面积的大小直接关系到礁体上附着生物的数量，着生在礁体表面的海洋生物是鱼类的重要饵料之一，这对于高度较小的深水鱼礁尤其重要，在礁体的设计中应尽量增大礁体的表面积。

（7）礁体构造应满足需增殖的鱼、贝、蟹等品种的基本需要。

2. 礁体设计基本要求

（1）符合对象生物特点。礁体设计时应充分考虑到对象生物的生理、生态和行为特点，应通过生物实验确定最有效的形状与结构。一般对于以鱼礁作为主要栖息场的对象生物 I 型鱼类和 II 型鱼类（I 型鱼类是指身体的部分或大部分接触鱼礁的鱼类及其他海洋动物等，如六线鱼、褐菖鲉、龙虾、蟹、海参、海胆、鲍等。II 型鱼类是指身体接近但不接触鱼礁，经常在鱼礁周围游泳和海底栖息的鱼类及其他海洋动物等，如真鲷、石斑鱼、牙鲆等）的鱼礁单体结构尽量复杂且应具有 2 m 以下大小空隙；对于表层、中层对象生物 III 型鱼类（III 型鱼类是指身体离开鱼礁在表层、中层水域游泳的鱼类及其他海洋动物，如鲐、黄条鱼鲕、鱿鱼等），以鱼礁流场环境能够影响到表层、中层水域为原则，礁体高度应为水深的 1/10，礁体宽度须满足公式

$$\frac{Bu}{\gamma} > 10^4 \tag{2-1}$$

式中，B 为礁体宽度；u 为水体流速；γ 为水体黏滞系数。

为了利于鱼礁功能发挥，对以环境优化型为主的人工鱼礁，要求鱼礁构造能产生较强的上升流和涡流；对以饵料生物培育型为主的鱼礁，要求鱼礁的材料尽可能使用贝壳、石材、混凝土等易于饵料生物附着和繁育的材料，并选择增大礁体表面积和表面粗糙度的结构；对于以资源养护型为主的鱼礁，鱼礁内部结构应复杂或多孔洞等。最大几何效应在满足强度、结构稳定以及航行安全的前提下，应尽量提高礁体的高度、空方与表面积的比例，使其具有最大几何效应。形状与结构保持 30 年以上。

（2）设计时需要对基底承载力、滑移稳定性和倾覆稳定性等项目进行验算，以保证鱼礁稳定性和使用寿命。

（3）对基底承载力较小的拟投海域，制作时不宜选择密度很大的鱼礁材料，并且应采用高度较小、与基底有较大接触面积的礁体结构形式。

（4）对于滑移稳定性较低的拟投海域，制作时应对礁体底面进行一定处理（如在礁体底面焊接钢筋等），以增大基底摩擦系数，或选用宽度较小的礁体结构形式，以减小礁体所受的波流作用力。

（5）对于倾覆稳定性较低的拟投海域，制作时应适当改变礁体结构形式，或通过减小礁体高度，增大礁体长度以增加稳定性。

（6）各种单体礁的结构应有可供起吊的构造或装置，如透孔、钩、环等，便于投放或吊起，其使用年限应与礁体相同。

二、沉式鱼礁的设计与计算

1. 鱼礁在海中的下落速度

投放鱼礁时必须考虑鱼礁的下落速度，鱼礁从海面自由下落时所受到的作用力有重力、浮力和水阻力等。水中的落体运动方程式为

$$\sigma V \frac{\mathrm{d}u}{\mathrm{d}t} = (\sigma - \rho)gV - C_D A \frac{\rho u^2}{2} - C_{MA}\rho V \frac{\mathrm{d}u}{\mathrm{d}t} \tag{2-2}$$

式中，σ 为落体密度，kg/m^3；V 为落体体积，m^3；g 为重力加速度；ρ 为海水密度，kg/m^3；C_D 为落体阻力系数；A 为落体阻挡水流的投影面积，m^2；C_{MA} 为落体的附加质量系数。

不同落体的阻力系数（C_D）、质量力系数（C_M）和附加质量力系数（C_{MA}）如表2-1所示。

表2-1 阻力系数（C_D）、质量力系数（C_M）和附加质量力系数（C_{MA}）

系数	正方体	圆柱体	长方体
C_D	2.0	1.0	2.0
C_M	2.0	2.0	1.0
C_{MA}	1.0	1.0	1.0

鱼礁下落入水中时，由于初始重力的作用使速度增大，从而水阻力也增大。当鱼礁在水中的重量与水阻力相等时，鱼礁变为匀速运动，保持恒定的下落速度，这个速度称为终端速度 u_c。设 $\mathrm{d}u/\mathrm{d}t=0$，公式（2-2）则变为

$$(\sigma - \rho)gV = C_D A \frac{\rho u_c^2}{2} \tag{2-3}$$

从而可求得落体的终端速度 u_c 为

$$u_c = \sqrt{\frac{2gV}{C_D A}\left(\frac{\sigma}{\rho} - 1\right)} \tag{2-4}$$

2. 鱼礁在水中落下着底时的冲击力

着底冲击力取决于鱼礁的重量、冲击时的速度、着底地基的反力系数和冲突面的形

128

状。设冲击面的地基反力为 R，着底时的附加质量系数为 C_{MA}，则着底时的运动方程式为

$$\sigma V \frac{\mathrm{d}u}{\mathrm{d}t} = (\sigma - \rho)gV - \frac{1}{2}C_D A \rho u^2 - C_{MA}\rho V \frac{\mathrm{d}u}{\mathrm{d}t} - R \tag{2-5}$$

又设地基反力系数为 k_R，着底地基的变位为 ε，则有

$$R = k_R \cdot \varepsilon^n \tag{2-6}$$

由于，$u = \dfrac{\mathrm{d}\varepsilon}{\mathrm{d}t}$，$\dfrac{\mathrm{d}u}{\mathrm{d}t} = \dfrac{\mathrm{d}^2\varepsilon}{\mathrm{d}t^2}$，整理式（2-5）后，得

$$\left(\frac{\sigma}{\rho} + C_{MA}\right)\frac{\mathrm{d}^2\varepsilon}{\mathrm{d}t^2} + \frac{C_D A}{2V}\left(\frac{\mathrm{d}\varepsilon}{\mathrm{d}t}\right)^2 + \frac{K_R}{\rho V}\varepsilon^n = g\left(\frac{\sigma}{\rho} - 1\right) \tag{2-7}$$

由于式（2-7）是一个非线性微分方程，对变量 t 的积分求解比较困难，实际运用时可采用牛顿渐近解法，求其近似解。式（2-7）经简化整理，得

$$\left[\frac{gK_R\varepsilon_0^{n+1}}{(n+1)\omega_0 V}\right] - \left[g\left(\frac{\sigma_G}{\omega_0} - 1\right) - \frac{C_D A}{4V}u_0^2\right]\varepsilon_0 - \left(\frac{\sigma_G}{\omega_0} + C_{MA}\right)\frac{u_0^2}{2} = 0 \tag{2-8}$$

式中，ε_0 为总变位值；ω_0 为海水单位体积重量（$\omega_0 = \rho g$）；σ_G 为落体材料的单位体积重量；u_0 为落体着底时的速度。

$$\left.\begin{array}{l} \text{设 } F = \dfrac{gK_R}{(n+1)\omega_0 V} \\[3mm] M = g\left(\dfrac{\sigma_0}{\omega_0} - 1\right) - \dfrac{C_D A}{4V}u_0^2 \\[3mm] N = \left(\dfrac{\sigma_0}{\omega_0} + C_{MA}\right)\dfrac{u_0^2}{2} \end{array}\right\} \tag{2-9}$$

把式（2-9）代入式（2-8），得

$$L\varepsilon_0^{n+1} - M\varepsilon_0 - N = 0 \tag{2-10}$$

设 ε_r 为 ε_0 的第 r 次近似解，取 $n = 2$，则

$$\left.\begin{array}{l} \varepsilon_r = \left(\dfrac{N}{L}\right)^{\frac{1}{3}} \\[4mm] \varepsilon_{r+1} = \varepsilon_r - \dfrac{L\varepsilon_r^3 - M\varepsilon_r - N}{3L\varepsilon_r^2 - M} \end{array}\right\} \tag{2-11}$$

根据式（2-11），计算地基变位的收敛值 ε_0：

又，$R_0 = K_R\varepsilon_0^2 = \hat{\sigma}_G V$，可得

$$\hat{\sigma}_G = \frac{K_R\varepsilon_0^2}{V} \tag{2-12}$$

129

式中, R_0 为地基反力（即着底时冲击力）; $\hat{\sigma}_G$ 为落体的静换算重量。

根据鱼礁的空中落下试验, 当 $n=2$ 时, K_R 可取下值。沙砾底质, $K_R = 160 \sim 500 \ \text{kg/cm}^2$; 坚硬密实的黏土底质, $K_R = 210 \sim 630 \ \text{kg/cm}^2$。

3. 鱼礁的应力计算

根据式（2-2）至式（2-12）计算鱼礁着底时的冲击力为 R_0, 并将 R_0 换算成静换算重量 $\hat{\sigma}_G$, 以 $\hat{\sigma}_G$ 作为自重来进行鱼礁强度设计。对于角形（正方体）鱼礁, 着底时的应力如图 2-11 所示。图中 q 为换算均布荷重:

$$q = a \hat{\sigma}_G \tag{2-13}$$

式中, a 为角礁构件的横断面积。

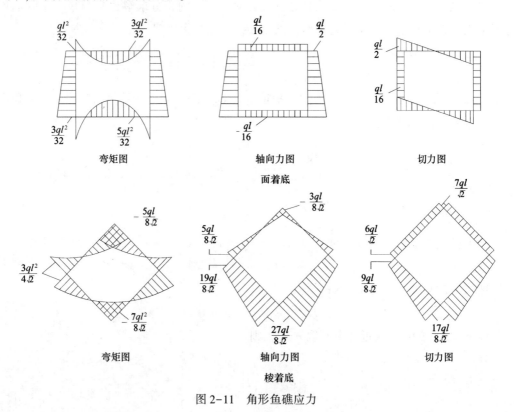

图 2-11　角形鱼礁应力

三、浮鱼礁的设计与计算

所谓"浮鱼礁", 是利用中上层鱼类栖息于海面漂浮物下面的习性, 通过人工将筏浮于海面, 用碇将筏固定, 聚集鱼类或暂时拦截洄游通道, 形成渔场, 从而捕捞这个渔场中的鱼类。

浮鱼礁由标识部和鱼礁部两大部分构成。鱼礁部又由上浮部件（礁体、筏、浮体）、系结绳、碇（锚）等连接部件构成，如图 2-12 所示。所以，在设计浮鱼礁时必须对其各个构件的受力情况进行力学分析及计算。

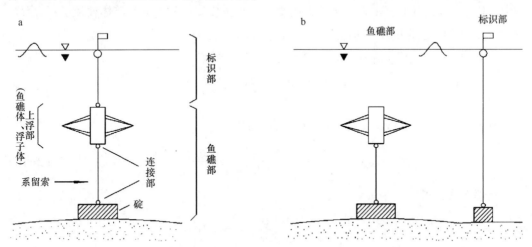

图 2-12　浮鱼礁模式

a. 标识部与鱼礁部联结系留示意；b. 标识部与鱼礁部分离系留示意

1. 浮鱼礁的力学分析及计算

（1）浮鱼礁的自由振动

浮体（浮鱼礁）自由振动力学分析如图 2-13 所示。

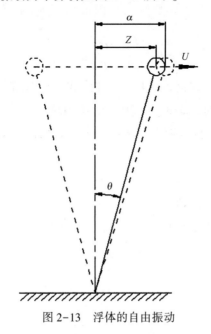

图 2-13　浮体的自由振动

浮体自由振动的基本方程式：

$$\sigma V \frac{\mathrm{d}U}{\mathrm{d}t} = -C_{MA}\rho V \frac{\mathrm{d}U}{\mathrm{d}t} - C_D A \frac{\rho}{2}|U|U - F\sin\theta \qquad (2\text{-}14)$$

式中，V 为浮体的体积；A 为与运动方向垂直的浮体投影面积；σ 为浮体密度；ρ 为海水密度；U 为浮体切线方向运动速度；F 为浮体的剩余浮力。

设 $\sin\theta = \theta$，x 为浮体距中心位置的水平距离，则

$$U = \frac{\mathrm{d}x}{\mathrm{d}t}, \quad \frac{\mathrm{d}U}{\mathrm{d}t} = \frac{\mathrm{d}^2x}{\mathrm{d}t^2}, \quad X = L\theta \qquad (2\text{-}15)$$

由于 $F_U = (\rho - \sigma)Vg$，式（2-14）又可写成：

$$(\sigma + C_{MA}\rho)V \frac{\mathrm{d}^2x}{\mathrm{d}t^2} + \frac{C_D A\rho}{2}\left|\frac{\mathrm{d}x}{\mathrm{d}t}\right|\frac{\mathrm{d}x}{\mathrm{d}t} + \frac{(\rho - \sigma)Vg}{L}x = 0 \qquad (2\text{-}16)$$

整理上式，得

$$\left.\begin{array}{c} \dfrac{\mathrm{d}^2x}{\mathrm{d}t^2} + \alpha_0\left|\dfrac{\mathrm{d}x}{\mathrm{d}t}\right|\dfrac{\mathrm{d}x}{\mathrm{d}t} + \omega_0^2 x = 0 \\[4mm] \alpha_0 = \dfrac{C_D A}{2V\left(C_{MA} + \dfrac{\sigma}{\rho}\right)} \\[6mm] \omega_0^2 = \dfrac{g\left(1 - \dfrac{\sigma}{\rho}\right)}{L\left(C_{MA} + \dfrac{\sigma}{\rho}\right)} \end{array}\right\} \qquad (2\text{-}17)$$

或用剩余浮力表示：

$$\sigma = \rho - \frac{F_U}{gV}, \quad \frac{\sigma}{\rho} = 1 - \frac{F_U}{\omega_0 V} \qquad (2\text{-}18)$$

通过对非线性微分方程式（2-14）的讨论和近似计算，可知当系留索长度 L 在 30 m 以上，浮体为圆筒形时，$\omega < \omega_0 \approx$ （0.092~0.029）。

当 $\omega = 2\pi/T$ 时，浮体摇摆周期 $T >$ （69~217）s，所以，水中作自由振动的浮体通常不会与波浪发生共振。

（2）系留索的张力

系留索的张力分析如图 2-14 所示。

系留索的倾斜角 φ 可由下式获得

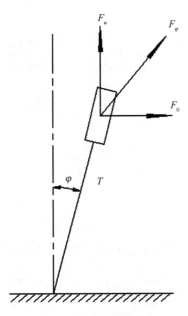

图 2-14　系留浮体受力

$$\left.\begin{aligned}
\varphi &= \tan^{-1}\left(\frac{F_0}{F_U}\right) \\
F_U &= (\omega_0 - \sigma_G)\,V \\
F_0 &= C_D A\,\frac{\omega_0 u_0^2}{2g}
\end{aligned}\right\} \tag{2-19}$$

式中，F_U 为浮体的剩余浮力；ω_0 为海水的单位体积重；σ_G 为浮体的单位体积重；F_0 为水平方向的水流力；u_0 为潮流等流速。

$$F_\varphi = \frac{C_D A \omega_0}{2g}u^2 + \frac{C_M V \omega_0}{g}\frac{\partial u}{\partial t} \tag{2-20}$$

$$\left.\begin{aligned}
u &= u_m\sin\theta \\
\theta &= kx - \sigma t = \frac{2\pi}{L}x - \frac{2\pi}{T}t
\end{aligned}\right\} \tag{2-21}$$

式中，F_φ 为波浪在 φ 方向上产生的流体力；u 为波浪在 φ 方向上产生的流速。

据深水推进波理论，水质点运动速度：

$$u_m = \frac{H\sigma}{2}e^{xz} \tag{2-22}$$

对式（2-22）求微分

$$\frac{\partial u}{\partial t} = -\sigma u_m\cos\theta = -\frac{2\pi u_m}{T}\cos\theta \tag{2-23}$$

代入式（2-20），得

$$F_\varphi = \frac{C_D A \omega_0}{2g}(u_m \sin\theta)^2 - \frac{2\pi C_M V \omega_0 u_m}{gT}\cos\theta \tag{2-24}$$

设

$$\left.\begin{array}{l} F_D = \dfrac{C_D A \omega_0 u^2\ m}{2g} \\[3mm] F_M = \dfrac{2\pi C_M V \omega_0 u_m}{gT} \end{array}\right\} \tag{2-25}$$

则

$$F_\varphi = F_D \sin^2\theta - F_M \cos\theta \tag{2-26}$$

由波力产生的流体力的最大值 $F_{\varphi M}$ 和最小值 $F_{\varphi m}$ 为

$$\left.\begin{array}{l} \beta > 1, \quad \left.\begin{array}{l} F_{\varphi M} \\ F_{\varphi m} \end{array}\right\} = \pm F_M \\[5mm] \beta < 1, \quad \left.\begin{array}{l} F_{\varphi M} \\ F_{\varphi m} \end{array}\right\} = \pm\,[F_D(1-\beta^2) + F_M\beta] \end{array}\right\} \tag{2-27}$$

如图 2-3 所示，与波力相平衡的系留索最大张力：

$$T_M = \frac{F_U}{\cos\varphi} + F_{\varphi M} \tag{2-28}$$

（3）浮鱼礁的剩余浮力 F_U 计算

据式（2-19），得

$$F_U \geqslant \frac{F_0}{\tan\varphi} \tag{2-29}$$

在下降流作用时，为使系留索不产生松弛，张力应为正值，即

$$T = \frac{F_U}{\cos\varphi} + F_\varphi > 0$$

整理上式得

$$F_U \geqslant -F_{\varphi m}\cos\varphi \tag{2-30}$$

（4）锚块受力

锚块的受力分析如图 2-15 所示。

锚块的最小重量 W：

$$\left[W\left(1 - \frac{\omega_0}{\sigma_A}\right) - T_M\cos\varphi\right]\mu > T_M\sin\varphi \tag{2-31}$$

设安全系数为 S_F，得

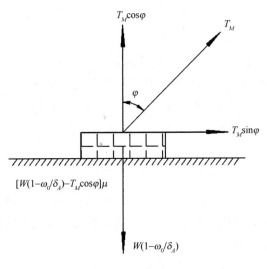

图 2-15　锚块受力

$$S_F = \frac{\left[W\left(1 - \dfrac{\omega_0}{\sigma_A} \right) - T_M\cos\varphi \right]\mu}{T_M\sin\varphi} \qquad (2-32)$$

$$W = \frac{T_M(S_F\sin\varphi + \mu\cos\varphi)}{\mu\left(1 - \dfrac{\omega_0}{\sigma_A} \right)} \qquad (2-33)$$

式中，W、σ_A 为分别为锚块的重量及单位体积重；μ 为锚块与海床的摩擦系数，一般取 0.5~0.6；S_F 为安全系数（≥2.0）。

当锚块埋入砂床后，在诸力平衡关系式里要考虑作用于锚块的被动土压力。如果埋深很小，被动土压力也可以忽略不计，这样对浮体来说较为安全。

2. 浮鱼礁的流体动力学

浮鱼礁一般设置在水深 100 m 左右的海域，礁体在水面以下 20~30 m 处，其目的是诱集、滞留中上层鱼类。浮鱼礁是由刚性材料和柔性材料组合而成，框架是用玻璃钢管或塑料管等刚性材料制成，礁体的伸缩部分用尼龙网片、乙纶网片等柔性材料制成，礁体与沉块由尼龙绳索连接。

在设计时主要考虑的问题有：礁体受波浪力、水流及生物附着量的影响；礁体材料受各种外力时力的推算；礁体部件超负荷所产生的疲劳度及海水腐蚀量的定量标准；礁体所产生的海水流态和水团的变化等。

（1）作用于礁体部件的流体作用力

①静水压力和浮力。在不计波浪力和流水力的情况下，礁体在水深 20~30 m 处有

$2 \sim 3 \text{ kg/cm}^2$ 的静水压力，而浮力是作用于部件上的静水压力的合力。

$$\left.\begin{aligned} P &= \omega_0 Z \\ F_B &= \omega_0 V \end{aligned}\right\} \tag{2-34}$$

式中，P 为在礁体表面沿垂直方向所产生的静水压力；ω_0 为海水的单位体积重量；Z 为从海面到礁体的距离；F_B 为浮力，作用于垂直方向上的力；V 为礁体体积。

②水流阻力。作用在礁体上的水流阻力 F_f 由下式获得

$$F_f = \frac{\omega_0}{2g} C_D A u^2 \tag{2-35}$$

式中，F_f 为水流阻力，作用于礁体上的水流力；ω_0 为海水的单位体积重量；g 为重力加速度；C_D 为由礁体形状决定的阻力系数；A 为垂直于水流方向礁体投影面积；u 为流速。

作用于球体的水流阻力为

$$F_f = \frac{\pi \omega_0}{8g} C_D D^2 u^2 \tag{2-36}$$

式中，ω_0 为海水的单位体积重量；g 为重力加速度；C_D 为球体的阻力系数，一般为 0.5；D 为球体直径；u 为流速。

作用于圆柱体的水流阻力为

$$F_{f\theta} = \frac{\omega_0}{2g} C_D D L u^2 \cos\theta \tag{2-37}$$

式中，ω_0 为海水的单位体积重量；C_D 为圆柱体的阻力系数，一般为 1.0；D 为圆柱体直径；L 为圆柱体长度；u 为流速；θ 为圆柱中心轴的法线与水流交角。

③波浪作用力。作用于礁体的波浪力，用质量力和阻力表示如下：

$$\left.\begin{aligned} F_W &= F_M + F_D \\ F_M &= \frac{\omega_0}{g} C_M V \frac{\partial u}{\partial t} \\ F_D &= \frac{\omega_0}{2g} C_D A u \, |u| \end{aligned}\right\} \tag{2-38}$$

式中，F_W 为波浪作用力；F_M 为质量力；F_D 为阻力；ω_0 为海水的单位体积重；g 为重力加速度；C_M 为由物体形状确定的质量系数；V 为礁体体积；u 为由波浪产生的水质点加速度；$\frac{\partial u}{\partial t}$ 为由波浪产生的水质点速度；C_D 为圆柱体的阻力系数，一般为 1.0；A 为与运动方向垂直的浮体投影面积。

波浪作用力最大值 $(F_W)_{\max}$、质量力最大值 $(F_M)_{\max}$、阻力最大值 $(F_D)_{\max}$ 的计算方法如下：

当 $K>1$ 时，

$$(F_W)_{max} = (F_M)_{max} (F_W)_{max} = (F_M)_{max} \tag{2-39}$$

当 $K \le 1$ 时，

$$(F_W)_{max} = (F_D)_{max} + \left[\frac{(F_M)_{max}}{2(F_D)_{max}}\right]^2 \tag{2-40}$$

其中，

$$K = \frac{(F_M)_{max}}{2(F_D)_{max}} \tag{2-41}$$

若浮鱼礁设在水深 100 m 以深海域，对周期少于几秒的波浪可视为深海波，式 (2-40) 可写成：

$$K = 2\frac{C_M V}{C_D A H}e^{2\pi(h-z_0)/L} \tag{2-42}$$

式中，K 为系数；C_M 为由物体形状确定的质量系数；V 为礁体体积；C_D 为圆柱体的阻力系数，一般为 1.0；A 为与运动方向垂直的浮体投影面积；H 为波高；h 为水深；Z_0 为从海底到礁体的高度；L 为波长。

对于球体，深海波产生的波浪作用力的水平分力和垂直分力是相等的，其最大值由式 (2-42) 给出，但 $(F_M)_{max}$、$(F_D)_{max}$ 和 K 值在 $C_M = 1.5$、$C_D = 0.5$ 时，由式 (2-43) 给出。

$$(F_M)_{max} = \frac{\pi^2}{2}W_0 D^3 \frac{H}{L}e^{-2\pi(h-z_0)/L}$$

$$(F_D)_{max} = \frac{\pi^2}{16}W_0 D^2 \frac{H^2}{L}e^{-4\pi(h-z_0)/L} \tag{2-43}$$

$$K = 4\frac{D}{H}e^{2\pi(h-z_0)/L}$$

作用于圆柱体的波浪力，当圆柱体为水平放置时，其水平分力与垂直分力是相等的，各自的最大值由式 (2-44) 给出。

$$(F_M)_{max} = \frac{\pi^2}{2}W_0 D^2 l \frac{H}{L}e^{-2\pi(h-z_0)/L}$$

$$(F_D)_{max} = \frac{\pi}{4}W_0 D^2 l \frac{H^2}{L}e^{-4\pi(h-z_0)/L} \tag{2-44}$$

$$K = \pi\frac{D}{H}e^{2\pi(h-z_0)/L}$$

当圆柱体为垂直放置时，只有水平分力，其最大值由式 (2-45) 给出。

$$\left.\begin{array}{l}(F_M)_{max} = 2(K_{m1} - K_{m2})W_0 D^2 H \\ (F_D)_{max} = (K_{D1} - K_{D2})W_0 DH\end{array}\right\} \tag{2-45}$$

式中，K_{m1}、K_{m2} 及 K_{D1}、K_{D2} 由图 2-16（a）和（b）中找出，即把从海底到圆柱体上端

l_1、和下端 l_2 的间距在图 2-16（a）和（b）中把 l 为 l_1、l_2 时相对应的 K_m、K_D 中分别可找到 K_{m1}、K_{m2}、K_{D1}、K_{D2} 的值。

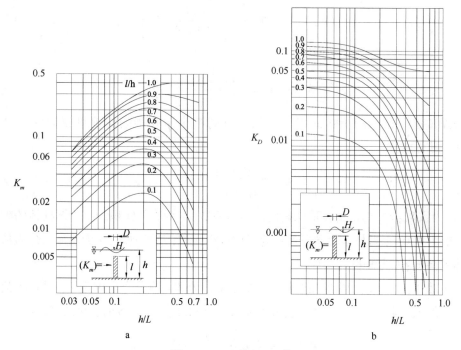

图 2-16　K_m 值与 K_D 值

（2）拉索张力

作用于拉住浮鱼礁上绳索的外力算式如下：

① 在流场中鱼礁体拉索某一点的张力

球体鱼礁的拉索张力 T，其水平分力为 T_H，垂直分力为 T_V。

$$T_H = F_f$$
$$T_V = N \eqno(2\text{-}46)$$
$$T = \sqrt{T_H^2 + T_V^2}$$

式中，N 为浮力（除去浮子空气中重量后）。

拉索与垂直方向的交角：

$$\alpha = \tan^{-1}\left(\frac{F_f}{N}\right) \eqno(2\text{-}47)$$

圆柱体鱼礁拉索与水流流向的交角：

$$\theta = \tan^{-1}\frac{F_{f\theta} - l_f}{F_\theta l_\theta - W l_W} \eqno(2\text{-}48)$$

式中，$F_{f\theta}$ 由式（2-34）计算得出当 $\theta = 0$ 时的值；W 为圆柱体在空气中的重量；l_f、l_B、

138

l_W 为从拉索着力点 O 到 $F_{f\theta}$、F_B、F_W 作用点的距离。

拉索张力的水平分力和垂直分力为

$$T_H = F_{f\theta}\cos^2\theta$$

$$T_V = W - F_{f\theta}\sin\theta\cos\theta \tag{2-49}$$

②波场中礁体拉索某一点的张力

浮力 N 与作用于球体鱼礁上的波浪力的垂直分力最大值，与式（2-49）相比，在较大的情况下，拉索张力的水平分力和垂直分力的最大值 $(T_H)_{max}$ 和 $(T_V)_{max}$ 为

$$(T_H)_{max} = \frac{1}{2n_2\lambda^2}\left\{\left[(1-\lambda^2)^4 + 4n_2^2\lambda^4\right]^{\frac{1}{2}} - (1-\lambda^2)^2\right\}^{\frac{1}{2}}(F_W)_{max}$$

$$(T_V)_{max} = N \tag{2-50}$$

$\lambda = \dfrac{T_0}{T}$，T_0 由式（2-51）给出：

$$T_0 = 2\pi\left(\frac{\delta + C_e}{1-\delta}\right)\frac{1}{g} \tag{2-51}$$

式中，T 为波浪周期；δ 为浮体在空气中的重量/浮体的浮力；C_e 为质量系数 $C_M - 1$，球体阻力系数，取 0.5；$(F_W)_{max}$ 为球体水平浮力最大值，由式（2-40）给出。

圆柱体的拉索张力、长度为直径的数倍，其剩余浮力为

$$N = W_0 V\frac{H}{L}e^{-2\pi(h-z_0)/L} \tag{2-52}$$

式中，Z_0 为圆柱体重心到海底的高度。

当 $C_2 = 1.0$，$D = \dfrac{6}{\pi}V$ 时，$(F_W)_{max}$ 用式（2-40）求出。当圆柱体长度很长时，作用于圆柱体上部的波浪力 F_{W2} 和作用于下部的波浪力 F_{W2} 是有差别的。圆柱体除了拉索张力外，波浪力 F_{W2} 还会使其产生旋转运动。

（3）施工时的作用力。

浮鱼礁礁体大小不一，其在空气中的重量至少有 1~5 t，长度可达 10 m 以上（不包括沉块重量和绳索长度），在运输和投放时必须使用起重机。礁体在运输和投放时所受的作用力往往大于礁体在放置后所受的力，在设计时必须考虑运输和投放时的作用力。由于运输和投放方式各异，所以，作用力只有按具体情况各自计算。

四、鱼礁的稳定性校核

1. 作用于鱼礁上的流体力

假设礁体在水中未移动，则其所受流体作用力：

$$F = \frac{C_D A \rho u^2}{2g} + \frac{C_M V \rho}{g} \cdot \frac{\partial u}{\partial t} \qquad (2\text{-}53)$$

式中，$\dfrac{C_D A \rho u^2}{2g}$ 为水流阻力；$\dfrac{C_M V \rho}{g} \cdot \dfrac{\partial u}{\partial t}$ 为附加排水重力。

上述计算式中，受波浪影响的流速 u 是 u_0 与 u_1 的合成，即

$$u = u_0 + u_1 = u_m \sin\theta + u_0 \qquad (2\text{-}54)$$

式中，u_1 为波动水粒子沿其波浪轨道的运动速度；

$$u_m = \frac{\pi H_V}{T} \cdot \frac{\cosh(2\pi D/L)}{\sinh(2\pi h/L)} \qquad (2\text{-}55)$$

式中，H_V 为波浪波高峰值；L、T 为波浪的波长和周期；h 为投礁区水深；D 为鱼礁顶部距海底的高度；θ 为波的主方向与所测成分波间的波向角，其值 $\theta = \dfrac{2\pi x}{L} - \dfrac{2\pi t}{T}$；$u_0$ 为潮流流速。

可得

$$\frac{\partial u}{\partial t} = \frac{\partial u_1}{\partial t} = -\frac{2\pi}{T} \cdot u_m \cos\theta \qquad (2\text{-}56)$$

将式（2-54）和式（2-56）代入式（2-53）得

$$F = \frac{C_D A \rho}{2g}(u_m \sin\theta + u_0)^2 - \frac{2\pi C_M V \rho u_m}{gT} \cos\theta \qquad (2\text{-}57)$$

令 $F_D = \dfrac{C_D A \rho}{2g} u_m^2$，$\alpha = \dfrac{u_0}{u_m}$，$F_M = \dfrac{2\pi C_M V \rho u_m}{gT}$，

则式（2-57）转化为

$$F = F_D(\sin\theta + \alpha)^2 - F_M \cos\theta \qquad (2\text{-}58)$$

波的相位随 θ 变化而变化，要使 F 取得最大值，必须满足 $\dfrac{\mathrm{d}F}{\mathrm{d}\theta} = 0$，$\dfrac{\mathrm{d}^2 F}{\mathrm{d}\theta^2} < 0$，即

$$\frac{\mathrm{d}F}{\mathrm{d}\theta} = 2F_D(\sin\theta + \alpha)\cos\theta + F_M \sin\theta = 0 \qquad (2\text{-}59)$$

$$\frac{\mathrm{d}^2 F}{\mathrm{d}\theta^2} = 2F_D(1 - 2\sin^2\theta - \alpha\sin\theta) + F_M \cos\theta < 0 \qquad (2\text{-}60)$$

在此，再令 $\beta = \dfrac{F_M}{2F_D}$，$S = \sin\theta$，$C = \cos\theta$，显然 $S^2 + C^2 = 1$，

则式（2-59）转化为

$$\frac{\mathrm{d}F}{\mathrm{d}\theta} = 2F_D[C(S + \alpha) + \beta S] = 0 \qquad (2\text{-}61)$$

式（2-60）转化为

$$\frac{\mathrm{d}^2 F}{\mathrm{d}\theta^2} = 2F_D(1 - 2S^2 - \alpha S + \beta C) < 0 \qquad (2\text{-}62)$$

由 $C = \sqrt{1-S^2}$，将式（2-62）整理后得

$$S^4 + 2\alpha S^3 + (\alpha^2 + \beta^2 - 1)S^2 - 2\alpha S - \alpha^2 = 0 \tag{2-63}$$

要满足式（2-63），同时还需满足：

$$1 - 2S_i^2 - \alpha S_i + \beta C_i < 0 \tag{2-64}$$

式中，S_i，C_i 为流体作用力最大时的取值。

四次方程式（2-59）可通过牛顿法求得近似解，如下：

$S_1 = 1$ 或 $S_1 = 0$

且 $S_{n+1} = S_n - \dfrac{S_n^4 + 2\alpha S_n^3 + (\alpha^2 + \beta^2 - 1)S_n^2 - 2\alpha S_n - \alpha^2}{4S_n^3 + 6\alpha S_n^2 + 2(\alpha^2 + \beta^2 - 1)S_n - 2\alpha}$

通过式（2-64）对 S_i 的收敛值及 C_i 进行校验，将满足条件的值代入式（2-57），可得 F 的最大值 F_0。

当波浪处于波峰或波谷位置时，流体作用力按 $\alpha = 0$ 时进行计算，现作如下讨论：

令 $\alpha = 0$，则式（2-59）转化为

$$S^4 + (\beta^2 - 1)S^2 = S^2(S^2 + \beta^2 - 1) = S^2(\beta^2 - C^2) = 0$$

解得

$$\begin{cases} S = 0 \\ C = 1 \end{cases} \text{或} \begin{cases} S = 0 \\ C = -1 \end{cases} \text{或} \begin{cases} C = +\beta \\ S = \sqrt{1-\beta^2} \end{cases} \text{或} \begin{cases} C = -\beta \\ S = \sqrt{1-\beta^2} \end{cases}$$

① $S = 0$，$C = 1$ 时，代入方程式（2-63），得 $1 - 2S_i^2 - \alpha S_i + \beta C_i = 1 + \beta > 0$，不满足条件；

② $S = 0$，$C = -1$ 时，代入方程式（2-63），得 $1 - 2S_i^2 - \alpha S_i + \beta C_i = 1 - \beta$，只需要满足 $\beta > 1$，即可得 $1 - \beta < 0$，故可得此时 $F_0 = F_M$；

③ $C = \beta$ 时，代入方程式（2-63）得 $C(S + \alpha) + \beta S \neq 0$，不满足条件；

④ $C = -\beta$ 时，由 $S_i^2 = 1 - C_i^2$ 得 $1 - C_i^2 > 0$，即 $-1 < C_i < 0$，只需要满足 $0 < \beta < 1$，故可得此时 $F_0 = F_D(1 - \beta^2) + F_M\beta$。

2. 礁体稳定性的校验

（1）礁体不被水流冲至移动，即礁体不滑动

这需满足礁体与海底间的静摩擦力大于流体作用力。可得理想滑动安全系数的计算式：

$$S_F = \frac{F}{F_0} = \frac{W\mu(1 - \dfrac{w_0}{\sigma_G})}{F_0} \tag{2-65}$$

式中，$W\mu(1 - w_0/\sigma_G)$ 为静摩擦力 F 的值，是礁体自重 W 与附加排水重力 $f_浮$ 综合影响的结果；W 为礁体的自重；μ 为礁体与海底间的静摩擦系数，取 $0.5 \sim 0.6$；w_0 为海水单位体

积重量，其值为 ρg；σ_G 为礁体材料单位体积重量，其值为 σg；F_0 为流体作用力。

校验结果若 $S_F > 1.2$，则满足稳定条件。

以上情况为礁体投放入水中的理想状态，不考虑礁体陷入海底泥沙中的情况。若考虑礁体陷入沙中的场合，则礁体底面必受到泥沙的压力作用，此压力值须加到理想安全系数计算式的分子中，即如下公式：

$$S_F = \frac{W\mu(1 - w_0/\sigma_G) + \mu F_P}{F_0} \qquad (2\text{-}66)$$

式中，F_P 为泥沙对礁体的压力的相当值，其值为 $F_P = 0.5\gamma h^2 K_P$；K_P 为受动土压系数，其值为

$$K_P = \frac{\cos^2\theta}{\cos\delta\left\{1 - \left[\dfrac{\sin(\theta + \delta)\sin\theta}{\cos\delta}\right]^{\frac{1}{2}}\right\}^2}$$

以上两式中，γ 为泥沙的密度；h 为礁体陷入泥沙中的高度；θ 为泥沙内部的摩擦角；δ 为受压礁体（板）与泥沙的摩擦角。

同理，校验结果若 $S_F > 1.2$，则满足稳定条件。

（2）要求礁体不被水流冲至翻滚，即理想状态下（假设礁体未陷入泥沙）

需满足礁体的阻抗转距大于流体作用力对礁体产生的动转距。可得理想滚动安全系数（图 2-17）的计算式：

$$S_F = \frac{W\left(1 - \dfrac{w_0}{\sigma_G}\right)l_w}{F_0 h_0} \qquad (2\text{-}67)$$

式中，h_0 为流体作用力 F_0 的最大作用力高度；l_w 为礁体重心至可能回转中心的水平距离。

校验结果若 $S_F > 1.2$，则满足稳定条件。

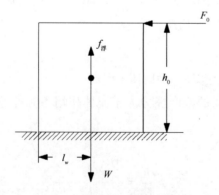

图 2-17　滚动安全系数计算示意

（3）鱼礁周围泥沙的淤积和冲刷

设置在砂质海底的人工鱼礁要特别注意泥沙的淤积和冲刷问题。对于海底滑移和鱼礁结构，在漂沙、流沙滑移强烈的场所，最好用点（三脚、四脚等构件）或棱形（细长的构件）构件来支撑，如果用平面构件支撑，可能会由于鱼礁局部被冲刷而产生倾覆。在软泥海底上设置鱼礁时，由于流水较静稳而不必担心被冲刷，但会被压实而下沉，所以用能减少接地压力的平面来支撑为宜。关于漂沙的研究，目前尚无定量的表示方法。可参照日本掘川教授发表的砂床形成分类图（图2-18），确定发生砂浪的极限条件。在图2-18中，横轴 d 表示砂粒直径；纵轴中摩擦速度 $\mu = \sqrt{f}u_b$；u_b 为底层流速；f 为摩擦系数（$f = 0.0027 \sim 0.03$）。

为了校验鱼礁周围底质被冲刷而引起的鱼礁失稳问题，日本学者根据水槽试验得出如下公式：

$$u_c = K_1 \sqrt{gL\left(\frac{\sigma_G}{\omega_0} - 1\right)} \tag{2-68}$$

式中，u_c 为鱼礁开始失稳的流速；ω_0 为海水容重；σ_G 为鱼礁材料的单位体积重；g 为重力加速度；L 为鱼礁构件的计算长度；K_1 为系数（表2-2）。

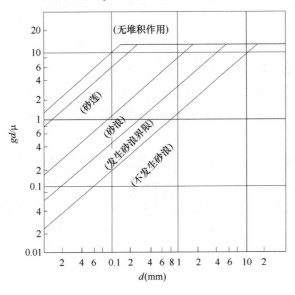

图2-18　砂床形成的分类

表2-2　K_1 值

鱼礁类型	角形 I	角形 II	圆筒形	三角形	车轮形
K_1	0.42	0.48	0.48	0.32	0.51

注：角形 I—底边与流向呈45°角；角形 II—底边与流向垂直。

五、几种鱼礁设计与制作

1. 混凝土礁

混凝土鱼礁的强度应符合《混凝土结构设计规范》（GB 50010—2002），一般混凝土强度不应低于 C_{20}，礁体的钢筋保护层厚度应不小于 25 mm。混凝土礁体按构造进行配筋时，全截面纵向钢筋最小配筋率可按 0.2% 控制，纵向钢筋最大间距为 300 mm。礁体的设计和制作应参照《混凝土结构设计规范》（GB 50010—2002）和《混凝土结构工程施工质量验收规范》（GB 50204—2002）要求执行。

在混凝土礁材料的选用上，必须满足：①能充分发挥材料功能，经济可行；②礁体结构强度能承受搬运、堆放的基本要求；③具有一定的使用寿命，不易破损。因此，根据对混凝土强度标准差、试配强度、水灰比、取水用量、水泥用量及砂率的选择和计算，对照混凝土配合比表，选取并使用普通水泥 325 号，确定混凝土强度等级为 C_{15}，石子最大粒径为 40 mm，踏落度为 5 cm，得出水、水泥、砂、石子的用量比为 177∶290∶697∶1 264。每立方米混凝土重量为 2 328 kg，强度为 21.6 N/cm²。

基于礁体设计原则，现在介绍几种混凝土礁设计与制作。

（1）"十"字形礁

海州湾礁区平均水深为 12～15 m，考虑"十"字形礁（图 2-19）是以单体礁形式进行投放布置，则选用相对较大的 2 m×2 m×2 m 作为"十"字形礁的基本外形尺寸。礁体总重为 1.9 t。综合考虑海水中波和流的最大作用，运用 Morrison 理论和公式进行礁体稳定性的校核，得出"十"字形礁的滑动安全系数和滚动安全系数分别为 1.58 和 1.63，均大于许可安全系数 1.2。

对于"十"字形礁的制造，现就其内部配筋情况说明如下：部件一内部主筋为 $\phi10$；部件二内部主筋为 2-$\phi10$，配 $\phi6@300$ 为分布筋。部件二相互拼合处采用环氧树脂砂浆连接，预制部件一时在拐角处预留孔洞并露出主筋，以备与拼合后的十字结构主筋伸出部分进行电弧焊接。完成焊接后，在部件间接口处用高标号细混凝土填塞并灌捣密实。

（2）方形礁

选用 1.5 m×1.5 m×1.5 m 作为方形礁（图 2-20）的基本外形尺寸，其结构简单，可将多个鱼礁单体按规则堆放，构成小规模的单位鱼礁，即堆积礁。堆积礁使用灵活，最适合与其他礁群配合使用。在海州湾人工鱼礁建设项目中，将堆积礁与旧船改造礁配合起来使用，一方面减弱了水流对船礁的直接冲击，延长了其使用寿命，另一方面则使船礁与堆积礁达到功能互补，增加了礁群的生态功能。这类鱼礁的搭配占据较大的海域空间，可大大增加鱼礁作用的有效范围。

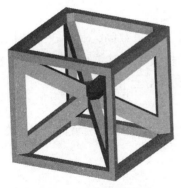

图 2-19　"十"字形礁

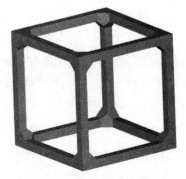

图 2-20　方形礁模型

方形礁的制造，选定内部主筋为 $\phi10$，礁体为整体浇注成型。预制时在鱼礁顶部预留孔洞、露出主筋并折弯，利于投放时使用自动脱钩装置固定并沉放。

（3）"回"字形礁

"回"字形鱼礁（图 2-21）的特点是清洁环保，体积大，稳定性好；结构复杂，平面较多，坚固耐用，使用寿命长。相对于之前设计投放的三角形鱼礁和"十"字形鱼礁，"回"字形鱼礁内部结构更加复杂，礁体内空隙数量增加，空隙大小、形状多变，满足了礁体多空洞、缝隙、隔壁、悬垂物结构的设计，使得内部流场流态更加丰富。"回"字形鱼礁设计了平台面，增大了礁体表面积，能够有效增加礁体表面附着生物的数量，集鱼效果会更加明显。2008 年设计的礁体，其规格为 2 m×2 m×2 m；外观为立方体，中间镂空，规格为 0.77 m×0.77 m×0.77 m；整个礁体为钢筋混凝土结构，体积为 8 空方。该种鱼礁以单体礁组合即单位鱼礁形式进行布置。

（4）改良型"十"字形礁

为了扩大有效利用空间，在原来的"十"字形礁基础上加大外形尺寸，由原来的 2 m×2 m×2 m 改成 3 m×3 m×3 m，体积 27 空方。改良型"十"字形礁（图 2-22）特点为有效利用空间大，结构较为复杂，设计了隔壁、悬垂物，丰富了内部流场变化；制作投放较方便。

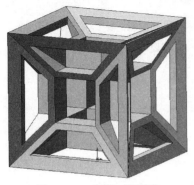

图 2-21　"回"字形礁

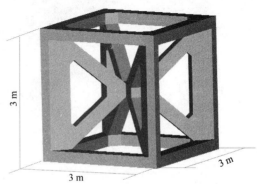

图 2-22　改良型"十"字形礁

（5）三角形礁

三角形礁（图2-23）结构简单，稳定性性能和安全系数高，制作投放便捷，成本低，对网具生产作业，尤其是对拖网具有很好的阻挡效果。以单体礁形式进行投放布置，选用 3 m×3 m×2.74 m 作为基本外形尺寸，体积为 8.22 空方。

（6）"田"字形礁

"田"字形礁（图2-24）礁体外观为立方体，中间镂空，规格为 2 m×2 m×2 m。整个礁体为钢筋混凝土结构，体积约为 8 空方。

图 2-23　三角形礁

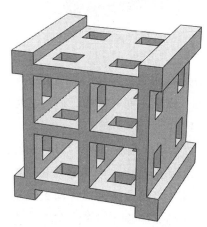

图 2-24　"田"字形礁

（7）海参礁

海参礁（图2-25）礁体外观为立方体，中间镂空，呈"工"字形，顶部横向纵向均开槽，规格为 2 m×2 m×1.5 m。整个礁体为钢筋混凝土结构，体积约为 6 空方。

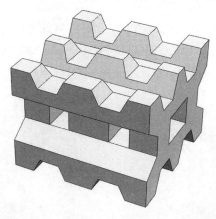

图 2-25　海参礁

2. 钢铁礁

钢铁礁材料应参照《船舶及海洋工程用结构钢》（GB 712—2000）选择国家标准钢材或同等以上质量的钢材作为人工鱼礁材料。在确认各种钢材规格、性能的基础上，应根据用途和目的选择最适宜的材料。设置在海中的钢铁人工鱼礁会受到海水的腐蚀，腐蚀量的大小主要受水温和溶氧量影响（高水位线以上约 0.3 mm/年，高水位线与海底间约 0.1 mm/年，在海底底泥中约 0.03 mm/年），因此，应采用防腐蚀方法（如电气法、替代物法以及被覆法等）进行处理以延长鱼礁使用寿命，一般钢铁礁的使用寿命不应低于 30 年。鱼礁的结构设计制作应参照《钢结构设计规范》（GBJ 17—1988）和《钢结构工程施工质量验收规范》（GB 50205—2001）规定执行。

3. 玻璃钢礁

人工鱼礁工程制作玻璃钢鱼礁，需按照《玻璃钢渔船船体手糊工艺规程》（SC/T 8111—2000）和《纤维增强塑料用液体不饱和聚酯树脂》（GB/T 8237—1987）要求执行。

4. 石材礁

石材礁应选择适宜海洋生物附着的自然石材作为人工鱼礁材料。1 000 kg 以上的不规则形石材礁可以作为单体礁；100~1 000 kg 的不规则形石材可以在海中堆积成锥体形鱼礁；小于 100 kg 的不规则形石材可用耐腐蚀、耐冲击和耐磨损的网包或其他材料制成的框架将石材装填成一定大小的单体礁。

5. 旧船礁

所选船体的自身强度需经得起拖运和改造投放后海流的冲击。应对船体内外进行彻底清洗，清除对环境有潜在危害的物质。根据船身尺寸，设计出便于安装且尽可能多体积的框架，直接在船上制作或上船组装，船体应多开侧孔，以促进投放后舱内水体交换。

旧船改造运用于不同场合，投放后有 3 种主要功能：①在水中与水流交叉形成一定的角度，能够阻碍潮流而产生特殊的涡流流场，适当地增大交叉角显著地引起了上升流；②兼具多孔避敌礁功能，船体四周的空隙形成直径 100~400 mm 不等大小的孔洞；③船体甲板兼具产卵礁功能。在具体应用中，是按照礁体投放布置图，以旧船改造礁在礁群中的位置及对其功能的要求来确定某废旧渔船的改造方案。

投放一批体积大且稳定的礁体具有多种优势，它兼顾废旧资源再利用的原则，又利用废旧渔船来改造成人工鱼礁，是一个较好方案（图 2-26 和图 2-27）。用于改造的铁质渔船大多生锈、破损非常严重，如用人工除锈则费时费力，可喷射除锈液去除铁锈。大型铁质旧渔船的改造方法有以下 3 个。

（1）船体破损较严重

涂防锈漆防锈，并在船体侧面人为地打通孔。两条或多条船连接固定在一起，在船体中间堆放体积较大的石头，结构复杂的礁体，以增大有效空间。估计使用年限为8~12年。

（2）船体基本完好，只是局部有损

涂防锈漆防锈，在受损的地方用水泥修补，也可采用两条或多条船连接，在其上建造钢筋水泥框架。在船头舱和船尾舱放置石头。此种鱼礁较结实，可使用25年以上。

（3）船体较厚，受损较轻，但表面铁锈严重

在除锈后涂抹水泥防锈，厚度为5~10 mm，放置压舱石，其上搭建钢筋框架，使用年限可达20年以上。

对于旧木质渔船，特别是对众多面临淘汰的木质渔船，将其改造为鱼礁时，也需要进行特殊处理。选择其中材质较好的渔船进行加涂水泥层、钢筋加固、填石增重、两船或多船合并等措施后，应该能保证一定的有效期。

值得一提的是，在投放中也需加载一定量的石头，以保证旧船礁具有较好的稳定性。

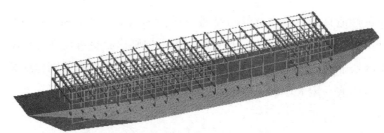

图 2-26　旧船礁改装模型

图 2-27　船礁

6. 圆孔刺参混合礁

圆孔刺参混合礁（图2-28）空隙多，有效利用空间大，由多种材料复合而成，适宜贝类、藻类、刺参、海胆、鲍等海珍品增殖，整个礁体为钢筋混凝土结构，正方体框架四周圆孔插入PVC，两侧面孔均为30 cm，规格为2 m×2 m×2 m，体积约为8空方。礁体顶面可粘贴碎石块或贝壳等，礁体棱角经倒圆角处理（R=3 cm）。

图2-28 圆孔刺参混合礁

7. 浮鱼礁

在浮鱼礁的设计上，以钢板为主要材料，综合考虑海水的腐蚀性、浮体重量、投放后的受力情况，确定钢板板厚（图2-29）。内腔的结构设计主要以配重为主，以保证浮鱼礁在投放后吃水500 mm，水面以上部分近似为1 500 mm。根据海表面波和流的综合作用情况，通过计算和校验，确定安全系数以及浮鱼礁底部的锚、链规格。为了防止钢板腐蚀造成浮体渗水，采用高效泡沫注塑，填充整个浮鱼礁，并在鱼礁顶部安置灯具和防水部件，作为鱼礁区航标；同时浮台上还可安装雷达、鱼探仪、海流和水温、盐度等环境监测设备。

图2-29 浮鱼礁模型

在人工鱼礁投放后，对于人工鱼礁区域的管理存在较多问题，尤其是在人工鱼礁建设项目的初期阶段。由于鱼礁投放对当地海域渔获量的提高有较大作用，部分渔民追求个人利益，擅自进入鱼礁区进行捕捞作业；同时，海上部分船只因为无法识别鱼礁区的具体位置误入鱼礁区，易引发海上事故。因此，对人工鱼礁区设置适当的海上标识物，对渔民及其他船只进行提醒和警告十分关键。人工浮鱼礁主要是以聚集、滞留、诱集水生生物为目的，在海面或海中设置的浮体式渔场设施。其中表层浮鱼礁浮体放置在海面上，用锚和铁链来、固定其位置。若对表层浮鱼礁进行特殊处理，如对浮体涂刷警告色、安装警示灯等，可以作为海上标识物，起到标识特殊区域的作用。

第五节　人工鱼礁投放

一、海域应具备的条件

人工鱼礁的选址工作非常重要，这关系到鱼礁投放以后发挥作用的大小、鱼礁的使用寿命、鱼礁对其他作业的影响等。在选址时应尽量以渔港为中心，充分发挥其流通、加工等相关产业的支撑作用，同时，要综合考虑鱼礁功能的发挥，人工鱼礁设置的位置最好位于鱼类洄游通道或其栖息场所。可以选择过去资源较好现已衰退的渔场，也可选择现在资源较好的水域，最终目的在于扩大作业渔场。

初步确定投放区域以后，必须对海区进行本底调查，主要是了解该海区生态环境和渔业资源状况。其主要内容包括：海区的渔业状况；天然鱼礁与已设置人工鱼礁的分布状况；海域的底质、潮流、波浪状况；鱼类、贝类、甲壳类的分布及其繁殖与移动状况；海域受污染的状况；本海区沿岸渔场利用的趋向。另外，由于鱼礁投放以后很难再移动，所以在开始建设前要进行科学规划和论证，工程实施宁可进程慢一些也要考虑周密些。应从自然条件和社会条件两个方面来探讨，具体包括以下几个方面：①投放海域的自然环境状况；②投放海域的渔业资源状况；③海域的底质、潮流、波浪状况；④鱼、贝类等及其繁殖与移动状况；⑤海域受污染状况；⑥地区沿岸渔场利用的趋向；⑦天然礁与已投放人工礁的分布状况；⑧海洋功能区的使用情况。

根据以上情况，鱼礁区应该具备以下几个必要条件：

（1）海区水质没有被污染而且将来不易受到污染。人工鱼礁往往投入较大，其作用的显现也需要比较长的时间，选择建造人工鱼礁的海区，应考虑在未来相当长时间内海区不会受到污染。

（2）建造人工鱼礁的海区，一般水深为 10~60 m，不超过 100 m。如果增殖对象是浅海水域的海珍品，应选择水深 10 m 以内的海区，而鱼类增殖礁则以水深 20 m 左右的海区为宜。

（3）海区的底质以较硬的海底为好，如坚固的石底、沙泥底质或有贝壳的混合海底。海底宽阔平坦，风浪小，饵料生物丰富的海区比较理想。

（4）除了以扩大天然渔场为目的，人工鱼礁应尽量远离天然鱼礁，与天然鱼礁之间的距离应在 0.5 n mile 以上。

（5）避开河口附近泥沙淤积海区、软泥海底及潮流或风浪过大的海区；流速不应超过 0.8 m/s。

（6）海区透明度良好，不浑浊。

（7）避免选择航道及海防设施附近作为人工鱼礁的设置海区。不与水利、海上开采、航道、港区、锚地、通航密集、倾废区、海底管线及其他海洋工程设施和国防用海等功能区划相冲突。

（8）人工鱼礁工程所投放海域符合国家和地方的海域（或水域）利用总体规划与渔业发展规划。

（9）确保鱼礁能保持较好的稳定性，投放后不发生洗掘、滑移、倾覆和埋没现象。

此外，在地形地貌和流态方面，人工鱼礁要求设置在海底突起部位，具有上升流的地方或投礁后容易形成上升流处。浅海增殖礁的环境条件，必须适于增殖对象的生存、生长和繁殖。为了提高人工鱼礁的效果，还需要结合放流、引种等其他增殖手段，才能获得明显的增殖效果。

二、选定海域进行本底调查

对拟投放人工鱼礁区在投放人工鱼礁之前，要根据人工鱼礁投放水域的基本要求，必须进行本底调查。调查项目、调查方法以及要求规定如下。

1. 海底底质调查

包括海底地形、淤泥厚度、粒度组成、流沙等调查，分析场地整体稳定性，确定底质承载力。调查方法和要求按《海洋调查规范第 8 部分：海洋地质地球物理调查》（GB/T 12763.8—2007）、《海洋调查规范第 10 部分：海底地形地貌调查》（GB/T 12763.10—2007）和《海洋调查规范第 11 部分：海洋工程调查》（GB/T 12763.11—2007）规定执行。

2. 水文状况调查

包括水深、海流、潮汐、波浪、水温、盐度、水团等调查。调查方法和要求按《海洋调查规范第 2 部分：海洋水文观测》（GB/T 12763.2—2007）规定执行。

3. 水质和海底沉积物调查

包括 DO、pH 值、营养盐（硝酸氮、氨氮、亚硝酸氮、无机磷等）、悬浮物、COD、BOD$_5$、叶绿素 a、初级生产力、有机磷、有机氯（包括甲基对硫磷、马拉硫磷、乐果）、六六六、滴滴涕、石油类、有机碳、硫化物、重金属（包括铜、铅、锌、镉、总汞）、底质的含水率、粒度组成等的调查。调查方法和要求按《海洋调查规范第 4 部分：海水化学要素调查》（GB/T 12763.4—2007）、《海洋监测规范第 4 部分：海水分析》（GB 17378.4—2007）和《海洋监测规范第 5 部分：沉积物分析》（GB 17378.5—2007）规定执行。

4. 生物条件调查

包括对象生物与其他生物的分布、洄游、行为、食性、繁殖习性等的调查。调查方法和要求按《海洋调查规范第 6 部分：海洋生物调查》（GB/T 12763.6—2007）规定执行。

5. 社会经济条件调查

包括渔业及相关规章制度、海域使用规划、海洋产业情况、渔业结构、对象生物的渔获量及变化趋势、国民经济情况等。

6. 气象水文历史资料的搜集

包括拟建人工鱼礁海域的台风、风暴潮等灾害性天气、潮汐、强波、台风浪、海流等情况。

7. 查阅有关地形、地貌等资料

（1）地形：选择海底地形坡度平缓或平坦的海域，对于 II 型、III 型鱼类的人工鱼礁渔场的边缘应与大型天然礁边缘的距离在 1 000 m 以上。

（2）水深：根据真光层深度、对象生物栖息的适宜深度等，确定鱼礁投放的水深（指低潮位下水深）。建议沿岸以增殖型为主的鱼礁投放水深为 2~30 m，其他类型鱼礁为 100 m 以浅，最好设置于 10~60 m。

（3）底质：对于设置于海底的鱼礁应选择较硬的、泥沙淤积少的底质，不要在淤泥较深的软泥底和流速大的细沙底水域设置，以保证人工鱼礁的稳定性和不淤性；对于浮鱼礁则对底质不作要求。

（4）水质：应符合《国家渔业水质标准》（GB 11607—1989）规定，并且沿岸浅海增养殖型鱼礁应符合《海水水质标准》（GB 3097—1997）规定中的第二类海水水质标准，资源保护型鱼礁、渔获型鱼礁、休闲生态型鱼礁应符合《海水水质标准》（GB 3097—1997）规定中的第一类海水水质标准。

（5）海底沉积物：海底沉积物应符合《海洋沉积物质量标准》（GB 18668—2002）

规定中第一类海洋沉积物质量标准。

（6）流速：一般以最大流速不能推动鱼礁以及鱼礁部件移动或倾倒为宜，可通过模拟试验或理论计算确定。

三、人工鱼礁礁体布置

1. 鱼礁建设规模

礁区的总体规模应根据海区范围、对象生物、水深、鱼礁密度和投资规模等因素综合考虑后确定。建议资源保护型鱼礁规模应大于3 000空方，对于增殖型鱼礁最小不应低于400空方。

2. 鱼礁配置

鱼礁配置应根据对象生物、水深、底形、海流等主要生态环境因素综合考虑后确定。

（1）单位鱼礁的配置：对于Ⅰ型和Ⅱ型鱼类，要求鱼礁内部结构复杂，配置时应以多个小型单体礁为主，按照一定排列方式组合配置，建议鱼礁投影面积与鱼礁设置范围面积比例为5%～10%；对于Ⅲ型鱼类，要求鱼礁有足够的高度，配置时应以中型或大型鱼礁组合配置为主，建议鱼礁高度为水深的1/10左右，礁体顶端到水面最低水位（潮位）距离应不妨碍船舶的航行。

（2）鱼礁群的配置：对于Ⅰ型和Ⅱ型鱼类，建议单位鱼礁的边缘间距不超过200 m；对于Ⅲ型鱼类可适当扩大单位鱼礁边缘间距。根据单位鱼礁对鱼群诱导机能的作用范围，人工鱼礁渔场中鱼礁群的边缘间距最大不应超过1 000 m。鱼礁群应与周围天然礁和已有鱼礁的间距保持在1 000 m以上。鱼礁群应配置于鱼类洄游路线上，礁群配置时可采用"五角"形与"Y"形等，以提高诱集效果。

（3）鱼礁带的配置：建议鱼礁群的间距按2 000 m以上配置，形成鱼礁带。

（4）人工鱼礁渔场的配置：人工鱼礁渔场的间距应为2 000 m以上（图2-30）。

（5）浮鱼礁：在深远海以中上层鱼类为主要诱集对象的鱼礁。有敷设于海表面，也有敷设于中层，根据鱼类特点而设置，一般敷设于中层的鱼礁不受波浪影响，能较好地保护鱼礁设施。图2-31为几种浮鱼礁的形式。

2. 人工鱼礁的投放

（1）鱼礁投放时间：投放人工鱼礁的最佳季节应是夏季的伏休期，因为此时在船只和人员的征用以及宣传工作的开展等方面都具有一定的优势，特别是这段时间（除台风天外）是一年中风浪最小的季节，有利于保证操作安全和施工精度。为了进一步提高施工的安全系数，还应尽量选择小潮和平潮时施工。

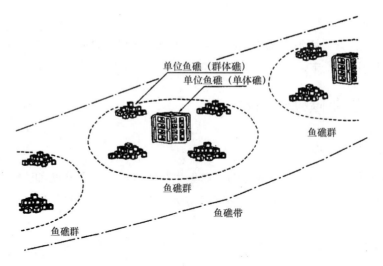

图 2-30　鱼礁带渔场的配置

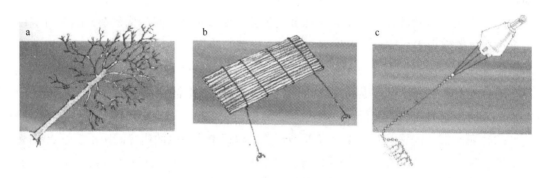

图 2-31　浮人工鱼礁的种类
a. 树木；b. 浮竹筏；c. 浮筒形礁

　　（2）鱼礁投放方式：鱼礁布设主要呈矩阵式分布，礁体间的距离确定为礁体高度的 5~15 倍，例如：2 m 高的"十"字礁礁体间的距离为 10~30 m。而对于 1.5 m 高的方形礁，采用无规则的自然堆状分布。各个礁群针对不同位置和方向上的流速情况，采用不同的组合方式，可以充分发挥各类礁体的优势和不同礁群组合的作用。

　　在礁群设置的方向上，基本与海流方向呈交叉，由于较多鱼类和水生生物喜栖息于涡流中的缓和区，这种交叉设置方式能阻碍潮流运动而产生特殊的涡流流场，造成浮游生物、甲壳类生物及鱼类的物理性聚集。

　　如前所述，在投放方式的选择上，由于水深较浅，投放主要通过铁链和自行设计的自动脱钩装置将单一钢筋混凝土礁链接沉放，直至海底。对旧船礁的投放，则主要采用双船链接沉放法。

154

（3）鱼礁投放的施工规程：具体的投放方法（图2-32）如下：①使用GPS卫星定位仪，可直接测定人工鱼礁的中心点的坐标来指挥起重船安放人工鱼礁，定位精度在1 m以内。可以控制人工鱼礁的平面精度在3 m以内。②粗定位。船舶到达现场后在施工范围内先进行锚泊，使用定位仪，小艇配合，在定点投放锚，系上浮标，基本圈定投放范围。③每一投放点，在施工图上标示经纬度进行精确定位。④为了加快投放速度，避免潜水员水下解钩的烦琐操作，可以在陆地装驳时安装自动解钩装置，提高投放速度。⑤安放鱼礁，按图纸设计要求逐个定位投放，起锚时先起锚头，避免锚缆扫到已安放好的人工鱼礁。⑥要注意安全措施，慢起轻放，严防人工礁体碰撞，六级以上风力停止作业，严格按照拖轮作业技术要求，确保航行安全。

为保证投放相对准确应做到以下3点：一是利用好GPS定位系统，将礁体投放到预定地点，同时要考虑"仪器"误差；二是尽量选择在风浪较小和平流时投放，以避免投礁船和礁体移位；三是工作要认真，不能见到浮标就投标，一定要把浮标绳提到与水面垂直的位置再投放。礁体投放后要潜水检查，发现有倾斜、倒置、移位等情况要及时调整处理。

图2-32 鱼礁投放

（4）礁区标志设置：为了船只航行、渔船作业及人工鱼礁礁体安全，人工鱼礁区域应安装专用航标。应采用国际上通用的海上航标，至少在鱼礁群区四角各安装1只灯标，使所有人工鱼礁在4只灯标构成的四边形之内。礁区航标数随区域面积增大而增多，一般要求设置6~8个。

3. 人工鱼礁建设的注意事项

(1) 礁体设计和制造中应注意的问题

①保证鱼礁不移位或损坏：礁体设计和材料选用都应重点考虑区域性的海洋条件，尤其是对台风时波浪和海流的巨大作用力加以重视，以免设计制造出的礁体在投放后几个月甚至更短时间内就出现滑移消失或者翻滚损坏。

②尽量减轻对环境水体的影响：对于投放在海中的废旧船礁等，由于废旧渔船的机舱油污和船体油漆的可溶性，有毒物质可能清理得不够干净，因而会对水域环境造成污染。因此，在改造废旧渔船制作人工鱼礁前应将船上的柴油机等设备拆卸掉，清除机舱内的含油污水并对污水进行处理，尽量减少可能对环境造成的危害。

(2) 投放施工中应注意的问题

①要选定合适的礁区位置：有些鱼礁投放后不到一年就被淤泥掩埋一半甚至被淹没而失效，因此鱼礁工程的选址要综合考虑到水体泥沙含量和海底淤积速度，要尽量保证大多数人工鱼礁的有效期达 20 年以上。若投礁选址位置不当，如投放点距离主航道太近，当礁体被沉放入海底以后，由于受到台风海况下波浪和海流的巨大作用力，会逐渐移位甚至散落在航道上，影响船舶正常航行，后果不堪设想。

②要避免工程事故风险：海洋工程均存在作业事故风险问题。人工鱼礁工程实施过程中可能发生的工程事故类型很多，比如未按预定地点投放（有些情况必须返工），投放后造成交通事故，还有在投放鱼礁过程中出现安全责任事故等。所以，人工鱼礁建设的主管部门应严肃认真地进行规划和部署，处理得当，管理严格，避免工程事故的发生。

(3) 后期管理中可能出现的问题

人工鱼礁有十分明显的集鱼效果，有些鱼礁投放几个星期甚至几天后就能诱集到大量鱼类在礁体周围，这就方便了捕鱼者的集中捕捞，更有不法分子用大型围网把小型礁体包围起来，然后采用各种手段进行灭绝性抓捕。如果这样人工鱼礁就完全失去了原有的意义，不但未能起到保护海洋生态环境和渔业资源的作用，反而却为破坏资源的行为创造了条件。要加以防范和打击，还有赖于相关管理部门采取积极有效的措施。

四、人工鱼礁的维护与管理

1. 人工鱼礁的维护

(1) 定期检查礁体构件连接和整体稳定性情况，对于发生倾覆、破损、埋没、逸散的鱼礁，应采取补救和修复措施以保证鱼礁功能的正常发挥。

(2) 定期检查礁体，对于礁体表面缠挂的网具（特别是流刺网和笼具等）、有害附着生物以及其他有害入侵生物应采取措施及时清除，以保证对象生物的良好栖息环境。

（3）定期监测礁区的水质，收集礁区内对海域环境有危害的垃圾废弃物。

（4）建立鱼礁档案，对鱼礁的设计、建造、使用过程中出现的问题及时进行详细记录。

2. 人工鱼礁的管理

（1）制定人工鱼礁管理规章：对不同性质、不同投资主体的鱼礁应采用不同的管理方式，制定相应的管理规定。政府投资建设的人工鱼礁，应由县级以上渔业行政主管部门制定行政管理办法，交由渔政管理部门组织实施；由企业投资参与建设的人工鱼礁，应由县级以上渔业行政主管部门与特定企业共同制定相关管理规定。

（2）科学增殖放流：根据鱼礁区物理化学环境、饵料生物环境和主要对象生物特征估算鱼礁区的生态容量，确定增殖放流量。在资源增殖型、渔获型和休闲生态型鱼礁附近适当放流增殖对象生物，以加速形成人工鱼礁渔场；在资源保护型鱼礁附近放流趋礁性和周期性到鱼礁产卵、索饵的经济种类，以恢复鱼礁区海域生产力。

（3）制定合理采捕方式：根据鱼礁类型和对象生物特点，选择和制定生产安全、环境友好、科学合理的采捕方式（如控制鱼体大小的选择性垂钓等），严禁滥捕或一锅端式捕捞，尽快制定人工鱼礁渔场鱼类采捕国家标准。

第三章　贝藻类养殖设施工程技术

贝类属软体动物，是无脊椎动物中外形变化较大、种类繁多的一大门，体柔软，不分节，由头部、足部和内脏囊（躯干部）3 部分组成；是指三胚层、两侧对称，具有真体腔的动物。贝类因具有石灰质贝壳，故名，包括单板纲、无板纲、多板纲、腹足纲、掘足纲、双壳纲和头足纲 7 个纲（约 10 万余种）；海洋、内陆水域和陆地均有分布，是具有食用和其他用途的重要经济动物。藻类是原生生物界一类真核生物（有些也为原核生物，如蓝藻门的藻类）；主要为水生，无维管束，能进行光合作用；体型大小各异，小至长 1 μm 的单细胞鞭毛藻，大至长达 60 m 的大型褐藻。所谓藻类是指含有光合色素、营自养生活、无维管束、没有根茎叶分化的孢子植物类群。藻类生物已经生存了几十亿年，对于开创有氧世界、保持环境生命支撑系统的平衡协调和良性发展起着非常重要的作用，人类对藻类的认识和研究只有几百年历史，中国对藻类的研究起步还要晚一些。在养殖技术领域，人们通常将贝类和藻类统称为贝藻类。由于地域性、习惯性以及不同养成阶段而采用不同的设施，因此，研发、应用或选择合理的增养殖设施工程技术是确保贝藻类养殖成功的关键。本章主要介绍贝藻类养殖设施工程用绳网技术、贝类养殖设施工程技术和藻类养殖设施工程技术等贝藻类养殖设施工程技术内容，为贝藻类产业健康发展和现代化建设提供参考。

第一节　贝藻类养殖设施工程用绳网技术

绳网技术的发展提高了贝藻类养殖设施的安全性和抗风浪性能，助力了贝藻类产业的可持续健康发展。贝藻类养殖设施用海带夹苗绳、紫菜养殖网帘、浮筏主缆绳、桩绳、橛缆、浮绠和养鲍塑胶渔排等都离不开绳网技术。本节简要介绍贝藻类养殖设施工程用绳网技术，供读者参考。

一、贝藻类养殖设施工程用绳索技术

由若干根绳纱（或绳股）捻合或编织而成的、直径大于 4 mm 的有芯或无芯制品统称为绳索。绳索是重要的贝藻类养殖设施工程材料，贝藻类养殖设施工程离不开绳

索。因功能、习惯、地域或使用部位等的不同，在贝藻类养殖设施工程上习惯将绳索称为"纲""纲索""纲绳""网纲""桩绳""橛缆""浮缏""夹苗绳""主缆绳""扇贝穿耳绳"和"（扇贝笼）吊绳"等（图3-1和图3-2）。在贝藻类养殖设施工程中绳索主要用于制作桩绳、网纲、附着基、绑扎绳、浮筏连接绳、锚泊系统绳和养殖作业船系泊绳等。贝藻类养殖设施工程用绳索应具备一定的粗度，足够的强力，适当的伸长，良好的弹性、柔挺性、结构稳定性、耐磨性、耐腐性和抗冲击性等基本力学性能。当绳索用作孢子附着基时，绳索应具有起（茸）毛的表面、较低的绳股捻度等特点等。贝藻类锚泊系统绳索以纯纺绳为主。所谓纯纺绳即由一种纤维或组分不变的高聚物制成的绳，如乙纶绳、丙纶绳、锦纶绳和涤纶绳等（贝藻类养殖设施工程用绳索中用量最大的绳索为乙纶绳）。由不同材料按一定的数量比例混合制成的绳索称为混合绳，如以乙纶单丝与维纶纤维制作的聚乙烯-聚乙烯醇纤维混合绳（简称PE-PVA混合绳）等。贝藻类锚泊系统用混合绳一般是用植物纤维或合成纤维与钢丝混合制成；其中，以钢丝绳为绳芯，外围包有植物纤维或合成纤维绳股的复捻绳称为包芯绳；以钢丝绳为股芯，外层包以植物纤维或合成纤维绳纱捻制而成的三股、四股或六股复捻绳称为夹芯绳。除上述普通合成纤维绳索外，随着科学技术的进步，世界上出现了许多合成纤维绳索新品种，如超高分子量聚乙烯（UHMWPE）纤维绳索、熔纺超高强单丝绳索（该绳索由东海水产研究所石建高研究员团队联合美标高

图3-1 绳索在贝类养殖设施工程上的应用

分子纤维有限公司等单位联合开发）和中高分子量聚乙烯绳索（简称 MMWPE 绳索，该绳索由东海水产研究所石建高研究员团队联合美标高分子纤维有限公司等单位联合开发）等。

图 3-2　绳索在藻类养殖设施工程上的应用

（一）贝藻类养殖设施工程用绳索工艺简介

绳索理论设计和工艺计算与合成纤维绳索的性能关系密切，绳索生产前，人们可以按照预定的目标要求进行绳索理论设计和工艺计算，然后再按制绳工序组织生产。绳索理论设计包括绳索结构设计、绳索工艺设计、绳索原材料设计等。绳索工艺计算一般包括制绳机捻度变换齿轮的计算、制绳机转速计算、绳索结构参数计算和产量计算等。在整个理论设计和工艺计算过程中要考虑技术经济比、性能价格比和环境保护等问题。通过绳索理论设计和工艺计算，按照预定的目标要求确定绳纱用丝根数、绳纱粗度、绳纱捻向、绳纱捻度、绳股用纱根数、绳股粗度、绳股根数、绳股捻向、绳股捻度、绳索捻向及绳索捻距等结构参数。制绳生产操作工序通常包括准备工作、调换绳股筒子、绳股接头、生头、调换捻度变换齿轮和规格控制器、张力调节、卸绳与扎绳、包装和入库等。合成纤维捻绳的生产工艺因制绳机的不同而略有区别，现以三股聚乙烯单丝（PE 单丝）捻绳为例，将其工艺流程作简要介绍。

采用主、辅联合绳机加工三股 PE 单丝捻绳的生产工艺流程为：

PE 单丝→绳纱→绳股→绳索→检验→包装→入库

采用制股、制绳分离式绳机，加工三股 PE 单丝捻绳的生产工艺流程为：

$$
\left.\begin{array}{l}
\text{PE 单丝→绳纱→绳股} \\
\text{绳股→绳索}
\end{array}\right\} \text{→检验→包装→入库}
$$

由上述合成纤维捻绳工艺流程可知，加工捻绳过程中的首道工序是制绳纱，目前制绳纱的工序大致有两种形式：一种是采用单丝捻制绳纱；另一种是采用盘头丝束捻制绳纱。单丝制成的绳纱与盘头丝束制成的绳纱相比抱合力好，所以前者的强力大于后者，但是为提高生产效率，减少分丝工作量，企业大多采用盘头丝束制绳纱的方法。由上述合成纤维捻绳工艺流程可知，捻绳加工过程中的第二道工序一般是制绳股，目前制绳股的工序大致有两种：一种是将若干根绳纱集束加捻为一股；另一种是将若干组盘头丝束加捻为一段。第一种方法制得的绳股外观密致，很少有背股现象，股强力较高，制成的合股捻绳耐磨；而第二种绳股，外观较松软，易产生背股，其强力则相对较低，耐磨性能也相对较差，但制成的捻绳手感较软。捻度是合成纤维捻绳制造过程中极为重要的生产工艺参数，不同的外捻度、不同的内外捻度比（也称捻比），都影响着捻绳的外观、手感、断裂强力和使用效果。由于绳索的应用范围较为广泛，不同的使用场合对捻度有着不同的要求，如海带、裙带菜、羊栖菜和龙须菜等藻类夹苗绳的捻度不宜过大，以方便工人夹苗操作。不同的地区、不同的使用习惯对捻度的要求也不相同。因此，捻绳的捻度应以客户要求为主，若客户无特殊要求，则捻度应确保加工后的捻绳柔挺适中、断裂强力较高。在选择合理的外捻度的同时，还需考虑捻比。除非有特殊要求，捻绳的捻比一般可控制为 1.5：1～1.2：1，在实际生产中可根据绳索规格和用户需要等进行调整。合成纤维编织绳索（也称合成纤维编织绳）的加工工艺与合成纤维捻绳基本相同，现以 PE 单丝编织绳为例，将其工艺流程作简要介绍。采用编织机加工 PE 单丝编织绳的生产工艺流程为：

PE 单丝→绳纱→绕管→编织→卷取→成绞→检验→包装→入库

根据编织绳生产的特点，制绳用原料可以用经加捻后的合股线作为绳纱，也可直接用丝来作为绳纱。为便于贝藻类技术领域的读者理解上述术语，编者在这里作简单说明。所谓绕管就是将 PE 单丝等制绳用基体纤维按工艺结构要求，在绕管机上绕于编织筒管；所谓编织就是按工艺设计要求，搭配好花节长度和卷取齿轮，并设定好穿插形式，开机编织；如有定长装置还需设定好定长仪；若需填芯，则在开机前将填芯材料从编织机下部的中央孔内引入，并穿过编织导纱孔。所谓卷取就是将编织成型的编织绳引出，并缠绕于卷取辊上，如卷取轴上可安装筒管，则可绕于卷取筒管上。所谓成绞包装就是对于无卷取筒管的机台，编织好的编织绳一般是自由地落于包装箱中，还需根据使用要求再进行成绞，包装后入库。合成纤维八股编绞绳的加工工艺与合成纤维编织绳基本相同，现以八股聚丙烯单丝（PP 单丝）编绞绳为例，将其工艺流程作简要介绍。采用八股编绞绳机加工八股 PP 单丝编绞绳生产工艺流程为：

PP 单丝→合股丝束→加工不同捻向绳纱→加工不同捻向（Z 捻和 S 捻）绳股→4 根不同捻向绳股成对交叉编制绳索→检验→包装→入库

八股编绞绳的绳股在绳索轴向每一捻回的距离为捻距（节距）。八股编绞绳的制股机（辅机），其结构原理与一般三股绳辅机相同。每台主机配置辅机两台，分别捻制 Z 捻与 S 捻绳股。八股编绞绳机在 4 个拨盘上配置 8 个绳股锭子，在每个拨盘上置有控制棘爪的凸轮。八股编绞绳机运转时，使 Z 捻绳股锭子作 S 向捻合；使 S 捻绳股锭子作 Z 向捻合。拨盘的运转，使两对 Z 捻与两对 S 捻绳股交错"压"与"被压"。拨盘每回转 2 周，则绳股完成一个捻回，绳索完成一个完整的编绞。和三股绳机一样，八股编绞绳机也需有"定向机构"，使绳股在编绞过程中保持捻度不变。合成纤维绳索制造过程中，制绳工艺与操作技术对绳索的性能（如外观、手感、断裂强力和使用效果等）有着密切的关系，其工艺技术既可参见专业文献（如《渔具材料与工艺学》《渔业装备与工程用合成纤维绳索》和《绳网技术学》），也可咨询绳网材料专业研究团队（如东海水产研究所石建高研究员团队）等。

（二）贝藻类养殖设施工程用绳索特征

贝藻类养殖设施工程用合成纤维绳索品种很多，几种主要类型三股捻绳的线密度如表 3-1 所示，几种绳索在水中质量与空气中质量百分比如表 3-2 所示。

表 3-1　几种主要类型三股捻绳的线密度[1]

公称直径[2] （mm）	线密度[3,4]					允许偏差 （%）
	M 绳索[5] （ktex）	PA 绳索[6] （ktex）	PE 绳索[7] （ktex）	PET 绳索[8] （ktex）	PP 绳索[9] （ktex）	
4	—	9.87	8.02	12.1	7.23	±10
4.5	14.0	12.5	10.1	15.3	9.15	
5	17.3	15.4	12.5	19.0	11.3	
6	24.9	22.2	18.0	27.3	16.3	
8	44.4	39.5	32.1	48.5	28.9	
9	56.1	50.0	40.6	61.4	36.6	
10	69.3	61.7	50.1	75.8	45.2	±8
12	99.8	88.8	72.1	109	65.1	
14	136	121	98.2	149	88.6	

续表

公称直径[2]（mm）	线密度[3,4]					
	M 绳索[5]（ktex）	PA 绳索[6]（ktex）	PE 绳索[7]（ktex）	PET 绳索[8]（ktex）	PP 绳索[9]（ktex）	允许偏差（%）
16	177	158	128	194	116	
18	225	200	162	246	146	
20	277	247	200	303	181	
22	335	299	242	367	219	
24	399	355	289	437	260	
26	468	417	339	512	306	
28	543	484	393	594	354	
30	624	555	451	682	407	
32	710	632	513	776	463	
36	898	800	649	982	586	
40	1 110	987	802	1 210	723	±5
44	1 340	1 190	970	1 470	875	
48	1 600	1 420	1 150	1 750	1 040	
52	1 870	1 670	1 350	2 050	1 220	
56	2 170	1 930	1 570	2 380	1 420	
60	2 490	2 220	1 800	2 730	1 630	
64	2 840	2 530	2 050	3 100	1 850	
72	3 590	3 200	2 600	3 930	2 340	
80	4 440	3 950	3 210	4 850	2 890	
88	5 370	4 780	3 880	5 870	3 500	
96	6 390	5 690	4 620	6 990	4 170	

注：1. 表中数据取自 ISO1969、ISO1346、ISO1140、ISO1141、ISO1181 中的三股绳索；2. 公称直径相当于以毫米表示的近似直径；3. 线密度（以 ktex 为单位）相当于单位长度绳索的净重量，以每米克数或每千米千克数来表示；4. 线密度在 ISO 2307 规定的参考张力下测量；5. 三股 M 绳索指三股马尼拉绳索；6. 三股 PA 绳索指三股聚酰胺绳索；7. 三股 PE 绳索指三股聚乙烯绳索；8. 三股 PET 绳索指三股聚酯绳索；9. 三股 PP 绳索指三股聚丙烯绳索。

表 3-2　几种绳索在水中质量与空气中质量百分比

绳索基体材料	绳索在水中质量与空气中质量百分比（%）	
	淡水	海水
PP	−8.7	−12.0
PA	12.3	9.7
PET	27.3	25.4
钢丝	87.3	86.9

在直径相同的前提下，由于制绳用纤维、绳索结构等不同，绳索断裂强力也存在差异。目前，PA 捻绳、PET 捻绳、PP 捻绳和 PE 捻绳等绳索的技术特性可参见相关国际标准或国家标准。图 3-3 为三股捻绳直径与断裂强力之间的关系曲线。从图 3-3 中可以看出，不同材料的捻绳，在直径相同的情况下，其断裂强力相差很大。PA 捻绳的断裂强力最高，其余顺次为 PET 捻绳、PP 捻绳、PE 捻绳，而 M2 捻绳为最低。合成纤维捻绳的断裂强力大大优于植物纤维捻绳（MSP 捻绳、M1 捻绳、M2 捻绳分别指 SP 级品马尼拉捻绳、1 级品马尼拉捻绳、2 级品马尼拉捻绳）。

在贝藻类养殖设施工程中，人们在选用绳索时，既要关注直径与断裂强力之间的关系，又要关注绳索单位长度的质量，以平衡绳索性能与成本之间的关系，三股捻绳单位长度的质量与断裂强力之间的关系曲线如图 3-4 所示。有关在贝藻类养殖设施工程用绳索材料的规格筛选、优化设计、检验测试和质量评判等，读者可咨询国内专业研究团队（如东海水产研究所石建高研究员团队）。

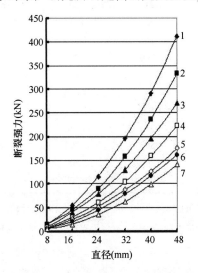

图 3-3　三股捻绳直径与断裂强力
　　　　之间的关系曲线

1. PA 捻绳；2. PET 捻绳；3. PP 捻绳；4. PE
捻绳；5. MSP 捻绳；6 . M1 捻绳；7 . M2 捻绳

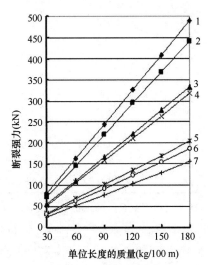

图 3-4　三股捻绳单位长度的质量与断裂强力
　　　　之间的关系曲线

1. PA 捻绳；2. PET 捻绳；3. PP 捻绳；4. PE
捻绳；5. MSP 捻绳；6 . M1 捻绳；7 . M2 捻绳

（三）贝藻类养殖设施工程用绳索材料简介

下面仅对当前贝藻类养殖设施工程用绳索材料进行简要介绍，供读者参考。

1. 聚乙烯绳索

聚乙烯树脂产量大、品种繁多。根据国际通行标准，聚乙烯通常可以缩写为 PE。以生产工艺、树脂结构和特性进行分类，聚乙烯树脂习惯上主要分为高压低密度聚乙烯

（HP-LDPE）、高密度聚乙烯（HDPE）和线性低密度聚乙烯（LLDPE）三大类（除普通聚乙烯树脂外，近年来还出现了高分子量聚乙烯树脂新材料）。高密度聚乙烯相对分子质量较高、支链少、密度大、结晶度高、质坚韧、机械强度高，可制作合成纤维、水产养殖网箱浮管和海参养殖笼，等等。聚乙烯绳索（也称 PE 绳索、PE 绳、乙纶绳索和乙纶绳）主要由 PE 单丝制成（图 3-5a）。PE 单丝是以 HDPE 为原料采用常规熔融纺丝法生产的合成纤维，在我国的商品名为乙纶，其直径范围一般为 0.15~0.40 mm。聚乙烯绳索以其良好的抗拉伸强度、抗冲击性、柔挺性以及比重小、滤水性强、表面光滑等良好的渔用性能，成为贝藻类养殖设施工程用主要绳索材料，广泛应用于桩绳、藻类夹苗绳、扇贝笼吊绳和紫菜养殖网帘用网纲等。聚乙烯工业化已有 70 多年的历史。PE 单丝具有密度小、耐磨性好、耐酸碱性良好和耐光性差等特点。低牵伸的 PE 单丝，在连续和长时间载荷作用下会发生蠕变。在达到断裂试验的最大载荷以后，并在实际断裂以前聚乙烯试样可以继续伸长，而此时张力已下降，在这种情况下，断裂载荷不等于最大载荷，而是远小于最大载荷。因此，用于贝藻类养殖设施工程用绳索的 PE 单丝需经高倍牵伸，以减少 PE 绳索的蠕变；同时在纺丝原料中添加防改性剂，以提高绳索材料的耐老化性、耐磨性和试验寿命。在现代农业产业体系专项资金（编号：CARS-50）、泰山英才领军人才项目"石墨烯复合改性绳索网具新材料的研发与产业化"、湛江市海洋经济创新发展示范市建设项目"抗强台风深远海网箱智能养殖系统研发及产业化"（湛海创 2017C6A、湛海创 2017C6B3）和国家支撑项目（2013BAD13B02）等项目的支持和帮助下，石建高研究员及其所在项目组正开展绳网新材料的研发与产业化应用，以推动我国贝藻类养殖设施工程用绳索新材料的技术升级。PE 绳索的技术特性见《渔用绳索通用技术要求》（GB/T 18674—2018）和《Ropes-Polyethylene-3-and 4-strand ropes》（ISO 1969）等相关标准。

2. 聚丙烯绳索

根据高分子链立体结构的不同，聚丙烯树脂分为 3 个品种：等规聚丙烯（IPP）、间规聚丙烯（SPP）和无规聚丙烯（APP）。根据国际通行标准，聚丙烯通常可以缩写为 PP。PP 纤维是以丙烯聚合得到的等规聚丙烯为原料纺制而成的合成纤维，在我国的商品名为丙纶。1957 年由意大利 Montecatini 公司首先实现等规聚丙烯工业化生产，1958—1960 年该公司又将聚丙烯用于纤维生产。聚丙烯绳索（也称 PP 绳索、PP 绳、丙纶绳索和丙纶绳）由 PP 纤维制成（图 3-5b），它在贝藻类养殖设施工程领域主要用于锚绳、绑扎连接绳等。PP 纤维形态主要有复丝、单丝、短纤维和裂膜纤维等几种。PP 纤维具有密度小、强度较高、耐磨性较好、耐热性较差、耐光性较差和染色性较差等特点。PP 纤维是制造绳缆、渔网和扎带等的理想材料。PP 复丝的外观与 PA 复丝、PET 复丝非常相似，其粗度为 0.22~1.67 tex。PP 单丝直径一般为 0.15~0.40 mm，其短纤维类似于马尼拉麻、西沙尔麻等植物硬纤维。PP 裂膜纤维是经高倍牵伸的薄膜带，其伸长度较小，甚至比 PP 复丝还低；另外，PP 裂膜纤维柔挺性好，制绳索时仅需较少加捻，制造工艺较为简单，比其他几种形态的纤维制绳索价格相对较低；制造绳纱的 PP 薄膜带宽度为 20~40 mm。在现代农业产业体系专项资金（编号：CARS-50）等项目的支持和帮助下，石建高研究员正联合鲁普耐特开展不同捻度下的 PP 绳索性能研究，为贝藻类养殖设施工程用绳索的优化设计等提供参考。PP 绳索的技术特性参见《纤维绳索　聚丙烯裂膜、单丝、复丝（PP2）和高强复丝（PP3）3、4、8、12 股绳索》（GB/T 8050—2017）和《Fibre ropes – Polypropylene split film, monofilament and multifilament（PP2）and polypropylene high-tenacity multifilament（PP3）– 3-, 4-, 8- and 12-strand ropes》ISO 1346 等相关标准。

图 3-5　几种合成纤维绳索

a. PE 绳；b. PP 绳；c. PET 绳；d. PA 绳；e. PE-PVA 绳

3. 聚酯绳索

聚酯纤维是大分子链节通过酯基相连的成纤高聚物纺制而成的纤维。我国将聚对苯二甲酸乙二酯组分大于 85% 的合成纤维称为聚酯纤维，商品名为涤纶。1941 年，Whinfield 和 Dickson 用对苯二甲酸二甲酯（DMT）和乙二醇（EG）合成了聚对苯二甲酸乙二酯（PET），1949 年率先在英国实现工业化生产，1953 年，美国首先建厂生产聚酯纤维。聚酯绳索（也称涤纶绳索、涤纶绳和 PET 绳索）由 PET 纤维制成。由于 PET 纤维性能优良，目前已成为合成纤维中产量最大的品种。普通 PET 纤维具有密度较大、强度较高、弹性较好、耐热性良好、耐光性能良好、吸湿性差和染色性差等特点。根据

PET 纤维的主要缺点，人们已研制出改性 PET 纤维，如亲水性 PET 纤维、易染色 PET 纤维，预计改性 PET 纤维的应用将成为贝藻类养殖设施工程的研究热点之一。近年来，东海水产研究所石建高研究员团队与宁波百厚网具制造有限公司、三沙美济渔业有限公司等合作，在国内率先开展了特种复合聚酯单丝线绳的研发，并成功应用于贝藻类养殖设施工程用绳索的加工制作（包括贝类养殖用主缆绳、藻类养殖筏绳等），引领了我国增养殖设施绳索产品的技术升级，其产品应用前景非常广阔。PET 绳索用纤维一般为复丝形态（图 3-5c）。PET 纤维外形和粗度与 PA 复丝很相似，但两者在其他性能上有所区别，PET 复丝的断裂强力略比 PA 复丝低，伸长比 PA 复丝小，一般 PET 复丝粗度约 0.6 tex，甚至比 PA 复丝更细。PET 绳索的技术特性参见《纤维绳索　聚酯　3 股、4 股、8 股和 12 股绳索》（GB/T 11787—2017）（第一起草人：东海水产研究所石建高研究员）和《Fibre ropes – Polyester – 3-，4-，8- and 12-strand ropes》（ISO 1141）等相关标准。在贝藻类养殖设施工程中，PET 绳索因价廉物美而逐步得到推广应用。

4. 聚酰胺绳索

聚酰胺俗称尼龙（Nylon），在中国用作纤维时称为锦纶。聚酰胺绳索（也称尼龙绳索、尼龙绳、PA 绳索、锦纶绳索和锦纶绳，图 3-5d）由 PA 纤维制成。根据国际通行标准，聚酰胺通常可以缩写为 PA，其品种包括锦纶 6、锦纶 66 和锦纶 666 等。聚酰胺是合成纤维发展史上首先工业化的品种，聚酰胺的发明和发展推动了整个高分子科学和高分子工程的发展，具有划时代的意义。1931 年，杜邦公司首次发明了 PA66，并于 1939 年开始工业化生产。由于 PA6 纤维的生产技术较易掌握，流程较短，生产成本较 PA66 纤维低，因此，近年来 PA6 纤维的发展速度超过 PA66 纤维，PA6 纤维在渔业等领域应用较广。PA 纤维具有强度和耐磨性好、弹性高和耐光性差等特点。在国外，目前渔用 PA 纤维品种除 PA6 纤维和 PA66 纤维外，还有少量芳香族聚酰胺纤维（在渔业上使用的主要品种为高强高模纤维聚对苯二甲酰对苯二胺，商品名为 Kevlar）等。制绳用 PA 纤维形态有复丝、单丝两种，且 PA 复丝最为普遍，PA 复丝的粗度为 0.66～2.22 tex。用 0.66 tex 很细的纤维制成的绳索较软，有较好的可绕性。用 2.22 tex 粗纤维制成的绳索则具有较高的断裂强力。一根绳索中纤维数量随着每根纤维的粗度变化而变化。由 PA 单丝制成的绳索，其单丝直径为 0.10～5 mm 或更粗些；这些单丝通常是圆形横截面，细的单丝可作为一根单纱，而粗的单丝可直接作为绳纱加捻成股；由 PA 单丝制成的 8 股编绳可用于贝藻类养殖设施工程用绳索（如浮筏用主缆绳、扇贝笼用吊绳等）。PA 绳索的技术特性参见《渔用绳索通用技术要求》（GB/T 18674—2018）、《聚酰胺绳》（SC/T 5011—2014）（第一起草人：东海水产研究所石建高研究员）和《Fibre ropes – Polyamide – 3-，4-，8- and 12-strand ropes》（ISO 1140）等相关标准。

5. 聚乙烯-聚乙烯醇绳索

聚乙烯醇俗称维纶或维尼纶。维纶是我国聚乙烯醇纤维（也称 PVA 纤维）的商品名。维纶是制作绳索的材料之一，其在绳索上的用量明显小于乙纶、锦纶和涤纶。PVA 纤维形态主要包括长丝、短纤维，制成绳索后其表面有茸毛，绳索打结不易松动和滑脱；20 世纪 80 年代初期我国开始使用 PE 单丝和维纶牵切纱混合制作绳网，主要用于藻类养殖用网帘（如紫菜养殖网、网纲或孢子附着基等）。普通 PVA 纤维具有下列主要特性：①密度为 1.21~1.30 g/cm^3；②较柔软，易染色；制成的网具（如网帘等）需进行油染处理以提高绳网硬度；染色时有明显收缩（约 10%）；③吸湿性比其他合成纤维都大；其标准回潮率为 5%；完全浸水后吸水量可达 30%，这对网具的使用和操作有一定的影响；耐光性能良好，在日光下长期暴晒，强度几乎不降低；耐磨性比棉高 4 倍；④在干态下有较高的强度，其强度一般为 2.6~5.3 cN/dtex，最高可达 5.3~7.1 cN/dtex，但在湿态下，强度要降低 15%~20%，伸长度增加 20%~40%，打结后强度将损失 40% 以上；⑤耐热性差；热缩性和缩水性都较大，干温下比湿温下有较小的收缩和较高的耐温性；经过热处理要收缩 9% 左右，再经油染又收缩 4%，下水后还要收缩 2%，总共收缩近 15%。因此，用 PVA 制造网具时必须考虑这一特性。虽然 PVA 纤维价格较低，但 PVA 纤维很少单独制作绳索，一般把它和其他纤维混合制成混合绳索［如 PE-PVA 绳索（也称乙纶-维纶绳）等，图 3-5e］。PE-PVA 绳索集 PE 单丝与 PVA 纤维的优点于一体，使其更适合贝藻类养殖生产要求。由于 PVA 纤维表面粗糙，PE 单丝较光滑柔挺，两者混合制成的 PE-PVA 绳索既兼有两者的优点，同时又克服了 PE 绳索表面光滑、不易与网衣缝扎的缺点，PE-PVA 绳索既用于制作藻类养殖设施绳，又可用于制作底层鲤鱼延绳钓干线或刺网浮子纲等。PE-PVA 绳索目前尚无国家标准或行业标准，这严重影响了藻类产业的健康发展，建议尽快立项制定相关国家标准或行业标准。

6. 中高分子量聚乙烯单丝绳索

中高分子量聚乙烯（简称 MMWPE 或 MHMWPE）单丝是一种具有优良综合性能的新材料，其分子量约为 80×10^4，高于目前渔业中应用最普遍的 HDPE 材料（分子量为 10×10^4~50×10^4），又远低于 UHMWPE 材料（分子量大于 150×10^4），该材料由石建高研究员团队联合美标高分子材料有限公司等单位创新开发。与 UHMWPE 相比较，MMWPE 材料因熔体黏度低，可采用特种工艺进行熔融纺丝，生产成本相对较低，而 MMWPE 由于高结晶度、高取向度，其强度、模量均高于 HDPE。采用特种纺丝技术开发 MMWPE 单丝新材料具有可行性。具有高强高模性能的 MMWPE 单丝新材料可取代 PE 单丝在贝藻类养殖设施领域推广应用（图 3-6）。近年来，石建高研究员团队在国内率先开展了 MMWPE 单丝绳网在藻类等领域的应用示范，研究结果表明：直径 14 mm 的 MMWPE 绳索新材料的线密度、破断强力、破断强度、断裂伸长率分别为 101 ktex、2.56 kN、2.53 cN/dtex 和 22.9%；在保持绳索强力优势的前提下，以 MMWPE 绳索新材料来替代普通合成纤维绳索，既能使藻类养殖设施等领域用绳索直径减小 0~17.6%、线密度减小 1.9%~35.3%、破断强度增加 7.1%~62.0%、断裂伸长率减小 49.1%~54.2%、原材料消耗减少 1.9%~35.3%，又能使网帘等网具阻力相应减小，其性价比、安全性及物理机械性能相对较好，产业化应用前景广阔。目前，石建高研究员团队正将研制的 MMWPE 绳索新材料在藻类离岸养殖设施等领域中开展应用示范，应用示范效果表明上述绳索新材料的降耗减阻效果显著，因此，MMWPE 绳索新材料的前景非常广阔，值得大家深入研究。

图 3-6 MMWPE 单丝及其绳索新材料

7. 超高分子量聚乙烯纤维绳索

1979 年，荷兰 DSM 公司高级顾问 Pennings、Smith 等正式发表了用凝胶纺丝法制成超高分子量聚乙烯纤维（简称 UHMWPE 纤维）的研究工作，取得了世界首个凝胶纺丝工艺的专利。UHMWPE 纤维可通过凝胶纺丝法、超拉伸法和区域拉伸法等方法制成，其结构与普通高密度聚乙烯相近，可形成较多的三维有序结构，加之分子的高度取向，使纤维具有了高强高模的特征，强度达到 25 cN/dtex 以上。UHMWPE 纤维强度高、密度小、耐疲劳、耐低温、耐化学性、耐日照和其他辐射等一系列优点，并且在实际使用中不需要任何保护措施，因此，UHMWPE 纤维是优异的新材料之一。随着贝藻类养殖设施的大型化、离岸化和深水化，UHMWPE 纤维在贝藻类领域中将会得到广泛应用。UHMWPE 纤维绳索在我国贝藻类领域的应用研究目前尚处于初始阶段，但很值得探索和研究（图 3-7）。近年来，石建高研究员团队在国内率先开展了 UHMWPE 纤维绳网在藻类、贝类领域的应用示范，大大提高了贝藻类设施的安全性和抗风浪性能，引领了我国贝藻类养殖设施技术升级。采贝耙网为代表性耙刺类渔具之一（图 3-8）。采贝耙网依靠拖曳渔具把海底贝类耙括入耙网而达到渔获目的。采贝耙网耙架由钢筋制成，耙架底边用螺钉固定口铁。采贝耙网的网口穿以网口纲，装配在耙架上；耙架侧杆上系结叉

图 3-7　UHMWPE 纤维及其绳索

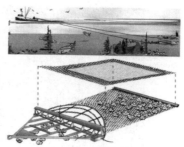

图 3-8　采贝耙网

纲，并通过曳纲通到船上固定。渔船到达渔场后抛锚，依靠收绞锚纲，使耙网随渔船一起拖移一定距离，然后固定锚纲、收绞曳纲，最后起网取贝。通过 UHMWPE 纤维绳索在采贝耙网上的创新应用，大大提高了该渔具的耐磨性和使用寿命。UHMWPE 纤维绳索的技术特性可参见《渔用绳索通用技术条件》（GB/T 18674—2018）、《超高分子量聚乙烯纤维 8 股、12 股编绳和复编绳索》（GB/T 30668—2014）和《Fibre ropes-High modulus polyethylene-8-strand braided ropes，12-strand braided ropes and covered ropes》（ISO 10325）等相关标准。

　　除上述绳索外，国内外还出现了许多合成纤维绳索新材料，如碳纤维绳、岩土纤维绳、石墨烯复合改性绳索、共混改性 PP/PE 单丝绳索和高强度聚乙烯（HSPE）条带绳索等，限于篇幅，这里不再详细介绍。

二、贝藻类养殖设施工程用网衣技术

　　由网线编织成的具有一定尺寸网目结构的片状编织物称为网衣（也称网片、渔网等）。网衣是重要的贝藻类养殖设施工程材料，贝藻类养殖设施工程离不开网衣。网片种类、结构、规格、形状及加工用基体纤维材料等直接影响网具的性能、安全性。因功能、习惯、地域或使用部位等的不同，在贝藻类养殖设施工程上习惯将网衣分为"紫菜网""网帘""扇贝网""养殖网（衣）""鲍网（衣）""扇贝笼网（衣）""（养鲍塑胶渔排）（网箱）（箱体）网衣"等（图3-2、图3-8至图3-10）。贝藻类养殖设施工程用网衣宜具有强力高、结牢度大以及网目尺寸均匀等特点；而理想的扇贝笼网（衣）、（网箱）（箱体）网衣等既可采用具有防污功能网衣（如防污涂料网衣、锌铝金属合金网衣等），又可通过洗网机对普通网衣进行清洗维护，以减少污损生物在箱笼网衣上的附着、提高养成贝类品质和养殖设施安全；基于贝藻类养殖设施工程用网衣防污技术，有兴趣的读者可参考《渔用网片与防污技术》《海水抗风浪网箱工程技术》和《INTELLIGENT EQUIPMENT TECHNOLOGY FOR OFFSHORE CAGE CULTURE》等专著。由于网线类型与织网形式不同，导致网衣种类繁多、性能差异很大。以下对网目结构、网目尺寸和网衣材料等进行简要介绍。

图3-9　网衣在贝类养殖设施工程上的应用

图3-10　网衣在藻类养殖设施工程上的应用

（一）网目结构

网目是组成网衣的基本单元（俗称网眼）。网目由网线通过网结或绞捻、插编、辫编等方法按设计形状编织成的孔状结构，其形状呈菱形、方形或六角形等（图3-11）。网目包括网结（或网目连接点）和目脚两部分。一个菱形或方形网目由4个网结和4根等长的目脚所组成。

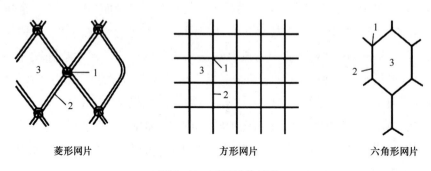

菱形网片　　　　　　方形网片　　　　　　六角形网片

图3-11　网目结构示意

1. 网结或网目连接点；2. 目脚；3. 网目

1. 目脚

所谓目脚是指网目中相邻两结或网目连接点间的一段网线。目脚决定网目尺寸和网目形状。就菱形网目和方形网目而言，目脚长度都应相同，以保证网片强力和网目的正确形状。就六角形网目而言，其中4根目脚一般等长，另外2根目脚可以和其他4根不等长［当6根目脚都等长时则为正六角形网目（正六边形网目）］。

2. 网结或网目连接点

所谓网结是指有结网片中目脚间的连接结构（简称结或结节）。所谓网目连接点是无结网片中目脚间的连接结构（简称连接点）。网结或网目连接点的主要作用是限定网目尺寸和防止网目变形，它对网片的使用性能具有重要意义。网结牢固程度决定于网结种类。对由合成纤维网线编织的网片，需通过热定型处理或树脂处理等后处理来提高网结牢固性。网结种类主要有活结、死结和变形结（如双死结、双活结等，图3-12）。活结结形扁平、耗线量少，可减轻网具重量，使用时对网结磨损程度较轻，但牢固性较

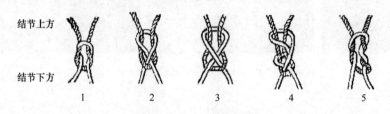

结节上方

结节下方

1　　　　2　　　　3　　　　4　　　　5

图3-12　网结种类

1. 活结；2. 手编单死结；3. 机织单死结；4. 机织双死结；5. 双活结

差，受力后易变形，一般适用于编织小网目网片。死结的网结形状表面突起，较活结易受磨损，网结较牢固，使用中不易松动或滑脱。死结是编织网片时使用最普遍的一种网结。单死结又叫蛙股结、死结，因打结方法不同又有手工编单死结、机织单死结之分。最常用的变形结为双死结。因为合成纤维网线表面光滑、弹性较大（尤其是用 PA 单丝线打成的网结牢固性较差），所以，人们在原死结上多绕一圈构成双死结，以提高网结的牢固性。

不管哪种网结，编织时必须具有正确的形状，使网结部分的线圈相互紧密嵌住，并应勒紧。完全良好的网结不应变形，并在拉紧网结上任何一对线端时，网线不会滑动。网结的滑动不仅会导致网目不稳定、网目形状变形和网目尺寸不等，而且会引起网线间磨损，导致网片强力减小，影响使用周期。无结网片网目连接点的形式主要有经编、辫编、绞捻、平织和插捻等几种（图 3-13）。目前，贝藻类养殖设施工程上使用较多的网片包括单死结网片和经编网片等。

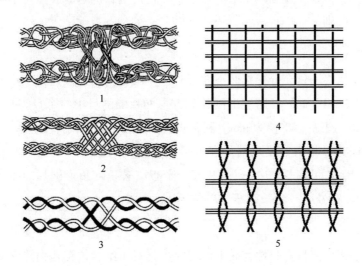

图 3-13 无结网片网目连接点的形式
1. 经编；2. 辫编；3. 绞捻；4. 平织；5. 插捻

（二）网目尺寸

网目尺寸是指一个网目的伸直长度，一般用目脚长度、网目长度和网目内径 3 种方式表示（图 3-14）。

1. 目脚长度

目脚长度是指当目脚充分伸直而不伸长时网目中两个相邻结或连接点的中心之间的距离 [也称节，图 3-14（1）]。目脚长度通常用符号 "a" 表示，单位为 mm。在实际

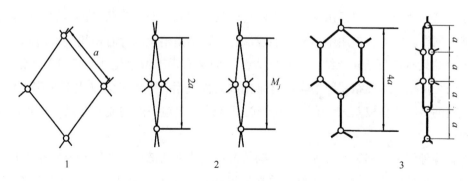

图 3-14　网目尺寸表示法

1. 目脚长度；2. 网目长度与网目内径；3. 六角形网片的网目长度

测量时，可从一个网结下缘量至相邻网结的下缘。在正六角形网目中，正六角形网目 6 个目脚长度相同，但在不规则六角形网目中，六角形网目的目脚长度可能存在 2 个不同值，读者应加以区别。

2. 网目长度

网目长度是指当网目充分拉直而不伸长时，其两个对角结或连接点中心之间的距离 [简称目大，图 3-14（2）]。若菱形网片和方形网片的网目中一个目脚长为 a，则网目长度符号用 "$2a$" 表示，单位为 mm。网目长度测量时，可在网片上分段取 10 个网目拉直量取，然后取其平均值。菱形网片和方形网片的网目有 4 个目脚、4 个结节（或节点），而六角形网片的网目有 7 个目脚和 6 个节点。若正六角形网片的每一个目脚长为 a，则其网目长度符号用 "$4a$" 表示，单位为 mm [图 3-14（3）]。

3. 网目内径

网目内径是指当网目充分拉直而不伸长时，其对角结或连接点内缘之间的距离 [图 3-14（2）]。网目内径符号用 "M_j" 表示，单位为 mm。值得注意的是，我国在渔具图标记或计算时，习惯用目脚长度、网目长度来表示；但在某些国家，网目尺寸有时用网目内径表示。

（三）网衣材料

中国是世界上产量最大的网片材料生产国，2016 年全国绳网制造总产值高达 111.3 亿元，相关网衣技术可参见《渔具材料与工艺学》和《渔用网片与防污技术》等著作。下面对代表性贝藻类养殖设施工程用网衣材料进行介绍，供读者参考。

1. 聚乙烯网衣

贝藻类养殖设施工程用聚乙烯网衣（也称 PE 网衣）如图 3-15 所示。由于聚乙烯

174

（也称乙纶，PE）材料价格低，因此 PE 网衣在贝藻类养殖设施工程领域得到广泛应用（如扇贝笼、珍珠笼、紫菜网帘、养鲍塑胶渔排箱体网衣等）。PE 网衣既可用手工编织为单死结网衣，又可用机械编网为有结网衣和无结网衣。PE 网衣标准有《渔用机织网片》（GB/T 18673—2008）、《聚乙烯网片　绞捻型》（SC/T 5031—2014）和《聚乙烯网片　经编型》（SC/T 5021）等。除普通 PE 单丝外，在国家支撑项目（2013BAD13B02）等课题的资助下，东海水产研究所石建高研究员团队联合美标高分子纤维有限公司等单位根据我国渔用材料的现状，以特种组成原料与熔纺设备为基础，采用特种纺丝技术，研制具有性价比高和适配性优势明显，且易在我国渔业生产中推广应用的高性能或功能性单丝新材料（如熔纺超高聚乙烯及其改性单丝新材料，图3-16）。因高性能或功能性单丝新材料具有性能或功能好、性价比高的特点，在贝藻类养殖设施工程领域中的应用前景非常广阔。

图 3-15　PE 有结网衣

图 3-16　熔纺超高强单丝新材料的加工制作

2. 聚乙烯-聚乙烯醇网衣

在紫菜养殖设施工程领域中，聚乙烯-聚乙烯醇网衣（也称 PE-PVA 网衣）被广泛应用于紫菜养殖。目前，紫菜养殖网衣（也称紫菜养殖网帘）主要包括 PE-PVA 有结网衣（图3-17）、PE 有结网衣（图3-15）等。海安虎威网具有限公司、南通奥力网业有限公司等单位专业从事 PE-PVA 网衣的加工制作，引领了我国紫菜养殖网衣技术升级。东海水产研究所石建高研究员团队率先制定了我国第一个 PE-PVA 网线行业标准——《聚乙烯-聚乙烯醇网线　混捻型》（SC/T 4019—2006），该行业标准适用于采用线密度为 36 texPE 单丝和 29.5 texPVA 牵切纱捻制成结构为 [（PE36 tex×4+ PVA29.5 tex×6）× 3×3~（PE36 tex×6+ PVA29.5 tex×9）×3×3] 混合捻制成的网线。PE-PVA 网线产品外观质量不允许出现多股或少股。PE-PVA 网线产品物理性能质量应符合表 3-3 的规定。在紫菜养殖网衣实际生产中，既可直接以 PE-PVA 网线制作 PE-PVA 网衣（图 3-17），又可以 PE 网线与 PE-PVA 网线编织混合网衣（图 3-18）。近年来，东海水产研究所石建高研究员团队目前正联合相关绳网企业从事紫菜养殖网衣试验，推动了紫菜养殖网衣的技术升级与紫菜产业的发展。我国是世界第一紫菜养殖大国，但目前尚无紫菜养殖网衣国家标准或行业标准，建议国家相关管理部门尽快立项制定相关标准，助力紫菜产业的健康发展。

表 3-3　混捻型 PE-PVA 网线产品物理性能指标

规格	项目				
	公称直径 （mm）	综合线密度 （Rtex）	断裂强力 （N）	单线结强力 （N）	断裂伸长率 （%）
（PE36 tex×4+PVA29.5 tex×6）×3×3	3.0	4 100	802	465	20~35
（PE36 tex×4+PVA29.5 tex×7）×3×3	3.1	4 450	861	499	20~35
（PE36 tex×5+PVA29.5 tex×7）×3×3	3.2	4 940	960	557	20~35
（PE36 tex×5+PVA29.5 tex×8）×3×3	3.3	5 300	1 020	592	20~35
（PE36 tex×6+PVA29.5 tex×8）×3×3	3.4	5 780	1 100	638	20~35
（PE36 tex×6+PVA29.5 tex×9）×3×3	3.5	6 140	1 160	673	20~35
允许偏差	±10%		≥	≥	

图 3-17　PE-PVA 有结网衣

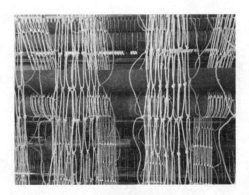

图 3-18　混合网衣

3. 聚酰胺网衣

在贝藻类养殖设施工程领域中，PA 网衣有时用于制作养鲍塑胶渔排箱体网衣等。目前，养鲍塑胶渔排箱体用 PA 网衣以 PA 经编网居多。东海水产研究所石建高研究员团队目前正联合相关企业从事 PA 单丝有结网养殖试验。PA 网衣后处理加工如图 3-19 所示。2016 年东海水产研究所石建高研究员团队联合三沙美济渔业有限公司等制定了行业标准《渔用聚酰胺经编网通用技术要求》（SC/T 4066—2017），该标准推动了 PA 经编网衣在贝藻类养殖设施工程领域上的应用。PA 单线单死结型渔用机织网衣和 PA 单线双死结型渔用机织网衣技术要求参考《渔用机织网片》（GB/T 18673—2008）。

图 3-19　PA 网衣后处理加工

4. 超高分子量聚乙烯网衣

超高分子量聚乙烯（UHMWPE）网衣的代表性品种包括 Dyneema©网衣、Spectra©网衣和特力夫™网衣等，其中特力夫™网衣为山东爱地高分子材料有限公司与东海水产研究所石建高研究员团队联合开发的渔用 UHMWPE 网衣。UHMWPE 网衣在增养殖设施上的应用如图 3-20 所示。UHMWPE 网衣因其卓越的性能，适合在贝藻类养殖网衣上应用，以实现贝藻类养殖网衣的节能降耗。

图 3-20　UHMWPE 网衣在渔业上的应用

5. 其他网衣

除上述 PE 网衣、PE-PVA 网衣、PA 网衣和 UHMWPE 网衣等代表性网衣材料外，贝藻类养殖设施工程领域还使用（半刚性）PET 网衣（如 Eco Net，Kikko net 等）、PP-PE 网衣等其他网衣材料。贝藻类养殖设施使用中受风、波浪和海流等的影响很大，其配套网衣材料也是影响其综合性能、养殖效果的重要因素，它直接关系到养殖的安全性和养成贝藻品质，因此，贝藻类养殖设施工程用网衣材料值得大家深入研究。

第二节　贝类养殖设施工程技术

我国海水养殖业的真正发展始于 20 世纪 50 年代，1950 年，我国海水养殖产量仅 10 000 t，牡蛎作为贝类是唯一的养殖种类。中国有滩涂 900 多万亩，而到目前为止，开发利用的面积不足 50%。沿海滩涂是宝贵的国土资源，是发展滩涂贝类养殖的良好场所，大力发展滩涂贝类养殖业不但有效开发利用了国土资源，也为渔民转产转业提供了一条有效途径。中国出产的滩涂贝类种类很多，有 300 余种，其中经济价值较大、有养殖生产前景的有近 50 种，其中养殖技术已经成熟的有文蛤、菲律宾蛤仔、泥蚶、毛蚶、西施舌、中国蛤蜊、四角蛤蜊、竹蛏、大竹蛏和缢蛏等。发展海水贝类养殖设施技术有利于现代渔业的可持续健康发展。

一、贝类养殖发展现状

我国贝类养殖历史悠久，贝类增养殖已有 2 000 多年的历史，最早的文字记载见于明代郑弘图的《业砺考》。1950 年，牡蛎是我国唯一的海水养殖种类。1970 年以前，贝类和藻类是我国的主要养殖种类。1970 年以后，我国鱼虾类养殖开始发展。20 世纪 90年代后，我国的海水养殖进入多种类、快速发展阶段。自 1990 年以来，我国的水产品总量一直处于世界第一位，也是世界唯一一个养殖产量高于捕捞产量的国家。根据《2017年中国渔业统计年鉴》，2016 年我国海水养殖产量 1 963.13×10^4 t，占海水产品产量的56.25%，较 2015 年增加 87.50×10^4 t、增长 4.67%；其中，贝类产量 1 420.75×10^4 t，较2015 年增加 62.37×10^4 t、增长 4.59%。贝类在海水养殖产量中位居第一。2016 年我国淡水养殖产量 3 179.26×10^4 t，占淡水产品产量的 93.20%，较 2015 年增加 116.99×10^4 t、增长 3.82%。其中，贝类产量 26.61×10^4 t，较 2015 年增加 0.39×10^4 t、增长 1.49%；贝类在淡水养殖产量中低于鱼类、甲壳类、其他类，但高于藻类（螺旋藻）。从养殖种类结构上看，我国海水贝类种类众多，优势种明显。我国海水养殖种类 166 个、培育新品种 64 个，海水养殖种类和品种共计 230 个，其中，贝类 48 种，占 28.9%。在海水贝类中，牡蛎、鲍、螺、蚶、贝类、江珧、扇贝、蛤、蛏的产量分别为 4 834 527 t、139 697 t、243 898 t、367 227 t、878 771 t、18 563 t、1 860 534 t、4 173 191 t、823 024 t，其中，牡蛎、蛤和扇贝产量分别占贝类总产量的 34.0%、29.4%和 13.1%，位居贝类产量的第一、第二和第三。在淡水贝类中，河蚌、螺、蚬的产量分别为 96 185 t、111 879 t、25 265 t，其中，河蚌、螺、蚬产量分别占贝类总产量的 36.1%、42.0%和 9.5%，位居贝类产量的第二、第一和第三。根据《2017 年中国渔业统计年鉴》，2016 年我国水产养殖面积 8 346.34×10^3 hm^2，其中，海水养殖面积 2 166.72×10^3 hm^2，占水产养殖总面积的 25.96%，比 2015 年减少 151.04×10^3 hm^2、降低 6.52%；淡水养殖面积 6 179.02×10^3 hm^2，占水产养殖总面积的 74.04%，比 2015 年增加 32.38×10^3 hm^2、增长 0.53%。2016 年在海水养殖面积中，贝类养殖面积 1 359.20×10^3 hm^2，比 2015 年减少 167.44×10^3 hm^2、降低 10.97%。

我国大陆海岸线逾 18 000 km，跨热带、亚热带和温带，不同气候带和生态环境，造就了不同物种的生存繁衍条件，使我国海水养殖呈现养殖物种繁多、养殖方式多样的特点。目前的海水养殖贝类主要包括牡蛎、贻贝、蚶、蛏、蛤、鲍和螺等。山东、福建、浙江、广东、辽宁、海南、广西、河北和天津等地是我国海水养殖主产区。辽宁北黄海域的主要养殖贝类包括虾夷扇贝、鲍、长牡蛎、以菲律宾蛤仔为主的滩涂贝类，其中，虾夷扇贝、鲍、长牡蛎等具有较高的经济价值，以虾夷扇贝为主的海洋牧场建设是该地区的主导产业（图 3-21 和图 3-22）。

辽宁、河北、天津和山东等省（直辖市）环绕的渤海湾、辽东湾、莱州湾养殖种类主要包括蛤类、蛏类、螺类等滩涂贝类以及海湾扇贝等。特别是位于黄渤海交界处的长岛诸岛，是皱纹盘鲍、魁蚶、栉孔扇贝的主产区（图 3-23）。

图 3-21　辽宁北黄海域的几种主要养殖贝类

图 3-22　虾夷扇贝幼苗播撒及其收获

图 3-23　长岛诸岛海区的几种养殖贝类

　　山东半岛养殖贝类种类较多，海区底播、池塘和浮筏养殖种类包括皱纹盘鲍、魁蚶、栉孔扇贝、长牡蛎、滩涂贝类等。桑沟湾的多营养层次综合养殖模式，体现了生态、高效的海水养殖发展趋势（图3-24）。桑沟湾位于山东半岛东部沿海，其多营养层次综合养殖分为筏式和底播两种方式，主要包括贝–藻–鲍–参–藻、鱼–贝–藻、海草床海区海珍品底播增养殖等模式，综合效益显著。

图3-24　桑沟湾的多营养层次综合养殖模式

海州湾位于山东南部和江苏北部，盛产紫贻贝、滩涂贝类、条斑紫菜等（图3-25）。特别是与世界接轨的紫菜养殖业，是该地区海水养殖的特色。

图3-25　紫贻贝及其滩涂贝类

浙江和福建的滩涂贝类养殖历史悠久，是我国海水养殖的发源地，主要养殖蛤类、福建牡蛎、鲍、对虾、鱼类、坛紫菜和海带等。浙江的滩涂贝类池塘养殖闻名于世。福建近年来兴起的北鲍南养、北参南养，促进了福建海水养殖业的发展，特别是福建的海塘人工培育菲律宾蛤仔苗种，为全国各地提供了大概80%的养殖品种（图3-26），同时福建的海带养殖产量居全国首位。

图3-26　滩涂贝类养殖池塘

广东和广西的海水养殖主要种类包括香港牡蛎、珠母贝、东风螺、对虾和鱼类等（图3-27），对虾高位塘养殖近年来发展迅速。

图3-27　香港牡蛎、珠母贝与东风螺

海南位于热带和亚热带，主要养殖种类包括华贵栉孔扇贝、东风螺、珠母贝、对虾、鱼类和麒麟菜等（图3-28）。三沙美济渔业开发有限公司目前正联合相关单位在南海开展珍稀贝类养殖试验，取得了较好的养殖效果（图3-28）。

图3-28　华贵栉孔扇贝与其他珍稀贝类养殖

二、贝类养成方式

贝类种类很多，下面仅以双壳类贝类为例对贝类养成方式进行说明。双壳类贝类的特点是在身体的左右两侧各有贝壳一枚，故称双壳类；双壳类贝类的贝壳为外套膜所分泌，因此，其形态随外套膜的形状而变化（贝壳构造分三层，外为角质层，内为珍珠层，中间是棱柱层。棱柱层中沉淀着各种色素，使贝壳呈现各种不同的纹理和色彩）。双壳类贝类生活在水中，大部分海产，少数在淡水，极少数为寄生（内寄蛤、恋蛤等）。双壳类贝类约有20 000种，分布很广，它们一般运动缓慢，有的潜居泥沙中，有的固着生活，也有的凿石或凿木而栖，少数营寄生生活。双壳类贝类壳侧生，开的过程是被动的，其关闭则需要相关肌肉的收缩完成。纤毛抖动在腮部扬起旋涡，使得水及其中的颗粒进入腮部，口通过一条黏膜道以及触须吸取营养颗粒。双壳类贝类多数可食用，如蚶、牡蛎、青蛤、河蚬、蛤仔等；有的只食其闭壳肌，如扇贝的闭壳肌干制品称干贝，江瑶的闭壳肌称江瑶柱。不少种类的壳可入药，有的可育珠，如淡水产的三角帆蚌、海产的珍珠贝等。有的为工业品原料，有的可作肥料、烧石灰等。

双壳类贝类的养成方式主要有以下 4 种，现简述如下。

1. 海底式养殖

海底式即在潮间带或低潮线以下海区将贝苗按一定密度分撒在海底泥沙或贴近海底的固形物上，即进行"播种"（图 3-29）。播种前要先清理场地，如翻滩（松土）、清除敌害、平畦、挖防护沟等。养成期内分若干阶段进行分散疏养。这种方式生产成本较低，应用较广，但贝类生长较慢，易受敌害侵袭，海区的利用率较低。在海底式基础上发展起来的围池蓄水养殖是在潮间带建池，退潮时池水保持一定水位养贝，可有效利用潮间带上位滩涂。

图 3-29　贝类播种

2. 立桩式养殖

立桩式养殖即以竖立于海底的木桩、水泥柱、石板、竹竿等为养殖基，立桩式养殖也称插柱式养殖（图 3-30）。以牡蛎为例，将黏着细细蚝苗的柱子竖产在海区，很少移动位置，到生蚝稍加长大，便从海水浅区移往较深处，直至收成生蚝。贝类养殖基主要设置于潮间带中下区。这种方式能使贝类离开海底和泥淤，减少敌害，生活于畅通的水

图 3-30　贝类立桩式养殖

流中，生长较快，单位面积产量可数倍于海底式养殖。立桩式养殖适用于潮差较大的滩涂。

3. 垂下式养殖

垂下式养殖即将养殖基悬挂水中，养殖附着或固着生活的贝类，是最有发展潜力的先进养殖方法，适用于潮下带至约 20 m 水深深处。垂下式依悬挂养殖基的方法又分棚架式、浮筏式和延绳式等方式（图 3-31 和图 3-32）。棚架式是将附有种苗的养殖基按一定间距挂在竹竿、木桩或水泥柱棚架的横梁上养殖。浮筏式是以木条、竹竿或玻璃钢竿等构成筏式框架，使之浮于水面如筏，下方以锚固定海底，将长数米至几十米的养殖基吊挂于浮筏上养殖。石油平台养殖牡蛎也属筏式养殖范畴。适合于以贝壳做固着基的牡蛎，其养成方式有两种：一是将固着蛎苗的贝壳用绳索串联成串，中间以 10 cm 左右的竹管隔开，吊养于筏架上；二是将固着有蛎苗的贝壳夹在直径 3~3.5 cm 的 PE 绳拧缝中，每隔 10 cm 左右夹 1 壳，垂挂于浮筏上。一般每绳长 2~3 m。也可利用胶胎夹苗吊养。延绳式是将草绳、合成纤维绳索等延伸于水中，系以浮子使绳浮于水面，称浮缏绳，两端系锚缆固定于海底，养殖基吊挂于浮缏绳上。垂下式养殖的养殖基完全脱离海底，免受底栖性敌害生物侵害。其中浮筏式及延绳式养殖还可充分利用上层水体，不受底质限制，可养海域较广。延绳式的抗风力强，也便于沉入水面下一定深度防冰。

图 3-31　牡蛎及其浮筏（垂下）式养殖

4. 网笼式养殖

网笼式养殖主要用于养成某些易逃逸或珍贵的贝类，仅用于珠母贝或扇贝等的养成。网笼由合成纤维网衣或金属网装配而成，形式多样，可将贝置于其中悬挂在浮筏或棚架上。此外，珠母贝养殖，除采苗、养成外，还有插核手术的生产环节（见珍珠、马氏珠母贝、三角帆蚌）。腹足类中的养殖对象主要为鲍。头足类中长蛸、乌贼、章鱼等的人工养殖也已开始进行。贝类养殖笼如图 3-33 所示。

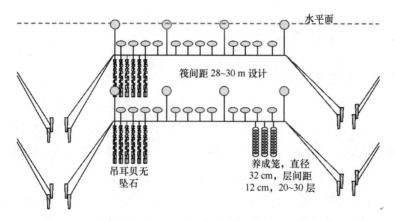

图 3-32 贝类垂下式和网笼式养殖示意

图 3-33 贝类养殖笼

双壳类贝类除上述单一养成方式外，还通过与其他海珍品混养，实施海珍品综合立体养殖模式，以充分利用水体，提高养殖效益（图 3-34）。

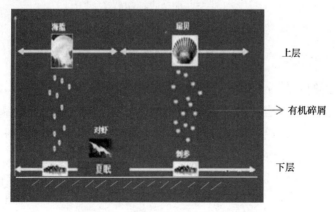

图 3-34 海珍品综合立体养殖模式

三、几种贝类养殖设施

1. 棚架式牡蛎吊养

棚架式牡蛎吊养示意图如图 3-35 所示。养殖棚架采用条石、水泥柱等为脚架，长度一般 2~3 m，桩头入 ±0.5~1 m，间隔 2~2.5 m，横竖排列成行，四周用桩固定。采用 PE 绳作主缆与横缆，系紧于脚架顶端。附着基质以 PE 绳穿结扇贝壳、牡蛎壳、旧轮胎等成串为附着基质。壳距 8~10 cm，壳串长 2~2.2 m，以挂养 1 000 串为 1 亩。自然海区采苗可把穿结好的附苗器直接绑在棚架主缆上、串距 0.2 m。人工采苗需根据牡蛎产卵和幼虫发育情况，确定附苗日期。将附着基质每 10 串对折系好，叠放于海区采苗架上，离滩面 0.3 m，不宜超过 0.4 m。当稚贝长至 0.2~0.5 cm 时，即可移挂于棚架上。采苗到移挂时间一般为 20~30 天。

 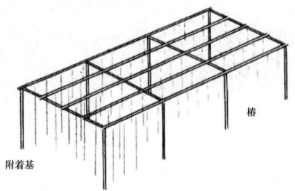

附着基　　　　　　　　　　　　　　　　椿

图 3-35　棚架式牡蛎吊养

2. 浮吊式养殖贝类

贝类浮吊式养殖因悬浮在水中，筏架可随涨潮退潮而升降，不受退潮露空的影响，其生长期较长，生长速度也较快，清明前后采到的苗，精心养殖到年底就可收获上市（图 3-36 和图 3-37）。浮吊式养殖方式，虽然一次性投资费用较高，但具有产量高、易于管理和收获、养殖周期短等特点，因此，很受贝类养殖户欢迎。

贝类浮筏主要由主缆绳、浮子、木桩、桩绳、吊绳和养成器等材料组成，现简介如下。

（1）主缆绳

主缆绳是用来负载贝类等养殖设施的绳索，需结实并经济耐用，多采用 PE 单丝缆绳，缆绳直径为 18~20 mm。

图 3-36　贻贝浮筏式养殖

图 3-37　贝类浮筏式养殖实景

（2）浮子

浮子一般采用塑料浮子，直径 28 cm，每个浮子的浮力约 20 kg。

（3）木桩

木桩用松木、杨树或其他木料制成，其作用是固定主缆绳的两端，直径为 10～15 cm，长 2～2.5 m，打桩时需把桩子全部打入泥里。

（4）桩绳

桩绳采用 PE 绳等合成纤维绳索，规格与主缆绳相似或略小，每根长度依水深而定，一般为养殖海区涨潮时水深的 2 倍。

（5）吊绳

吊绳也用 PE 绳，直径为 0.4～0.5 cm，用于固定养成器。

（6）养成器

养成器用绳索可选用合成纤维缆绳或天然纤维绳索等。

四、浮吊筏架建设

1. 贝类吊养装置

贝类吊养装置如图 3-38 所示。每台浮吊筏架设 1 条主缆绳，主缆绳各长为 80~120 m，两端连接木桩，木桩按 45°斜打入海底，深度为 2 m 左右；每根主缆绳挂养成器为 60~80 个，养成器长度约 1 m；每根主缆绳挂浮子 60~80 个，沉子 30~40 个，沉子用石头制作，也可用混凝土产品代替。在实际生产中，养殖户可以根据需要（包括成本、海况等）选择其他浮吊筏架。每台贝类吊养装置间距为 50 m 左右。在实际生产中，养殖户可以根据成本、海况、养殖总量等情况进行调整。

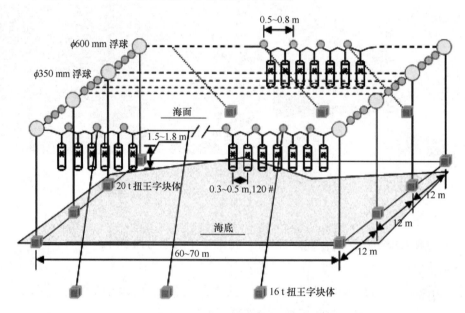

图 3-38　贝类吊养装置示意

注意：虚线所示结构与第一排设置相同。

2. 鲍养殖设施

鲍养殖设施包括网箱、塑料筒、网笼、网袋、塑料箱和新式养鲍筒等养成形式，现简介如下。

（1）网箱

2000 年以来，使用网箱养殖鲍在我国得到了迅速发展，代表性养殖区主要在福建沿海等地，当气温合适时，大量鲍在福建沿海养殖，鲍长到一定规格后就地销售或运回北方继续养殖。养鲍网箱主要为传统木质小网箱或塑胶渔排等，其中养鲍塑胶渔排的抗风浪性能较好。可以采用"养殖网箱内置鲍别墅""养殖网箱内置塑料笼"或"养殖网箱内置塑料框"等模式进行鲍养殖。养鲍塑胶渔排（图3-39）包括框架系统、承载系统、固定系统、附属设施系统（管理平台、其他附属设施、增养殖用藻类养殖设施等）。目前，我国养鲍塑胶渔排存在的主要问题是框架系统用 HDPE 偏细、整体设施的抗台风性能差等。东海水产研究所石建高研究员团队联合福建省南日岛海洋牧场有限公司开展了新型养鲍塑胶渔排的整体设计，综合技术处于国际先进水平，助力我国鲍产业的可持续健康发展。此外，人们也用钢筋制作微型养鲍网箱，如以直径 6 mm 的钢筋制成 1.0 m×0.5 m×0.5 m 的长方形框架（以此作为网箱框架），框架外用目大 0.5 cm 左右的 PE 网片缝合成网箱箱体。在实际生产中，养殖户可根据需要选择其他尺寸的框架及其配套箱体。

图 3-39　养鲍塑胶渔排实景

（2）塑料筒

先将养扇贝淘汰下来的塑料桶（规格如长为 60 cm，直径为 25 cm 等）清洗干净，然后两端用目大 0.5 cm 左右的网片封头。使用塑料筒养形式时必须注意两点：一是筒两端封头网必须以"箩底式"固定方式来封头；二是必须将塑料筒的下半圆部分钻有 3~4 排直径为 0.8~1 cm 的圆孔，以利于筒内水体交换和减少筒内淤泥沉积。在实际生产中，养殖户可根据需要选择其他尺寸的塑料筒及其配套网片封头。

（3）网笼

笼壁用0.5 cm左右的PE网片缝合而成，中间用直径50 cm的塑料盘10层，盘上布满孔大0.8 cm左右的圆孔。在实际生产中，养殖户可以根据需要选择其他尺寸的网笼及其配套圆盘。

（4）网袋

根据鲍不同时期的个体大小，选用0.5 cm、1 cm、1.5 cm的PE网片制成，袋内固定1个直径50 cm的带有直径为10 cm中心孔的圆盘，两端用绳扎紧，也可将若干个网袋串联为一组。在实际生产中，养殖户可以根据需要选择其他尺寸的网袋及其配套圆盘。

（5）塑料箱

用0.4 cm左右厚的塑料板制成的长方形塑料箱（规格为70 cm×40 cm×40 cm等，图3-40）。箱内装有7排波纹板，箱上口装有活动板，箱壁和箱底布有直径0.5 cm的通水孔。

图3-40　一种鲍塑料箱及其实际养殖生产应用实景

针对鲍塑料箱养成形式，近年来东海水产研究所石建高研究员团队联合福建南日岛海洋牧场有限公司等单位开展了相关创新设计，在水槽模型试验等系统理论计算的基础上创新开发了新型养鲍塑胶渔排设施（包括鲍塑料箱用新型框架系统与承载系统等），大大提高了鲍养殖设施的安全性、抗风浪性能和旅游观光功能，引领了我国鲍塑胶渔排产业的技术升级（图3-41）。

（6）新式养鲍筒

新式养鲍筒以硬塑料加工制作，它由两个圆形筒（规格为筒长55 cm、筒径28 cm等）组合而成，圆形筒两端有活动盖（活动盖外端配置不同规格的封头网片），圆形筒的筒壁设有若干排通水孔和排污孔。养鲍的锚桩要大而坚固且耐海水腐蚀，要求直径不小于20 cm，长度不小于1 m。若需用下石头锚的海区，石头锚的重量应不小于2.5 t；在实际生产中，养殖户可以根据海况等选择其他锚；若成套设施需专业设计，可与东海水产研究所石建高研究员团队等专业团队联系。筏架绳和锚桩绳一般选用直径为22～

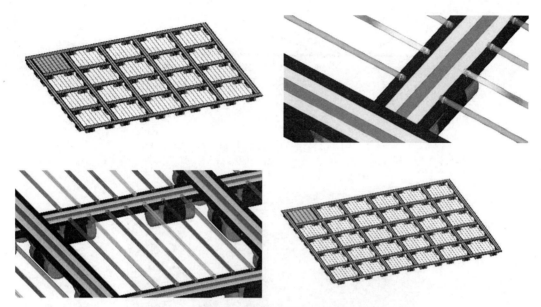

图 3-41　一种新型养鲍塑胶渔排框架系统与承载系统

24 mm 的 PE 绳。筏架绳长 60 m，锚桩绳长 25~30 m（实际生产中需根据水深情况进行调整）。吊绳一般选用直径约 6 mm 的 PE 绳。绑筒绳一般选用直径为 6 mm 的 PE 绳，每根长 4.5 m，每小吊（3 个筒）2 根。坠石用每块重 2~2.5 kg 的石块、砖块或混凝土块等。封头网一般选用目大 0.5 cm、1.0 cm 或 1.5 cm 的 PE 网片（每块规格为 38 cm×38 cm 等，每筒配置 2 块网片）。封头网可用电烙铁裁剪，速度快，正规耐用。浮力一般选用直径 28 cm 的塑料浮子，每台架子一般配置 26 个塑料浮子。

　　3. 扇贝浮筏养殖设施

　　扇贝浮筏养殖适宜在水流相对缓慢、饵料交换量较大的开放式海域进行（扇贝浮筏也称扇贝养殖台筏）。扇贝延绳式养殖如图 3-42 至图 3-44 所示。扇贝养殖过程中需通过筛扇贝苗机对扇贝苗进行筛选、通过船用扇贝清洗机对扇贝进行清洗、通过特种设备对扇贝进行捕捞等（图 3-8、图 3-45 至图 3-47）。

　　扇贝浮筏养殖可采用笼养或穿耳吊养。若扇贝养殖采用穿耳吊养，则需对扇贝进行打耳和穿耳作业，然后用线绳将一串扇贝吊挂于浮缆上养殖，扇贝打耳和机扇贝穿耳作业如图 3-48 所示。对扇贝等其他贝类可利用绳索附苗的方式将贝类悬挂于养殖水体中。

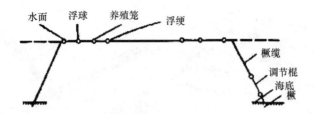

图 3-42　扇贝延绳式养殖示意

图 3-43　一种扇贝延绳式养殖实景

图 3-44　扇贝养殖台筏实景

图 3-45　一种筛扇贝苗机

图 3-46　一种船用扇贝清洗机

图 3-47　一种贝类捕捞设备

图 3-48　扇贝打耳机及其穿耳作业

若扇贝养殖采用吊养，则需采用养殖笼（也称扇贝笼，图3-33），最初养殖密度可控制在25枚/层，至翌年4月进行倒笼，1龄贝盛装量为15枚/层，6—7月，1龄贝养成收获，收获阶段扇贝规格为壳高7~8 cm，重量为50 g左右；浮筏2龄贝养殖是指苗种生长至7月后进行二次倒笼，倒笼后盛装量为8枚/层，倒笼后苗种进行度夏养殖，养殖阶段，降低扇贝养殖水层，减少温度波动。浮筏养殖于秋季10月进行倒笼，倒笼后盛装量为5枚/层，养殖直至翌年2月进行种贝或商品贝出售。为减少扇贝笼养殖中的污损生物附着，需定期（采用扇贝笼清洗机）清洗网衣或进行网衣防污处理（图3-49）。

图3-49　扇贝笼清洗机

2009年开始，东海水产研究所石建高研究员团队联合燎原化工有限公司等单位开展了扇贝笼防污试验；扇贝苗于4月底至5月初下海养殖，经历7个月的养殖期（图3-50），于11月27日在威海经多名水产专家现场验收，取得了专家们的一致好评；防污试验现场验收会的验收意见为："经涂有渔网防污剂的扇贝笼受海洋污损生物的污损面积均小于10%，而普通扇贝笼受污损的面积均大于90%，说明该课题组研发的渔用防污剂在防止海洋污损生物的污损是有良好效果的；同时，经用渔网防污剂处理过的扇贝笼因污损面积小、网眼不堵塞、海水流通效果好，笼中扇贝能得到充分的饵料，生长迅速、个头大，可提高扇贝产量，经现场对比称重，表明能增产40.1%，如推广应用，既可大量节省人力与物力，又可创造巨大的经济效益和社会效益。专家们建议尽快争取有关部门的大力支持，尽早进行技术鉴定和推向市场。"综上所述，在扇贝养殖中清洗网衣或进行网衣防污处理非常必要，对贝类养殖设施防污技术有兴趣的读者或企业可与东海水产研究所石建高研究员团队联系。

图 3-50　扇贝笼防污效果对比试验

a. 防污处理的扇贝笼；b. 未进行防污处理的扇贝笼

五、贝类吊养装置受力分析方法和计算思路

贝类吊养装置受力分析方法和计算思路简述如下，供读者参考。

（1）通过贝类吊养装置在静水中的受力分析，确定浮子在水中的浸没深度并计算出吊养装置的剩余浮力；同时计算出浮力和重力总和。

（2）分析吊养装置在流场中的受力情况，计算在最大流速下浮子及贝类吊养装置所受的水动力，确定通过绳索传递给锚桩的张力；同时确定此时浮子的下潜深度。

（3）分析波浪对吊养装置的作用力，应用 Morrison 公式求解波浪力，然后将波浪力进行水平和垂直方向分解，计算浮子此时的浸没深度并算出浮子的剩余浮力，将水平和垂直方向的分力进行迭加，确定通过绳索传递给锚桩的张力并计算出张力大小。

六、贝类吊养装置受力计算

1. 贝类吊养装置在静水中的受力分析和球形浮子浸入水中深度的确定

贝类吊养装置在静水中的受力如图 3-51 所示。贻贝串自身的浮力（F_1）、贻贝串的重力（G）、贻贝串受到的浮力（F）分别用公式（3-1）、公式（3-2）和公式（3-3）进行计算。

$$F_1 = \rho V g \qquad\qquad (3-1)$$

$$G = \rho_1 V g \qquad\qquad (3-2)$$

$$F = G - F_1 = \rho V_1 g \qquad (3-3)$$

式中，ρ 为海水密度（1.025 g/cm³）；V 为贻贝串的体积（$V=\pi r^2 h_1$）；ρ_1 为贻贝串的密度 2.0 g/cm³。

球形浮子浸没在水中的体积（V_1）、总重力（G_0）、总浮力（F_0）分别用公式（3-4）、公式（3-5）和公式（3-6）进行计算。

$$V_1 = \frac{F}{\rho g} = \frac{\pi h}{6}(3r^2 + h^2) \qquad (3-4)$$

$$G_0 = \prod_i^n G \quad (i = 1,\ 2,\ \cdots,\ n) \qquad (3-5)$$

$$F_0 = \prod_i^n F \quad (i = 1,\ 2,\ \cdots,\ n) \qquad (3-6)$$

式中，ρ 为海水密度（1.025 kg/m³），ρ_1 为贻贝串的密度 2.0 g/cm³；V 为贻贝串的体积（$V=\pi r^2 h_1$）；r 为贻贝串半径（10 cm）；h 为球形浮子浸没在水中的深度。

球形浮子浸入水中深度（h）可由上述公式（3-4）计算。

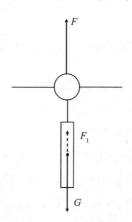

图 3-51　静水中受力图解

2. 流场中的受力分析

（1）主要公式推导

水动力（R）用公式（3-7）进行计算。

$$R = \frac{1}{2}C_M\rho S\frac{\mathrm{d}U}{\mathrm{d}t} + \frac{1}{2}C_N\rho SU^2 = \frac{C_N\rho SD^2}{2}\left(1 + \frac{C_M}{C_N}\frac{1}{U^2}\frac{\mathrm{d}U}{\mathrm{d}t}\right) \qquad (3-7)$$

如果是定常流，则 $\dfrac{\mathrm{d}U}{\mathrm{d}t} = 0$，公式（3-7）可简化为公式（3-8）。

$$R = \frac{1}{2}C_N\rho SU^2 \qquad (3-8)$$

式中，C_N 为水动力系数；S 为物体迎流面投影面积，U 为波速。

（2）受力分析

贻贝串装置在流场中的受力分析如图 3-52 所示；贻贝串受力分析如图 3-53 所示。

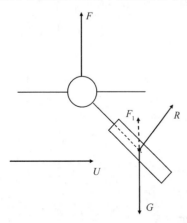

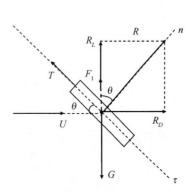

图 3-52　贻贝串装置在流场中的受力分析　　　　图 3-53　贻贝串受力分析

由图 3-53 可以看出，贻贝串的水动力 R 可以分解为升力（R_L）和阻力（R_D），并可用公式（3-9）计算。

$$R = \frac{1}{2}C_N\rho SU^2 \tag{3-9}$$

式中，U 为波速；$C_N = \dfrac{(4+\pi)\sin\theta}{4+\pi\sin\theta}C_{90}$，这里 θ 为贻贝串与水流方向的夹角，当 $\theta = 45°$ 时，$C_{90} = \dfrac{2\pi}{4+\pi}$。

升力（R_L）和阻力（R_D）分别用公式（3-10）和公式（3-11）进行计算。

$$R_L = \frac{1}{2}C_L\rho SU^2 \tag{3-10}$$

$$R_D = \frac{1}{2}C_D\rho SU^2 \tag{3-11}$$

式中，$C_L = C_N\cos\theta$，$C_D = C_N\sin\theta$。

如图 3-54 所示，对贻贝串装置受力进行 τ 方向的分解，并由公式（3-12）计算 T。

$$T = R_L\sin\theta + F_1\sin\theta - R_D\cos\theta - G\sin\theta \tag{3-12}$$

球形浮子的水动力（R_X）用公式（3-13）进行计算。

$$R_X = \frac{1}{2}C_X\rho SU^2 \tag{3-13}$$

式中，C_X 值可通过 C_X 与 R_e 的关系曲线 $C_X = f(R_e)$ 查得。

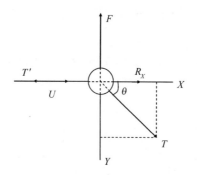

图 3-54　贻贝串装置受力分析

对力进行 X 和 Y 的方向分解，可得公式（3-14）至公式（3-18）。

$$\sum X = R_X + T\cos\theta - T' = 0 \qquad (3\text{-}14)$$

$$T' = R_X + T\cos\theta \qquad (3\text{-}15)$$

$$\sum Y = F - T\sin\theta = 0 \qquad (3\text{-}16)$$

$$F = T\sin\theta = \rho V g \qquad (3\text{-}17)$$

$$V = \frac{T\sin\theta}{\rho g} = \frac{\pi h}{6}(3r^2 + h^2) \qquad (3\text{-}18)$$

由公式（3-18）可求出此时浮子的浸没深度（h）；同时用公式（3-19）和公式（3-20）可求出总浮力（$F_{总}$）、新增加的浮力（F_A）。

$$F_{总} = \prod_i^n F \quad (i = 1,\ 2,\ \cdots,\ n) \qquad (3\text{-}19)$$

$$F_A = F_{总} - F_0 \qquad (3\text{-}20)$$

将 T' 进行迭加，可得沿水平方向的总的作用力（T_2，图 3-55），用公式（3-21）进行计算。

$$T_2 = \prod_i^n T' \quad (i = 1,\ 2,\ \cdots,\ n) \qquad (3\text{-}21)$$

纽字桩上绳索所受的张力（T_3）用公式（3-22）进行计算。

$$T_3 = \sqrt{T_2^2 + (-F_A)^2} \qquad (3\text{-}22)$$

如果流速方向与贻贝串所在平面呈一定角度，应将相应流速进行分解，同时还应根据现场实际流速大小，对具体的每一串贻贝串的流速度大小进行修正。

3. 波浪力分析

（1）基本要素分析

水质点运动轨道如图 3-56 所示。图中 L 为波长（$L = \dfrac{gT^2}{2\pi}$）；d 为水深；H 为波高；U

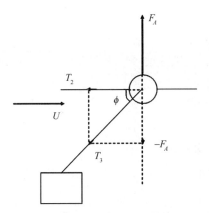

图 3-55　纽字桩上绳索所受张力分析

为波速（$U=\dfrac{L}{T}$）；k 为波数（$k=\dfrac{2\pi}{L}$）；ω 为频率（$\omega=\dfrac{2\pi}{T}$）。水质点运动的水平速度（u）用公式（3-23）进行计算。

$$u=-\frac{\partial\phi}{\partial x}=\frac{H}{2}\frac{gk}{\omega}\frac{\cosh k(d+z)}{\cosh kh}\cos(kx-\omega t)=\frac{H\omega}{2}\frac{\cosh k(h+z)}{\sinh kh}\cos(kx-\omega t)$$

（3-23）

水质点运动的垂直速度（w）用公式（3-24）进行计算。

$$w=-\frac{\partial\phi}{\partial z}=\frac{H}{2}\frac{gk}{\omega}\frac{\sinh k(d+z)}{\cosh kh}\sin(kx-\omega t)=\frac{H\omega}{2}\frac{\sinh k(h+z)}{\sinh kh}\sin(kx-\omega t)$$

（3-24）

水质点运动的水平加速度（a_x）用公式（3-25）进行计算。

$$a_x=\frac{\partial u}{\partial t}=\frac{H\omega^2}{2}\frac{\cosh k(h+z)}{\sinh kh}\sin(kx-\omega t)$$

（3-25）

水质点运动的垂直加速度（a_z）用公式（3-26）进行计算。

$$a_z=\frac{\partial w}{\partial t}=-\frac{H\omega^2}{2}\frac{\sinh k(h+z)}{\sinh kh}\cos(kx-\omega t)$$

（3-26）

（2）波浪力公式推导

波浪作用于浮体各部位（x，z）的波浪力包括质量力（F_M）和水动阻力（F_D）两部分，可由 Morrison 公式给出它们的计算公式（3-27）和公式（3-28）。贻贝串在波浪作用下坐标系的建立如图 3-57 所示。

$$dF_M=\rho(1+C_M)\Delta V\frac{du}{dt}-\rho C_M\Delta V\frac{dw}{dt}$$

（3-27）

$$dF_D=\frac{1}{2}\rho C_D\Delta S|u-w|(u-w)$$

（3-28）

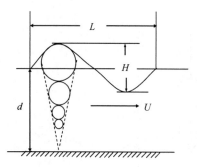

图 3-56　水质点运动轨道

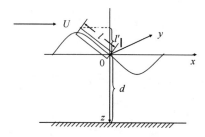

图 3-57　贻贝串在波浪作用下坐标系的建立

式中，ΔV 和 ΔS 为浮体各部分的体积和投影面积；C_M 和 C_D 分别为浮体各部分的附加质量力系数和水动阻力系数。

如果令波浪水平传播速度为 $U(t)$ $\left[U(T) = \dfrac{H}{2}\sin\omega t = -U_M\cos\omega t\right]$，则水平方向的波浪力 （$\mathrm{d}F_X$）可用公式（3-29）进行计算。

$$\mathrm{d}F_X = \frac{\rho\pi D^2}{4}C_M\frac{\mathrm{d}U(t)}{\mathrm{d}t} + \frac{1}{2}\rho DC_D\,|\,U(t)\,|\,U(t) \tag{3-29}$$

经过沿深度的积分，可以得到在给定波浪作用下的水平波浪力 $[\,F_X(t)\,]$，可用公式（3-30）进行计算。

$$F_X(t) = \int_{-d}^{-d-l'}\left[\frac{\rho\pi D^2}{4}\frac{\mathrm{d}U}{\mathrm{d}t}C_M(z) + \frac{\rho D}{2}C_D U\,|\,U\,|\right]\mathrm{d}z \tag{3-30}$$

同理，可得到给定波浪作用下的垂向波浪力或升力 $[\,F_Z(T)\,]$ 的积分公式。

$$F_Z(T) = \int_{-d}^{-d-l'}\frac{\rho\pi D^2}{4}U\cdot U\mathrm{d}z \tag{3-31}$$

式中，D 为贻贝串直径。

应用正弦波理论进行积分变换，可将公式（3-31）变换为公式（3-32）。

$$F = K_{D0}K_1\cos\theta\,|\cos\theta\,| + K_{M0}K_2\sin\theta \tag{3-32}$$

式中，$K_{D0} = \dfrac{C_D}{8}\rho g DH^2\tanh kd$；$K_{M0} = \dfrac{C_M}{8}\rho g\pi D^2 H\tanh kd$；

$K_1 = \dfrac{2k(z_2 - z_1) + \sinh 2kz_2 - \sinh kz_1}{4\sinh 2kd}$；$K_2 = \dfrac{\sinh kz_2 - \sinh kz_1}{\sinh kd}$；$\theta = kx - \omega t$；$z_1$ 和 z_2 分别是贻贝串上下端点在 OZ 轴的坐标位置。

系数 C_M 和 C_D 可用公式（3-33）至公式（3-36）进行计算。

$$C_D = f_1\left(K,\ \mathrm{Re},\ \frac{k}{D}\right) \tag{3-33}$$

$$C_D = -\frac{3}{4} \int_0^{2\pi} \frac{F\cos\theta}{\rho D U_M^2} \mathrm{d}\theta \tag{3-34}$$

$$C_M = f_2\left(K, \ Re, \ \frac{k}{D}\right) \tag{3-35}$$

$$C_m = \frac{2U_M T}{\pi^3 D} \int_0^{2\pi} \frac{F\sin\theta}{\rho D U_M^2} \mathrm{d}\theta \tag{3-36}$$

式中, K 为 Keulegan-Carpenter 数 $\left(K = \frac{U_M T}{D}\right)$; Re 为雷诺数 $\left(Re = \frac{U_M D}{\nu}\right)$; U_M 为最大速度。

如图 3-58 所示, 对贻贝串受力进行 τ 方向的分解, 并由公式 (3-38) 求解 T。

$$T = F_Z\sin\phi + F_1\sin\phi - F_X\cos\phi - G\sin\phi \tag{3-37}$$

浮子受力分析如图 3-59 所示。对浮子受力进行 τ 方向的分解, 并由公式 (3-38) 至公式 (3-42) 求解相关参数 (其中, 图 3-59 中的 T' 与图 3-58 中的 T 的关系为 $T' = -T$)。

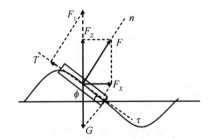

图 3-58 贻贝串的受力图解

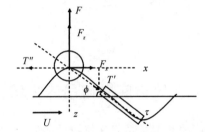

图 3-59 浮子受力分析

对力进行 X 和 Z 方向的分解, 则可获得计算公式 (3-38) 至公式 (3-42)。

$$\sum X = F_X + T'\cos\phi - T'' = 0 \tag{3-38}$$

$$T'' = F_X + T'\cos\phi \tag{3-39}$$

$$\sum Y = F + F_Z - T'\sin\phi = 0 \tag{3-40}$$

$$F = T'\sin\phi - F_Z = \rho V g \tag{3-41}$$

$$V = \frac{T'\sin\phi}{\rho g} = \frac{\pi h}{6}(3r^2 + h^2) \tag{3-42}$$

由公式 (3-18) 可求出此时浮子的浸没深度 (h); 同时用下面的公式可求出总浮力 ($F_总$)、新增加的浮力 (F_A)。

$$F_总 = \prod_i^n F \quad (i = 1, \ 2, \ \cdots, \ n) \tag{3-43}$$

$$F_A = F_总 - F_0 \tag{3-44}$$

将 T'' 进行叠加, 可得沿水平方向的总的作用力 (T_2, 图 3-59), 用公式 (3-45)

进行计算。

$$T_2 = \prod_i^n T'' \quad (i = 1, 2, \cdots, n) \tag{3-45}$$

纽字桩上绳所受力分析如图 3-60 所示，所受张力（T_3）可用公式（3-46）进行计算。

$$T_3 = \sqrt{T_2^2 + (-F_A)^2} \tag{3-46}$$

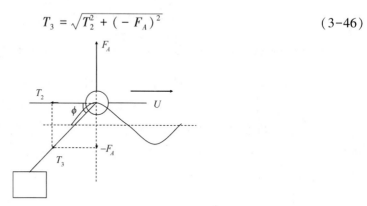

图 3-60　纽字桩上绳所受力分析

七、贝类底播与吊养相结合增养殖模式

贝类的主要养殖方式包括筏式和底播两种。筏式养殖是将贝类置于网笼等养殖设施，或者是利用绳索附苗或穿耳（扇贝）的方式将贝类悬挂于养殖水体中。传统的底播养殖是将贝类苗种直接投放于海底，且相对于筏式养殖来说可以节省大量的人力和物力，然而底播养殖必须综合考虑海况、敌害以及死亡率等多方面因素。自然条件下，贝类以足丝附着于海底营底栖生活，然而，由于贝类营附着的生活习性，极易遭受肉食性动物（如蟹类和海盘车等）的捕食，因此，在贝类底播之前，必须对海域捕食生物的种类、密度以及生活习性等进行综合评价和研究。底播养殖时养殖者为了防止敌害生物食害贝类，往往将扇贝置于各种养殖设施之内，如笼子、栅栏等进行底播养殖，以减少捕食者对扇贝的危害。底播养殖的贝类经过几个世代的自然繁殖，可以具有较强的野生能力，实现自然群体资源的补充，且相对于筏式养殖来说，受恶劣天气和污损生物的影响较轻，尤其是在岛屿周围潮下带海底多为岩礁和石块，十分适合贝类附着栖息，对贝类自然增殖特别有利。筏式吊养成本低，集约程度高，不但能扩大海域空间养殖容量，而且能够有效减小敌害生物的侵袭，因此，也是目前养殖上采用比较多的方式之一。另外将筏式吊养与底播放养有机融合在一起可以达到综合利用效果，如将贝类和藻类吊养与底播刺参相结合，可以使刺参利用沉积物中的颗粒有机物为食。例如，采用全长 16 m、宽 1 m、高 0.2 m 的网状底床（网目大小约 1.5 cm）上均匀分割成 16 个单元格（1 m ×

0.2 m)，每个单元格放置扇贝 400 粒（图 3-61），网状底床下面可以放养刺参，从而实现了对底播扇贝"下行效应"所产生的粪便和假粪等有机颗粒物向底部转移过程中的有效利用，增加海域刺参的食物量，提高其产量。因此，在适宜的岛礁域进行贝类底播和吊养其生态效益和经济效益将非常可观。在实际生产中，人们还可采用筏架式吊养、笼式吊养、网箱框架间隙吊养、大型牧场化养殖围网内外圈之间吊养和大型浮绳式养殖围网内吊养等增养殖模式。东海水产研究所石建高研究员团队在给福建省南日岛海洋牧场有限公司的鲍养殖塑胶渔排设计中，创新采用了贝藻混养新型模式（在不同组鲍养殖塑胶渔排之间的空隙海域或鲍养殖塑胶渔排周边海域养殖海带等藻类），既增加了产值，又调节了养殖水质和养殖区流速等。浙江碧海仙山海产品开发有限公司联合浙江海洋大学、东海水产研究所石建高研究员团队等开展了海水网箱+藻鱼贝浮绳式养殖围网（周长约 300 m）研发及其产业化应用（藻类品种为海带与羊栖菜，鱼类为大黄鱼与石斑鱼等，图 3-62），项目实现渔业互联信息智能化管理，浅海养殖围网设施及生态养殖技术研发与产业化应用项目已获浙江省科技进步奖，项目相关情况被中央电视台等多家媒体广泛报道；项目养殖大黄鱼作为杭州 20 国集团峰会特供鱼类，深受广大群众喜爱。以上几种养殖模式可形成贝参混养、贝鱼混养或贝藻鱼混养等立体增养殖模式。

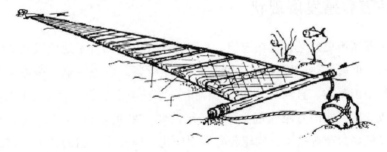

图 3-61　贝类底播养殖设施示意

图 3-62　海水网箱+藻鱼贝浮大型绳式养殖围网立体养殖模式实景

第三节 海藻养殖设施工程技术

我国海域广阔，海岸线漫长，蕴藏着极其丰富的海藻资源。我国人民自古以来就广泛地利用海藻作为食物、药材、饲料（饵料）、肥料和制胶原料等。广义的海藻养殖设施，包括从种藻培养、幼苗繁育、海上养成、收获等养殖环节所涉及的设施，本节讨论的目标是狭义的海藻养殖设施，即海藻养成期间所涉及的设施。当前，我国海藻养殖区域基本集中在近海水域和潮间带，仅有极少量海藻在陆基室内养殖和深远海养殖。除了紫菜和长茎葡萄蕨藻外，海藻养殖基本在近海水域进行，其设施主要是养殖浮筏，其中海带浮筏养殖最早建立，其他海藻养殖筏架都是参考海带养殖浮筏进行适当改造而成。潮间带养殖主要是指紫菜养殖，其养殖设施包括筏架结构和养殖网（帘）等。陆基室内海藻养殖，当前主要是指长茎葡萄蕨藻养殖，其养殖设施主要包括养殖车间、养殖水池/水槽、养殖浮床等。本节以海带、紫菜和长茎葡萄蕨藻分别作为近海水域、潮间带和陆基室内养殖的代表，并介绍它们的养殖设施工程技术。

一、海藻养殖发展现状

我国海藻养殖历史悠久，远在宋朝，我国劳动人民就创造了处理岩礁增殖海萝的方法，在三四百年前就开始使用处理岩礁的办法增殖紫菜。1819 年起，少数来华的外国传教士开始研究中国藻类。直到 1917 年，中国老一辈藻类学家们开始研究中国藻类；中华人民共和国成立后，我国海藻养殖业得到长足发展。20 世纪 50 年代，建立了海带筏式养殖、自然光低温育苗等技术，构建起海带规模化、商业化养殖的技术体系，拉开了我国海藻养殖产业大发展的序幕。根据中国渔业统计年鉴，2015 年我国海水养殖产量 $1\ 875.63 \times 10^4$ t，其中，藻类产量 208.92×10^4 t。从养殖种类结构上看，我国海水藻类种类众多，优势种明显，海水养殖种类 166 个、培育新品种 64 个，海水养殖种类和品种共计 230 个，其中，藻类 20 种，占 12.1%，现已成为藻类养殖大国，海藻养殖的规模和产量居世界第一，已经形成了从养殖、采收、加工、深加工的产业群，并且带来了丰厚的经济效益。

我国大陆海岸线逾 18 000 km，跨热带、亚热带和温带，不同气候带和生态环境，造就了不同物种的生存繁衍条件，使我国海水养殖呈现养殖物种繁多、养殖方式多样的特点。目前，我国规模化养殖的海藻包括褐藻类的海带、裙带菜、马尾藻类（羊栖菜为主，少量的鼠尾藻等）等，红藻类的紫菜（条斑紫菜和坛紫菜）、江蓠（龙须菜等）、麒麟菜、石花菜等，绿藻类的长茎葡萄蕨藻等。山东、福建、浙江、广东、辽宁、海南、广西和河北等地是我国海水养殖主产区。辽宁、河北和山东等省（市）环绕的渤海湾、辽东湾、莱州湾养殖藻类以海带为主，海带收获采用吊机等（图3-63和图3-64）。

图3-63 海带养殖区

图3-64 海带收获用吊机

山东半岛海水养殖种类繁多，浮筏养殖藻类主要包括海带、裙带菜和江蓠（龙须菜）等（图3-65）。桑沟湾的多营养层次综合养殖模式，体现了生态、高效的海水养殖发展趋势（图3-24）。桑沟湾位于山东半岛东部沿海，其多营养层次综合养殖分为筏式和底播两种方式，主要包括贝-藻-鲍-参-藻、鱼-贝-藻、海草床海区海珍品底播增养殖等模式，综合效益显著。

图3-65 山东半岛的浮筏养殖藻类

海州湾位于山东南部和江苏北部，盛产条斑紫菜等（图3-66）。特别是与世界接轨的紫菜养殖业是该地区海水养殖的特色。

图3-66　条斑紫菜养殖

福建和浙江的海藻养殖历史悠久，主要养殖坛紫菜、海带和羊栖菜等（图3-67）。福建的海带养殖产量居全国首位。

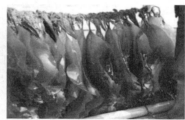

图3-67　闽浙沿海的海藻养殖

海南位于热带和亚热带，主要养殖藻类为麒麟菜等（图3-68）。

图3-68　麒麟菜养殖

二、海带养殖设施及养成方式

海带（*Saccharina japonica*）属于褐藻门、游孢子纲、海带目、海带科、海带属。海带属藻类有 40 多个物种，主要分布在北太平洋与大西洋。海带属藻类在潮下带的自然垂直分布主要受海水透明度限制，以固着器定生于低潮带与潮下带的礁石与基岩海岸，一般生长在低潮线下 2~5 m 的岩石上，藻体不耐高温和干露，生长盛期为冬春季。海带养殖的主要过程包括夏苗暂养、分苗（夹海带苗）、挂苗、施肥、水层调节、切尖、收割、加工等。海带是我国养殖产量最高的大型经济海藻，在食品、饲料（饵料）、制胶化工等领域应用广泛。2016 年我国海带栽培面积高达 44 398 hm²，养殖面积占藻类总养殖面积的 31.5%，养殖产量 1 461 058 t，养殖产量占藻类总养殖产量的 67.4%，养殖产量居藻类第一位。海带是我国第一个产业化养殖的海藻，其主要设施是养殖浮筏（设置在一定海区并维持在一定水层的浮架）。我国自开创筏式养殖以来，各地因地制宜地创造了各种类型的筏子及养成方式。

（一）筏架的类型与结构

养殖筏架基本上分为单式筏（也称大单架）和双式筏（也称大双架）两大类。因此，有的地区又因地制宜地改进为主框筏、长方框筏等。经过生产实践证明，单式筏养殖效果比较好（每台单式筏独立设置，受风浪的冲击力较小，抗风浪能力较强，因而比较牢固、安全，特别适用于风浪较大的海区）。单式筏是我国目前海带养殖的主要类型，其他类型的养殖筏架使用得较少。

1. 单式筏的结构

单式筏由 1 条浮绠、2 条橛缆、2 个橛子（或石砣等）以及若干个浮子组成（图 3-69）。浮绠通过浮子漂浮于水表面，用来悬挂养殖苗绳。浮梗的长度就是筏身长，筏身长短与生产安全有关，不同地区筏身的长度不同，要因地而异，一般净长 60 m 左右，可以根据风浪大小进行适当调节，风浪大的海区筏身适当缩短，风浪小的海区则相反。

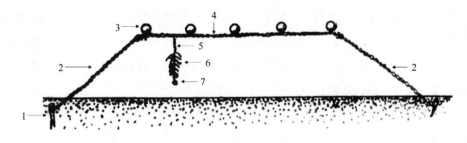

图 3-69 海带单式浮筏结构示意（引自《海藻养殖》）

1. 橛子；2. 橛缆；3. 浮子；4. 浮绠；5. 吊绳；6. 海带；7. 坠石

橛缆和木橛（石坨）用以固定筏身。橛缆的一头与浮梗相连接，另一头系在木橛（石坨）上。水深是指满潮时从海平面到海底的高度。橛筏间距离是指从橛到同一端筏身顶端的距离。

2. 方框筏的结构

方框筏是在内湾风浪小的海区使用的一种筏架形式，在我国海带养殖省市都能见到。其方法是把筏身两端绑在横的绷缆上，根据筏距要求，例如筏距定为 6 m，即在横绷缆上每隔 6 m 绑一台筏身，横绷缆的长度则依据当地海况而定。横绷缆的两端用双橛固定，而在横绷缆上每隔 3~4 台另打边橛加固，这样就形成了大方框的形式。方框筏形式省工、省料、操作方便，同时对稳定筏身有好处，筏间间距一致，比单式筏优越，但是，其抗风浪能力较差，因而一般适合在内湾、小海区或养殖海区的内区等应用。

3. 双式筏的结构

双式筏即用 2 m 长度的竹筒，按等距离绑在 2 根浮绠上。近些年用双式筏进行养殖生产者已很少，一般多作为保护筏用于养殖外区。在混水区使用此筏时，苗绳与浮竹平行绑挂。水层可控制较浅，但操作很不方便。

(二) 养殖筏的主要器材及其规格

1. 浮绠和橛缆

海带养殖筏架的浮绠和橛缆早期时一直采用天然纤维绳索（如稻草绳等）。由于稻草绳等在海水中长期浸泡后易腐烂，故它们仅能使用 1 年。现在各地一般使用合成纤维绳索，PE 绳、PP 绳等合成纤维绳索是理想的浮绠和橛缆材料。PE 绳、PP 绳等合成纤维绳索材料抗腐蚀、强度高、抗风浪强，一般可用 8~10 年，当前海带筏架普遍采用这些材料。浮绠和橛缆直径可根据海区风浪大小而定。一般在风浪大的海区浮绠和橛缆采用直径 15~20 mm 的绳索，而风浪小的海区则采用直径 10~15 mm 的绳索。

2. 浮子

在海带养殖上，浮子也称浮球。过去我国南北方都使用毛竹筒作为海带养殖浮子，后来因毛竹供不应求等原因，人们逐渐改用玻璃浮子和塑料浮子。毛竹筒作浮子操作方便，不易损坏、浮力大、水层容易保持平衡，但直径要在 10 cm 以上才宜使用。每台竹筏子用长 2 m 的毛竹筒 20 根，一般可用 3~4 年。

玻璃浮子一般直径为 25~30 cm，虽浮力比较大，但极易破碎，操作麻烦，自身重量大，浮力不均衡，但可就地组织生产（图 3-70）。塑料浮子与玻璃浮子大小与形状相似。制作时还可根据需要设有 2 个或多个耳孔，以备穿绳索绑在浮绠上。塑料浮子比较坚固、耐用、自身重量小，浮力大，可承受 12.5 kg 的浮力；与 PE 浮绠配合使用大大提高了海带养殖生产的安全系数。当前，北方海区普遍使用塑料浮子，南方海区更多使用塑料泡沫，甚至塑料瓶等物品，浮子的选择较为随意（图3-71）。

图 3-70　玻璃浮子

图 3-71　北方和南方养殖筏架浮子

a. 北方养殖筏架使用塑料球作为浮子；b. 南方养殖筏架使用塑料泡沫作为浮子

3. 橛子或坨子

橛子有两种：一种是木橛；另一种是竹橛。北方一般用木橛，而南方除使用木橛外，还使用竹橛。木橛适用于任何能打橛的海区，而竹橛只适用于软泥底海区。只有在软泥底海区竹橛才能打深、打牢，以避免拔橛。而在硬泥底的海区，竹橛一般打不下去。木橛可用各种干燥的木材，如楮木、柳木、杨木、沙木和松木。木橛需要有一定的粗度和长度，而且两者是互补的，较粗的木橛可以短些，较细的木橛应长些，这要看海区的风浪和底质情况而定。凡风浪大、流大、底质松软的海区，橛身要长些、粗些；反之，则可短些、细些。在一般海区，木橛的长度约 100 cm，粗约 15 cm。竹橛的长度视海底软泥的深度而定，海底软泥深度达 1 m 者，长度应在 2 m 以上；软泥深达 2 m 者，长度应在 3 m 以上。细橛的固定力量比较小，易拔橛，可采用在橛身中部加镶一根横木棍或在橛身上部缠绳加粗等办法，来增加橛的固定力量。木橛在打入海底前就要将橛缆绳绑好，其绑法有两种：一种是带有橛眼的木橛，一般是将橛缆穿入橛眼后用木橛将橛缆固定于橛上。这种方法比较牢固、安全，又节省器材和人工，尤其适用于化学纤维的缆绳；另一种是在橛身中下部横绑一根木棍，采用"五字扣"或其他绳扣将橛缆绑在木橛上，或者在橛身中部周围砍铣一道"沟槽"，将橛缆绑在"沟槽"处。砣子是在不能打橛的海区，采取下砣子的办法来固定筏身。砣子可分为石砣和水泥砣等，人们可以因地制宜地选择使用。砣子的大小要根据养殖区的风浪潮流大小以及养殖藻类种类等而定，一般以 1 t 左右为好。砣子形状以方形为宜，其厚度以薄一点的为好，以使重心降低，从而增加固定力量。石砣高度约为长度的 1/5~1/3。石砣顶面预置铁鼻或绳鼻等系绳环扣，系绳环扣直径一般为 12~15 mm。

4. 苗绳

苗绳也称养成绳，是海带生长的附着基，海带苗就夹在苗绳的缝隙中，海带假根盘结附生在苗绳上。苗绳不只作为海带的生长基，而且在海中还承担着藻体的重量。苗绳材料的选择要考虑到苗绳下海后能经久耐用，不分泌有害于海带生长的有毒物质，同时还要来源广、经济实用。多年来的生产实践证明，直径为 13 mm 左右的红棕绳做海带苗绳最好，既耐海水浸泡腐蚀，本身又不分泌有毒物质，海带生长正常，掉苗率低。但棕绳的成本比较高，原料供应不足。近年来，逐步使用 PE 绳索等合成纤维绳索做苗绳，或与棕绳混合使用。PE 苗绳经久耐用，而且由于 PE 苗绳比红棕苗绳细得多，因而可以夹较小的苗而不致损坏其生长部。提高 PE 苗绳的强度及其防污性能将是未来海带苗绳的发展方向，在现代农业产业体系专项资金（编号：CARS-50）、泰山英才领军人才项目"石墨烯复合改性绳索网具新材料的研发与产业化"等项目的支持和帮助下，东海水产研究所石建高研究员团队正在从事高性能和功能性海带苗绳的研发。苗绳长度要根据养殖区的海况和培育形式等因素来确定。凡采用垂养形式，为使同一苗绳的上下端海带受光均匀，苗绳不要过长，否则上下受光差别过大。在养殖过程中要采取倒置等技术措施，因此，要采用分节苗绳。凡采用平养形式的，或先垂后平养育形式的，一般不用倒置，因而多采用一节苗绳。平养形式要考虑到筏距大小，一般来说，不同海区的差异较大，山东的苗绳长度大多为 2.5 m 左右，而辽宁、福建等地的苗绳有的长达 8.0 m。苗绳结构一般为三股捻绳，捻制时应注意捻度适中

（加工后的苗绳既不要太紧，又不要太松）。苗绳太紧（即苗绳捻度大），其弹夹力过大，易伤及幼苗的柄部及生长部组织，而且夹苗时拧绳费力，操作不便；苗绳太松（即苗绳捻度小），则往往夹不住幼苗，即使暂时夹住了，下海后也易在风浪流下脱落。红棕苗绳在使用前要充分浸泡一段时间，以使绳索柔软，方便夹苗，同时浸出天然纤维中所含的有毒物质；PE 苗绳在使用前也要清洗干净，以清除绳子表面的化学物质；上述苗绳去毒工作应在夹苗前完成。苗绳浸泡用海水或淡水浸泡均可，但若用淡水浸泡，则在夹苗前需再用海水泡一泡。未经浸泡处理的新苗绳，夹上海带苗后，往往会出现脱苗和抑制幼苗生长等现象。

5. 吊绳

海带苗夹好后，并不是直接把苗绳悬挂在浮筏上，而是用吊绳把苗绳吊挂在筏子上。吊绳一般用 PE 绳。吊绳承受着一绳海带的重量，尤其是在海带养成后期，一绳海带的重量高达 50 kg 以上，因此，吊绳的质量要好，应具有较大的抗拉力和耐腐蚀能力。吊绳的长短可调控海带苗绳所在水层的深浅，因此，吊绳长度需根据海区透明度和苗绳所处水层的深浅位置等来确定；在不同养殖季节、不同天气，苗绳的长度可以不同，但控制吊绳长短的根本原则是保持苗绳的适宜深度，既能使海带充分得到光照，又不会受到强光伤害。

6. 坠石和坠石绳

不管是垂养还是平养初期或"一条龙"养殖法，为了防止苗绳由于浪流冲击而漂浮于海水表面（造成海带养殖中出现光照过强的恶果）或由苗绳之间互相缠绕而磨断海带苗绳、吊绳、海带苗等现象的发生，人们在垂养苗绳的下端、平养苗绳的中间、"一条龙"养殖法的苗绳与吊绳的连接处增设一个坠石。坠石重量应视海区风浪和海流大小而定，一般 250 g 即可，风、流特别大的海区坠石重量可调整为 500~750 g。捆坠石用的坠石绳，可用 PE 绳等合成纤维绳索。

（三）养殖筏的设置

1. 海区布局

海带养殖的海区要合理布局，既要充分利用海区生产力，又要考虑到使海带有一个适宜的生活环境，这样才能保证海带充分发挥个体和群体生长潜力，达到优质高产的目的。因此，筏子设施不要过于集中，要留出足够的航道，区间距离和筏间距离适宜，保证不阻流，有一定的流水条件。特别在自然条件好的养殖海区更应注意这点，不然就不能发挥有利条件优势。海区要有统一规划，合理布局，各单位严格遵守，不能各行其是、随意设置养殖区。

筏子的设施要视海区的特点而定，必须把安全工作放在首位，其次是有利于海带的生长，并考虑到管理操作方便、整齐美观。一般 30~40 台筏子划为一个区，区与区之间呈"田"字形排列，区间要留出足够的航道；区间距离以 30~40 m 为宜，平养的筏间距以 6~8 m 为宜。

2. 筏架的设置方向

筏架的设置方向不但关系到筏身安全，而且关系到养殖方法与海带的受光情况。过去筏架的设置方向主要考虑风和流对筏身安全的影响，现在我们要在保证安全的前提下全面考虑，尽量使海带能得到充分的光照，同时避免海带间相互缠绕。

对于宽广的大海来说，海带养殖海区一般为近岸区。近岸区的特点是除少数海区风向与流向一致外，绝大多数养殖海区的风向与流向呈一定角度。因此，在考虑筏架方向（简称筏向）时，风和流都要考虑，但二者往往以一个为主。比如风是主要破坏因素，则可顺风下筏；流是主要破坏因素，则可以顺流下筏；如果风和流的威胁都较大，则应着重解决潮流的威胁，使筏子主要偏顺流方向设置。当前产业推广的海带顺流筏养殖法，必须使筏向与流向平行，尽量做到筏架顺流。海带采取"一条龙"养殖法时，筏向则必须与流向垂直，要尽量做到筏架横流。

3. 打橛或下砣子

橛子的分布设计决定了养殖筏架空间布局的合理性，因此，橛子的空间分布设计是打橛子的前提。打橛前应先用 4 条绳子在选定的海区拉上两条水线，以便能按照水线上的尺寸将橛子整齐地打入海底。水线的长度应是一个养殖区的长度，两条水线之间的距离应是一台筏子的 2 个橛间距离。根据设计的筏间距，在水线上做花码，作为打橛的标记。确定好橛子的分布，即可采用灵活的方法将橛子打入海区指定位置。国际上有四大导航系统，分别是美国的 GPS、俄罗斯的格洛纳斯、欧盟的伽利略和中国的北斗。中国的北斗系统在国民经济和国防建设各领域应用逐步深入，核心技术取得突破，整体应用进入产业化、规模化、大众化、国际化的新阶段，2018 年率先覆盖"一带一路"国家，2020 年覆盖全球（图 3-72）。随着 GPS、北斗系统等导航系统的普及，可根据整个海区的区块分布，使用 GPS 等导航系统事先定位每个橛子的位置，绘制整体的橛子分布图，作为打橛子的依据。与橛子一样，砣子的分布决定了养殖筏架的空间布局。在砣子投放前，需利用 GPS 定位仪等根据养殖筏架的空间布局来确定每个砣子的位置，绘制砣子分布图，然后方可投放砣子。

4. 下筏

木橛打好或石砣下好后就可以下浮筏。橛缆或砣缆在打橛或下石砣时就应绑在橛或砣上，并在其上端系以浮漂。下筏时先将数台或数十台的浮绠装运到目标海区，顺着风和流的方向开始将第一台筏子推入海中，然后将浮绠的一端与系有浮漂的橛缆或砣缆连

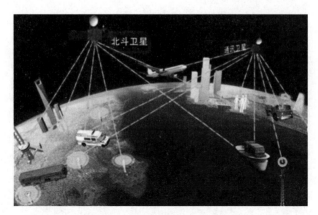

图 3-72　导航系统应用示意

接在一起，另一端与另一根橛缆或者砣缆连接起来。这样一行一行地将一个养殖区下满后，再将松紧不齐的筏子整理好，即使整行筏子松紧一致，又使筏间距离一致。

（四）海带养成方式

我国海带筏式养殖的养成方式主要有垂养、平养、垂平轮养、潜筏平养、方框平养和"一条龙"养成法 6 种形式；其中被普遍采用的主要是平养和垂养，其他几种形式仅在个别地区或企业采用。现将几种主要养殖方式简介如下。

1. 垂养

垂养是立体利用水体的一种养成方式，是最早采用的一种方式。垂养养成方式就是在海带分苗后，将苗绳通过一根吊绳垂直地悬挂在浮缏下面（图 3-73），在养成后期虽然也要平养一个阶段，但那只是为了促进海带厚成的一个措施，而海带在主要生长时期都是在垂挂形式下度过的。自然生长在海底的海带，是以其假根固着在岩礁上，藻体的叶片向上漂浮生长。在这样的自然生态状况下，海带的叶片不但可以得到充足的光照，而且由于叶片的相互遮挡，使需要较弱光照的生长部避免了强光的照射。但是，在人工筏式养殖的情况下，正好把海带的自然生态状态倒了过来，使怕强光的生长部首先暴露在强光照射下，而需要较强的光照的叶片中上部却置于较深的水层中，因而必然会抑制海带的生长。在垂养条件下，除苗绳上端几棵海带的生长部受到较强的光照对生长部细胞的正常分裂有着一定抑制作用外，大部分海带的生长部都受到上端海带叶片的遮挡，避免了强光的刺激。因而垂养的海带平直部形成比平养要早，这是垂养的最大优点。垂养的另一个优点是由于叶片下垂，使每绳海带所占用的水平空间较小，苗绳之间能够形成"流水道"，阻流现象较轻，潮流较畅，有利于海带生长。垂养第三个优点是苗绳下端不固定，整绳海带能"随波逐流"，使苗绳有较大的摆动幅度。这样一方面减少了阻流现象，另一方面可直接改善海带的受光条件。

213

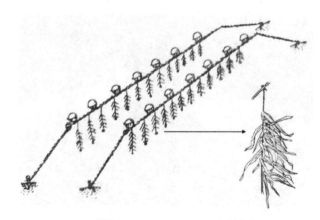

图 3-73　海带垂养示意（引自《海藻养殖》）

　　海带垂养的缺点是苗绳下部的海带所能接受的光线较弱。这是由于上部海带遮光影响，而且水层的光线随着水的加深而逐渐变弱，光的质量也发生很大变化。在海带养殖初期，幼苗比较小时，由于苗绳上部的海带起到了遮阻强光的作用，反而有利于下部海带的生长；但是，到了海带养殖的中后期，海带的藻体长到 2 m 以上时，藻体本身对光线的需要增加，而苗绳上部海带对下部海带的遮光现象更加严重。结果，苗绳下端的海带生长逐步缓慢，慢慢呈现出受光不足的症状，藻体的颜色也逐渐由浓褐色变为淡黄色，甚至淡白色。为了解决这个问题，在养殖生产上采取了"倒置"的办法，即在下端海带生长出现缓慢趋势、色泽开始变淡时，将苗绳上原来在下端的部位倒到上端部位，将上端部位倒置到下端部位。海带养殖一段时间后，又出现生长不均的趋势时应再行倒置。在养殖过程中进行多次倒置，使上下部的海带都得到充足的光照。倒置虽然在一定程度上解决了光照不均衡的问题，但还是"轮流受光，轮流生长"，不能彻底解决受光问题。尤其在垂养后期。垂养形式的海带产量比其他几种形式都低。倒置是一项劳动强度很大的工作，倒置时海带又正处于快速生长的脆嫩期，在操作时稍有不慎就会折断海带。垂养苗绳下部海带的受光条件，不仅受苗绳上部海带的影响，而且受夹苗密度、挂苗密度和筏子行距等技术措施的影响。

　　2. 平养

　　平养是水平利用水体的养成方法。平养养成方式是在分苗后，将苗绳挂在两行筏子相对称的两根吊绳上，使苗绳斜平地挂于水体中（图 3-74）。这种养育方式，在有些地方虽然养殖初期也有一段时间接近垂养的挂法，或者直接垂挂，但时间较短，海带的主要生长期是在平养形式下度过。

　　平养养成方式早在 1951 年烟台水产试验场就进行了试验，但由于当时采用大双架平养，不但操作起来不方便，而且很不安全。结果平养的海带产量低于垂养，到 1955 年就

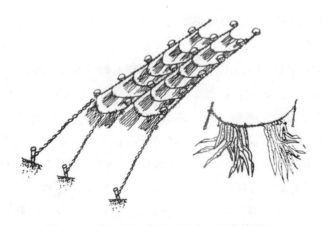

图 3-74 海带平养示意（引自《海藻养殖》）

被淘汰了。1957 年进行了海带南移的养殖试验。我国福建、浙江沿海由于受长江、钱塘江、闽江等大河流影响，海水透明度比较小，属混水区。在这样的海区开始采用短苗绳浅养法来解决光照问题，虽然能生产出商品海带，但产量不高。以后又试验了平养法，证明在混水区平养是一种较好的形式，海带受光充足而且均匀，产量较高。在南方试验成功的基础上，北方于 1958 年又进行试验平养法。这时由于广泛采用了单式筏子，使海带平养法的试验获得了成功。1970 年后，山东又试验成功了海带顺流筏平养法，使平养法更加完善。目前平养是我国海带养殖的主要形式。平养的最大特点是同一根苗绳上的海带，排列在一个接近于同一平面的斜面上，拉开了株间相互遮光的距离，每棵海带都能够得到较充足的光照、生长迅速，个体间生长差异较小。这就克服了垂养形式的那种苗绳上端海带遮挡苗绳下端海带受光的问题。平养的另一优点是不需要像垂养那样进行频繁倒置，最多倒置 1~2 次即可，因而既大大节省了工时，又减轻了劳动强度。

当然平养也有缺点。由于海带都并列在一个平面上，互相遮光很轻。尤其是在养育初期藻体较小，彼此遮光更轻，因而生长部接受的光照普遍偏强，而叶片上半部（尖梢）却是接受微弱的漫射光，叶梢部的互相遮光现象也较严重。这种不符合海带自然受光的状况，将会抑制生长部细胞的正常分裂，尤其是在海水透明度增大时更为严重；不但生长部细胞分裂不正常，而且叶片生长也不舒展，平直部形成得晚而且短小，并易促成叶梢过早衰老的现象。另外，平养中叶梢绿烂、白烂等病害现象的发生，也往往较垂养者早而且严重。平养的上述缺点对透明度较大的北方海区显得尤为突出，而对混水的南方海区影响较小。但是这个缺点，由于近年来推广了向水深、流大的海区发展，并且采用顺流筏平养而得到了克服。在水深、流大的海区平养的海带，藻体的中部和梢部被水流冲起漂浮在较浅的水层中，而生长部位所在的叶片基部，却被置于较深的水层中，这正好符合海带的自然生态，不但不会产生上述缺点，相反，使海带受到更加合理的光照。要使海带能保持这种状况，吊绳必须适当长些，尤其是在水流很大的情况下，否则整个海带都会被流水压在深水层。此外，平养的其他缺点还包括：①由于苗绳通过两端的吊绳固定在两行浮筏上，因而不像垂养苗绳那样有较大的摆动幅度；②在海水流速小的海区，平养的海带叶片基本上下垂在一个水层中，因而阻流、阻浪等现象较为严重，使海带不能得到良好的受流条件，进一步影响到海带受光状况的改善；③在平养情况下，由于海带根部一般都朝着阳光，所接受的光照偏强，这不但抑制了根部的生长，使根系不发达，而且由于根部有朝着背光方向伸展的习性，使根不易向苗绳上盘结，故附着不牢固，往往造成海带大批脱落（这是平养比垂养脱苗率高的一个主要原因），等等。海带平养虽然有上述缺点，但多年来由于人们不断研究，采取了一些技术措施，使平养得到了不同程度的改进。比如，分苗后的养育初期，为防止生长部受强光抑制，可加长吊绳或使苗绳的斜平度加大，或采取暂时垂养、叠挂等形式；在水层的掌握上，一般要宁深勿浅，以后逐步稳妥地向上提升。

综上所述，海带平养比垂养好，这主要是因为平养的产量高、质量好、劳动强度低。平养已成为我国海带筏式养殖的一种主要形式。尤其是近年来，海带养殖向水深、流大的海区发展，推广顺流平养后，平养法的优点更加突出，因此，海带平养值得我们深入研究。

3. 垂平轮养

海带垂养和平养都各有优缺点，而前者的优点可能是后者的缺点，后者的优点也可能是前者的缺点。因此，采用垂养和平养都不能完全满足或适应海带对光照的要求。根据这种情况，人们创新开发了一种新的养成方法，即垂平轮养。垂平轮养是根据海带每个时期对光照的不同要求，结合海区条件的变化（主要是海水的透明度等），而采取或垂或平交替的养成方法。以山东沿岸来说，南岸养殖区在冬季因避西北风，海水清、透明度大，这时藻体也较幼嫩，怕强光刺激，因而可采用垂养形式。到3月以后，南北风交替，南风逐步加强，海水变得混浊，透明度小，这时藻体已长大，要求较强的光照，因而可将垂挂的苗绳平起来，这样一直到收刈。北岸养殖区的情况正好与南岸养殖区相反。

4. "一条龙"养成法

"一条龙"养成法是向水深、流大的外海发展海带养殖而采用的一种养殖方法。就是横流设筏子，苗绳沿浮缆平吊，每根吊绳同时吊挂两根苗绳的一端，使一台筏子上的所有苗绳连接成一根与浮缆平行的长苗绳称为"一条龙"养成法（图3-75）。"一条龙"养成法必须横流设筏，在流的带动下，每棵海带都能被冲起，受到均匀的光照。为了避免海带间缠绕，在大流海区筏距不应小于6 m、在急流海区不应小于8 m。为了操作方便，分苗绳净长一般取 2 m，两根吊绳距离一般为 1.5 m，这样分苗绳有一个适宜的弧度，既不互相缠绕，又可增加苗绳长度。为了稳定分苗绳，必须挂坠石，坠石不小于 0.5 kg，挂在吊绳和分苗绳的连接处。

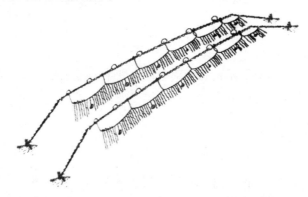

图 3-75　海带"一条龙"养殖示意（引自《海藻养殖》）

"一条龙"养成法的优点是使海带都能处于适光层，而不相互遮阴，因而生长快、个体大、厚成均匀、成熟早、收割早；同时由于挂分苗绳少，浮绠负荷轻，筏子较安全。"一条龙"养成法适合于外海浪大流急的海区，其缺点是增加筏子使用量，提高成本。"一条龙"养成法解决了有些风浪大的海区不能养殖海带的难题，这一问题，成本虽然增高，但是，仍可获得利润。"一条龙"养成法在扩大养殖面积、充分利用外海海区上有很大意义。

三、紫菜养殖设施及养成方式

紫菜是世界上经济价值最高、产值最高的栽培海藻，中、日、韩三国是世界上主要紫菜栽培区域，中国养殖品种有条斑紫菜（*Porphyra yezoensis*）和坛紫菜（*Porphyra haitanensis*），日、韩两国的养殖品种是条斑紫菜（紫菜在日本称为"のり"或"海苔"，欧美称为"Laver"）。紫菜味道鲜美、营养丰富，是我国养殖面积最大的经济海藻。根据《2017 年中国渔业统计年鉴》，2016 年中国紫菜养殖面积 72 997 hm²，紫菜产量 135 252 t。在自然界里，条斑紫菜多生长在中低潮带的岩礁上，生长期为 11 月至翌年 6 月，经历了幼叶、成叶、成熟、衰老，于翌年春夏交际时消亡；年复一年，周而复始。在掌握了紫菜生活史之后，紫菜的全人工养殖技术逐渐建立起来。江苏省自 20 世纪 70 年代初开始研究紫菜的人工栽培技术，发展至今已基本形成具有近代技术特征的海藻栽培产业。江苏是条斑紫菜的主要产地，而坛紫菜则主要分布于福建、浙江和广东沿海。根据《2017 年中国渔业统计年鉴》，2016 年江苏、福建、浙江、山东和广东的紫菜养殖面积分别为 41 066 hm²、13 694 hm²、17 008 hm²、460 hm² 和 749 hm²；上述地区对应的养殖产量分别为 28 405×10⁴ t、32 178×10⁴ t、66 440×10⁴ t、972×10⁴ t 和 7 257×10⁴ t。紫菜产业持续、健康的发展对渔业结构调整、农（渔）民转产转业增产增收具有十分重要的意义。紫菜养殖主要集中在潮间带浅水区，养殖设施主要包括网帘和（支撑网帘的）筏架。

（一）栽培筏架

在紫菜养殖业中，紫菜养殖俗称紫菜栽培。紫菜栽培筏架主要由网帘、筏架（包括固定筏架的橛、缆等辅助部分）组成。网帘是紫菜的附着基质；筏架是支撑或张挂网帘的框架，兼有浮动作用。

1. 网帘

紫菜养殖网帘由网纲、网片（也称网衣）等装配而成（图 3-76 和图 3-77）。网纲是网片四周的围绳，网纲直径一般约为网片绳直径的 2 倍，但在实际生产中人们可根据需要或合同要求等进行调整。网帘用网衣在紫菜养殖业上称为紫菜网、海苔网、网衣或网片等。参照石建高研究员主持起草的我国水产行业标准《渔具材料基本术语》（SC/T 5001—2014），我们可以定义网帘用网衣及其网目。所谓网片是指由网线（绳）编织成一定尺寸网目结构的片状编织物；所谓网目是指由网线（绳）按设计形状组成的孔状结构；网目是组成网衣的基本单元（俗称网眼）。网目由网线通过网结或绞捻、插编和辫编等方法按设计形状编织成的孔状结构，其形状呈菱形、方形或六角形等形状；网目包括目脚和网结（或网目连接点）两部分；一个菱形或方形网目由 4 个网结和 4 根等长的目脚所组成（图 3-11）。网目大小视海况等情况而定。20 世纪七八十年代栽培条斑紫菜的网目一般为 220~260 mm，网绳（线）规格一般为 100 股以上，不少地方都试图用增粗网绳（线）和缩小网目等措施来达到增产目的，但事与愿违；网绳增粗、网目缩小不但增加网帘成本，采苗时所占的体积增大，导致附苗量过密，潮流不畅，产量反而下降。进入 90 年代后，各地的网绳和网目渐趋统一。目前，我国紫菜养殖网帘主要包括 PE-PVA 有结网衣（图 3-17）、PE 有结网衣（图 3-15）等。东海水产研究所石建高研究员团队率先制定了我国第一个 PE-PVA 网线行业标准——《聚乙烯-聚乙烯醇网线混捻型》（SC/T 4019），该行业标准适用于采用线密度为 36 texPE 单丝和 29.5 tex PVA 牵切纱捻制成结构为［（PE36 tex×4+ PVA29.5 tex×6）×3×3~（PE36 tex×6+ PVA29.5 tex×9）×3×3］混合捻制成的网线。在紫菜养殖网衣实际生产中，既可直接以 PE-PVA 网线制作 PE-PVA 网衣（图 3-17），又可以 PE 网线与 PE-PVA 网线编织混合网衣（图 3-18）。目前，我国紫菜养殖网衣网目一般为 260~300 mm，其发展趋势以 300~320 mm 为宜。

我国各地紫菜养殖网帘长、宽都不一致，没有统一规格。以半浮动筏式栽培为例，

图 3-76 紫菜养殖网帘用网纲与网片

图 3-77 一种紫菜养殖网帘

江苏省紫菜养殖网帘一般选用规格为 2.0 m×2.0 m、2.5 m×2.0 m、2.2 m×2.2 m 等方格网或菱形网；为了便于机械采收，有些地方采用规格为 2.0 m×6.0 m 的网帘，取得良好的采收效果。山东省紫菜养殖网帘一般选用规格为 1.5 m×2.0 m 的方格网或菱形网，全浮动筏式栽培网帘一般选用规格为 1.5 m×12.0 m 的方格网或菱形网。近年来，随着紫菜全浮动筏式栽培的普及，网帘规格为一般选用 1.8 m×18.0 m、1.5 m×18.0 m、1.25 m×18.0 m、1.2 m×18.0 m，等等。今后随着紫菜生产向机械化、智能化方向发展，网帘规格将会逐步趋于统一。长期实践经验表明，紫菜养殖网帘长度范围以 10.0~12.0 m 为宜，而宽度范围则应选用 1.2~1.5 m。网帘是紫菜养殖成败的重要材料，但我国至今尚无国家标准、行业标准或团体标准，建议相关管理部门尽快立项制定，助力紫菜产业可持续健康发展。

　　紫菜产量由单位网帘有效苗成长为叶状体的重量构成，为确保紫菜养殖获得高产，应选用优质网帘。理想的网线材料应以附苗好、浮泥和杂藻不易附着、坚固耐用、操作轻便且材料成本低等为标准。紫菜壳孢子的直径为 0.01 mm 左右，壳孢子萌发生长出根丝固着在网线表面，壳孢子附着的好坏与网线结构及其吸附性等直接相关。如网线材料表面的物理结构为 0.01 mm 的凹凸相交且表面积大，则壳孢子的附着性好。材料的吸附性越好，壳孢子的附着越好。但是，对于茂密的紫菜苗的生长来说，网线的沥水性越好，紫菜苗的生长越好，这是因为容易沥水的网线，不仅容易淘汰紫菜弱苗，而且杂藻

219

（菌）不易附生，浮泥也不易污秽。因此，紫菜养殖的理想材料应既易吸水又易沥水，如 PE-PVA 网线等。紫菜幼苗根尖的面积约为 $0.0001\ mm^2$，假定网线直径为 $0.3\ mm$，则 $1\ cm$ 长的网线表面积为 $100\ mm^2$，仅从根尖面积考虑，则有百万个幼苗附着的余地；而紫菜幼苗养殖所需的密度只需数百个。因此，网线直径不影响附苗的多少，只需从网线断裂强度、疲劳性和耐磨性等综合性能来考虑其直径即可。网线直径设计时，应以能经受养殖海区的抗风浪要求为准。一般来说，内湾紫菜养殖要求网线强度较小，外海全浮动筏式养殖要求网线强度较大。紫菜栽培的理论与实践表明，以乙纶与维纶为原料捻制的混捻型 PE-PVA 网线、PE-PVA 网绳是最理想的紫菜网帘材料。PE-PVA 网线直径范围一般控制在 $2.0\sim3.0\ mm$。此外，紫菜网张设在海水表面，仅考虑浮力要求时，紫菜网理论上越轻越好（如紫菜养殖能采用密度 $0.7\sim0.8\ g/cm^3$ 的网衣新材料会有较好的浮力效果）。

2. 筏架

筏架是用来固定、支撑紫菜网的一种框架结构，紫菜养殖筏架主要包括半浮动筏、支柱（插杆）浮动筏和全浮动筏 3 种。半浮动筏和全浮动筏为中国紫菜的主要养殖筏架。

（1）半浮动筏。半浮动筏是我国独创的、适合潮差较大海区的一种筏架，由橛（桩）缆、橛（桩）、浮缆和支架组成（图 3-78），现将橛（桩）、橛（桩）缆、浮缆、支架等简介如下。

①橛（桩）：橛（桩）为固定筏架的装置。橛（桩）使用材料因地而异，在实际生产中，人们多用木橛、竹橛，也选用石砣和铁锚等材料。

②橛（桩）缆：橛（桩）缆为连接橛（桩）与筏架的缆绳，它用于固定浮动筏，一般每台浮筏（架）有橛缆 4 条（或 2 条）。为了保证整个浮筏（架）在大潮和小潮时都能漂浮在水面，橛缆的长度不得少于当地最大潮差的 4 倍；东海海域的最大潮差范围一般为 $4.5\sim6.0\ m$，因而橛缆的长度范围一般为 $18.0\sim24.0\ m$。如果橛缆长度不够，大潮时浮筏（架）两端易沉在水下；相反，如果橛缆留得过长，浮筏（架）在风浪大时容易翻倒。

③浮缆：每台浮筏一般有 2 条浮缆。一般采用公称直径为 $14\sim20\ mm$ 的 PE 绳，其长度视挂网帘多少而定，江苏沿海一般挂网 $24\sim36$ 条，因此一般浮缆长度为 $50\sim80\ m$。有的筏架挂网数量过多，往往潜伏着拔桩、缆绳断裂的隐患，一旦有一台筏架出事故，因为筏架距离较近，往往形成连锁反应，整片整区的筏架缠绕在一起堆积如山，造成极大损失。因此，在风浪较大或北向的海区，浮缆不宜过长，同时应适当加粗缆绳。在实际生产中，建议根据海况情况进行数值模拟分析等理论计算，再结合生产实践经验等选择合适规格的浮缆。

④支架：支架由浮竹和支脚（高度一般为 50~70 cm）组成。支架的作用是在退潮后可以把整台筏架支撑在滩涂上，使紫菜网帘得到干出。条斑紫菜的支架多用单架，即在 2 个支撑架之间张挂 1 条网帘，每排由 24 个或 36 个网帘组成。每排浮筏架的两端有的采用双架，也有的是增设浮子，以增强两端的浮力，否则满潮时两端的网帘往往难以浮在水面，影响出苗和紫菜的正常生长。

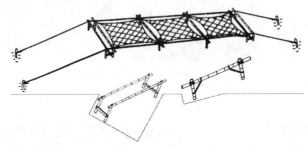

图 3-78　紫菜半浮动筏结构示意（引自《条斑紫菜的栽培与加工》）

（2）支柱（插杆）浮动筏

支柱浮动筏（图 3-79）是一种适合于潮差较小海区的栽培方法。将支柱（插杆，如竹竿、塑料杆、玻璃钢竿、竹枝、树枝、毛竹或岩礁石块等）插入海底，以此作为支撑、张挂紫菜养殖网帘的支柱（图 3-80 和图 3-81）。玻璃钢竿是一种增养殖设施与工程用新材料，具有较好的防腐、抗疲劳和抗风浪等优良性能，东海水产研究所石建高研究员团队联合惠州市艺高网业有限公司等单位率先开展了玻璃钢竿在我国藻类养殖设施、传统养殖围网、（超）大型养殖围网和塑胶养殖渔排等养殖设施与工程上的系统研究，取得了较好的应用示范效果，引领了我国紫菜浮动筏用支柱技术升级（图 3-81）。支柱高度视水深和潮差大小等因素而定。把网帘按一定的间隔距离绑在支柱上，再以一定长度的吊绳把网帘吊在支柱上，利用潮汐的涨落使网帘上下浮动。这种栽培方法的优点是干出时间可根据当时的潮水、挂网位置和吊绳的长短等因素进行调整。

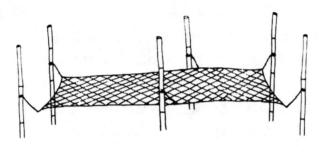

图 3-79　紫菜支柱浮动筏结构示意（引自《条斑紫菜的栽培与加工》）

图 3-80　紫菜支柱浮动筏的塑料杆、竹竿和玻璃钢竿

图 3-81　玻璃钢竿在藻类养殖设施上产业化生产应用

（3）全浮动筏

全浮动筏主要用于潮间带以下深水海区的栽培方法。全浮动筏和半浮动筏的结构基本相似，只是全浮动筏没有半浮动筏的支架，紫菜网无论高潮或低潮时，都漂浮在海水表面而不干出。全浮动筏的筏架在浅海区的固定一般采用铁锚、打桩（木橛）或者石砣等。为了保持紫菜筏架和网帘平整且漂浮在水面，橛缆的长度应是水深的 5 倍以上。橛缆可选用公称直径为 18~20 mm 的 PE 绳，而框绠则宜选用公称直径 12~16 mm 的 PE 绳。全浮动筏栽培方法产量高于半浮动筏式栽培。采用全浮动筏养殖紫菜的主要不足为网帘不干露，这不利于紫菜叶状体的健康生长和抑制杂藻的繁殖，生产的紫菜产量和品质相对较低。为解决这个问题，技术人员对全浮动筏架进行了适当改造，以满足紫菜晒网的需要。"翻板式"全浮动筏是使用比较广泛的一种方法，即在普通全浮动筏架的养殖网帘上添加规格为 300 mm（直径）×（150~750）mm（长度）左右的圆柱状泡沫浮

222

漂（也称浮筒，图3-82）。不需晒网时，浮漂位于养殖网帘上侧；需要晒网时，人工将浮漂反转到养殖网帘下侧，凭借浮漂的高度将养殖网帘浮出并高于水面，从而实现紫菜网帘晒网的目的。

图3-82　紫菜"翻板式"全浮动筏结构示意

（二）筏架设置和布局

筏架的海上设置是条斑紫菜养殖中十分重要的环节。当前一些主要栽培海区由于超负荷开发，导致紫菜质量和产量都有所下降；在海况条件不利的情况下，造成了病害肆虐，给紫菜栽培带来惨重损失。当前某些紫菜养殖区由个体承包，且又缺乏整体规划布局，导致紫菜养殖区布局不合理、养殖密度过大，这严重阻碍了紫菜栽培业的可持续健康发展。合理的整体规划布局应当考虑潮流方向和筏架设置密度。这样既能保证潮流畅通、合理利用栽培海区、提高生产力，又能保证筏架安全。为此，一般筏架都采用对着或斜对着海岸，与风浪方向平行或呈一个小的角度。各地在规划安排紫菜养殖小区或大区时，不同养殖区之间都应留出一定的通路或航道。但是应该指出的是，目前我国一些主要栽培海区并没有严格限制海区的过度密植。

紫菜栽培海区应进行合理设置和布局，以保证栽培海区的水体交换。紫菜在海区中进行新陈代谢时，需要从海水中吸取氮、磷等各种营养元素并进行气体交换，同时带走代谢产物，实现碳汇渔业。如果海水流动缓慢，藻体的生理活动就会受阻，甚至造成病烂。为了改善海区的潮流状况，达到合理放置的目的，目前一般认为半浮动筏式栽培应限制在可栽培面积的1/9以下，而支柱浮动筏式则限制在1/6以下，全浮动筏式则限制在1/14～1/10或以下较为合理。建议紫菜养殖中应进行筏架专业设置和布局，实现紫菜绿色养殖。

（三）紫菜养成方式

我国紫菜养成方式有菜坛养殖、支柱式养殖、半浮动筏式养殖和全浮动筏式养殖等，现简介如下。

1. 菜坛养殖

我国福建沿海利用自然海区岩礁生产紫菜，这至少有 200~300 年的历史。通过长期的生产实践，大约在 170 年前创造出一种洒石灰水增殖紫菜的菜坛养殖法。养殖的种类主要是坛紫菜，方法是在每年秋季自然界的紫菜孢子大量出现以前，先以机械清除或火把烧除等方法铲除潮间带岩礁表面上附生的各种海产动植物（如藤壶、牡蛎等），再向岩礁上洒石灰水 2~3 次，以清除岩礁上各种比较小的附着生物，为紫菜孢子的附着、萌发和生长准备好地盘。一般在最后一次洒石灰水之后不久，就可以在岩礁上长出许多紫菜苗。出苗后还需继续进行护苗和管理，当紫菜长到 10~20 cm 时就可进行采收。这种长满紫菜的岩礁称作紫菜坛。这种养殖法曾是我国生产商品紫菜的主要方式，但因为菜坛面积有限，苗种来源又依赖自然，易受海况气象条件变化的影响，所以生产发展受到限制。虽然，紫菜养殖已经发展到半人工采苗养殖和更先进的全人工采苗养殖，但在我国南方少数地区，菜坛的养殖生产仍占有一定地位。

2. 半浮动筏式养殖法

半浮动筏式养殖法是我国福建沿海在 1958 年探索出来的一种新型养殖方式（图 3-83）。它的筏架结构兼有支柱式和全浮动筏式的特点，即整个筏架在潮涨时可以像全浮动筏式那样经常漂浮在水面，当潮水退落到筏架露出水面时，它又可以借助短支腿像支柱式那样平稳地架立在海滩上。半浮动筏式和支柱式养殖一样，也是设在潮间带的一定潮位，网帘也是按水平方向张挂。由于网帘在低潮时能够干露，因而硅藻等杂藻类不易生长，对紫菜早期出苗特别有利，而且生长期较长，紫菜质量好。因为网帘经常漂浮在水面，所以紫菜能够接受更多的光照，紫菜生长也较快。因此，半浮动筏式养殖法在紫菜人工养殖上已经被广泛采用。

图 3-83　紫菜半浮动筏式养殖

3. 支柱式养殖

支柱式养殖是 21 世纪 20 年代出现于日本、朝鲜的紫菜人工养殖方式（图 3-84）。支柱式养殖是一种适合于潮差较小海区的栽培方法，当前支柱多采用竹竿、塑料杆或玻璃钢竿等插杆，支柱高度视潮差大小而定。把网帘按照一定间隔距离绑在支柱上，再以一定长度的吊绳把网帘吊在支柱上，利用潮汐涨落使网帘上下浮动。支柱式养殖栽培方法的优点是紫菜网帘的干出时间可根据当时的潮水、挂网位置和吊绳长短等进行调整。

图 3-84　紫菜支柱式养殖

4. 全浮动筏式养殖

全浮动筏式养殖适合不干露的浅海区养殖紫菜。在潮间带滩涂面积不大，或近岸受到严重污染的地区，采用全浮动筏式养殖方式，就可以把紫菜养殖向离岸较远处发展。全浮动筏式养殖的筏架结构，除了缺少短支腿外，完全和半浮动筏架一样。通过试验和生产实践表明，对于紫菜叶状体养成是一种相当好的养殖方式（图 3-85）。尤其在冬季有短期封冻的北方海区，还可以将全浮动筏架沉降到水面以下来度过冰冻期。全浮动筏式养殖的主要缺点为：网帘不干露，这对于紫菜叶状体的健康生长和抑制杂藻的繁生都不利。尤其在网帘下海后的 20～30 天，适当的干露对出苗非常必要。因此，如果网帘的干露问题没有得到解决，用全浮动筏式养殖进行紫菜育苗，常常得不到好的出苗效果。用全浮动筏式养殖进行叶状体的成菜期养殖，单产并不比半浮动筏式养殖差。生产实践表明，全浮动筏式养殖存在着藻体容易老化、叶体上容易附生硅藻、产品质量较差、养殖期较短等问题，其

图 3-85　紫菜"翻板式"全浮动
筏式养殖

单产量不如半浮动筏式养殖稳定。适于紫菜养殖的潮间带栽培面积有限，全浮动式栽培无疑前景广阔。目前，韩国等国家全浮动筏式栽培方式已广泛普及，但我国仅少数海区采取全浮动筏式养殖。今后我国应从紫菜新品种、冷藏网换网、酸处理、网帘浸渍处理剂以及改进晒网方式等方面来克服全浮动筏式栽培的不足。

藻类筏式吊养技术：一是通过插杆技术或浮鱼礁技术，调控藻类固着深度，观察其适宜的生长深度，然后采取藻类幼体培育着生于小型藻礁附着基的投放方式，或者采用孢子喷洒方法进行培育；二是采用苗绳附着方式，将藻类幼体夹到苗绳上，一般苗绳主绳长 75 m，浮球直径为 30 cm，附苗绳长 2.7 m，每根附苗绳间距为 100 cm，每台浮绳上共约附结 75 根附苗绳，其浮筏式吊养布局如图 3-86 所示，每台浮绳间距 10 m，两个吊养区之间间距为 200 m，每个吊养区面积为 20~30 亩，整体布局如图 3-87 所示。

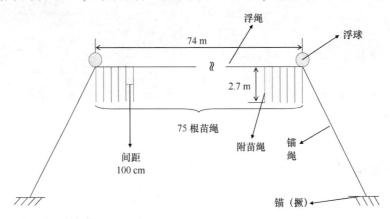

图 3-86　藻类浮筏式吊养示意

在全浮流筏式养殖生产中，由于藻体长期浸泡在水中得不到干露，藻体采收 3 次之后就老化并附有大量硅藻，使紫菜生产失去了价值。用冷藏网进行二茬生产，不仅可以提高紫菜的产量，还能提高质量。日本从 1965 年普及冷藏网以来，使紫菜生产得到了很大的发展，并把冷藏网誉为紫菜养殖生产的三大技术之一。

（1）入库准备。苗网选择绿藻严重的网帘可随时进库冷藏。冷藏网入库时间掌握在海区紫菜病害和杂藻发生前进行，网帘下海约 1 个月，需选择出苗均匀、单孢子苗量充足、镜检藻体健壮、长度为 1~5 cm 的苗网进库冷藏，镜检苗量达 500~1 000 株/cm 时，适宜苗网进库。宜选择在大潮汛期间，晴好有风的天气上午进行解网和晒网。晾晒苗网一般在 8：00—16：00 进行，正常晾晒 2~6 h，含水率控制在 20%~40%，在实际操作中，由于受天气、潮汛和人力等因素的影响，有时较难达到要求。肉眼观察，藻体上出现白色盐霜，手拉有弹性即可。

（2）入库时间。冷藏网必须在海区苗网尚未发生病害和杂藻未大量滋生前及时入

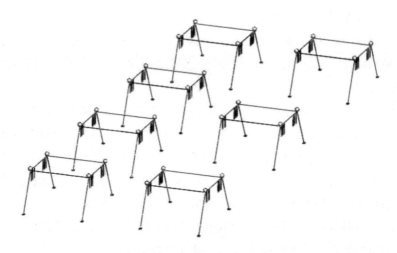

图 3-87　藻类浮筏式吊养布局示意

库，以保证进库网帘上的幼苗健壮。一般在 10 月中旬至 11 月上旬入库，绿藻严重时可提前到 10 月上旬入库。宜在大潮汛期间解网，保证幼苗藻体健壮。解网应尽量选择晴好有风的天气，网易晒干，又不致幼苗捂伤。

（3）解收苗网。解收苗网时尽量保持苗网干燥，解收后不得再浸水和沾染泥沙、污物等，运输时避免大堆堆放、踩压，保持通风和洁净，避免幼苗闷伤，到岸后尽快晾晒。

（4）苗网干燥。用毛竹或 PE 绳搭建，高为 1.8~2.0 m，长为 50~100 m，设在通风处。解收的苗网，摊挂到晒网架上晾晒，使其充分、均匀干燥。晾晒网在 7：00—16：00 时进行，一般晾晒 2~6 h 即可。苗网干燥后的含水率控制在 20%~40%，一般肉眼观察，藻体出现盐霜，手拉有弹性为宜。若遇到下雨天或意外情况，致使网帘达不到干燥要求，也应立即装袋进库速冻、冷藏，防止苗网长时间堆放，捂伤幼苗。

（5）包装。内包装用 0.1~0.2 mm 的 PE 薄膜袋，规格长 100 cm，宽 70 cm，外包装一般用长 65 cm、宽 40 cm、高 45 cm 的纸箱。每袋可放 2.5 m×2.5 m 苗网 8~10 张，或 5 m×1.8 m 苗网 6~8 张，或 10 m×1.8 m 苗网 3~4 张。每箱可并排放入 2 只 PE 袋。

（6）冷冻。包装后的苗网应立即进库速冻，中心温度降至 -35~-25℃。速冻后的苗网，移入冷藏库中堆垛保存，温度控制在 -22~-18℃，堆垛保持空气流动。速冻间不够时，可直接进库冷藏，但需先将库温降至 -22℃ 以下，散放 24 h 后再堆放，以便通风降温。冷藏网进库后要有专人值班，进库时间、批次、温度均需有记录，保持恒温。若冷藏温度回升，应及时制冷降温。

（7）苗网出库。苗网出库时间应根据每年的气候、海况和病害发生情况等灵活掌握。冷冻的苗网，一般在 11 月中旬至 12 月初海况稳定后、海区水温降至 12℃ 以下再下海张挂，尽量避开病害高发期及绿藻附着期出库。当海区发生自然灾害或病害，苗网藻体掉光或藻体衰老时，可将备用网帘出库替换栽培。一般在 12 月初至翌年 2 月下海张挂。冷藏的苗网出库至张挂时间应尽量缩短。张挂前不得打开包装袋，运输途中应用油布或塑料布盖好。

（8）张挂。刚出库的苗网宜张挂在养殖区中、低潮位，小潮汛期间有 3~4 天不干露地方。宜在小汛期间，即农历初七至十三、廿二至廿八下海张挂。冷藏苗网张挂应在即将涨潮前进行，尽量减少苗网在空气中的干露时间。张挂前应将苗网整袋浸泡在海水中，让苗网吸足海水自行散开后再张挂。冷藏网出库时间一般由幼苗规格决定，苗大可稍晚出，但苗较小应尽量安排在适宜水温时出库。江苏南部的紫菜产区，一般出库时间在 11 月中旬至下旬期间。出库后的冷藏网应尽快下海张挂。在实际操作中，将苗网尽快浸没于海水中，然后再作挂网操作，可有效提高紫菜小苗成活率。

（9）管理。下海张挂的冷藏网，如要移动栽培区域，应在紫菜幼苗完全复苏后进行。其余管理与正常栽培管理相同。

（10）采收。冷藏网下海后，经过 25~30 天的复苏、生长，即可进行第一次采收，以后的采收管理与常规栽培的网帘相同。

四、长茎葡萄蕨藻养殖设施及养成技术

长茎葡萄蕨藻，因具有外观浑圆饱满、晶莹剔透的绿色球状小枝，有如串串葡萄而得名"海葡萄"，其食用口感类似鲑鱼卵却没有鱼腥味，所以也有人称其为"绿色鱼子酱"（图 3-88）。长茎葡萄蕨藻是近年来新兴养殖的一种名贵绿藻，具有很高的营养价值和保健功效，被称为"长寿的秘密"，市场发展潜力巨大。目前，长茎葡萄蕨藻的规模化养殖方式有两种：一种为池塘养殖（越南），另一种为陆基温室养殖（日本和中国等）。下面主要探讨长茎葡萄蕨藻的陆基温室养殖设施（主要包括养殖温室、养殖池、养殖浮床、海水处理系统 4 部分）。

图 3-88　长茎葡萄蕨藻

(一) 长茎葡萄蕨藻养殖设施

1. 养殖温室

长茎葡萄蕨藻是喜高温高盐的热带海藻，且相对于传统的室内育苗海藻（如海带、紫菜）更需要充足的光线，所以长茎葡萄蕨藻的养殖温室顶部应选用透光性较好的材料，以有利于光线进入，充足的光线也可以使温室维持较高的温度。因此，养殖温室可以建设成塑料膜养殖大棚或玻璃房等形式（图3-89）。为控制光照强度，养殖温室内可用遮光帘或遮阳网等进行调节。因此，养殖温室的房顶应设有横梁结构或者遮光帘等滑道结构，遮光帘等可以架设在横梁或滑道上。横梁的材质可以为PPR管（三型聚丙烯管）、木头或钢管（可用塑料管套包裹钢管，以防止海水腐蚀）等材料。

2. 养殖池

养殖池一般用混凝土制成，也可用玻璃钢等材料制成（图3-90）。池内壁可用食品级玻璃钢树脂涂层等绿色环保材料，以隔绝混凝土与海水接触而释放有害物质。养殖池的宽度范围一般为1.5~2.0 m，而深度在1.0 m以内较适宜，这有利于养殖浮床的升降操作及养殖池的日常清洗。养殖池的长度范围一般为4.0~5.0 m。每个养殖池内设有1个进水口和1个出水口，2个水口成对角。

图3-89 长茎葡萄蕨藻养殖温室的
内部结构

图3-90 长茎葡萄蕨藻养殖池

3. 养殖浮床

养殖浮床使用PPR管等管材做框架，框架宽度一般为0.5 m，框架长度应根据养殖池的宽度设计（图3-91，框架长度稍小于养殖池的宽度）。浮床上面铺设塑料网格2片，长茎葡萄蕨藻苗种置于网片之间，网格的孔径一般为8.0~10.0 mm。网片与PPR

管框架之间用塑料扎带等材料固定。PPR 管框架的每个边均应钻 2~3 个孔，养殖过程中海水可由钻孔进入 PPR 管内，使 PPR 管框架下沉。PPR 管框架 4 个角各系 1 根公称直径为 3~5 mm 的吊绳，吊绳用来调节浮床的深度。

图 3-91　长茎葡萄蕨藻养殖浮床

4. 海水处理系统

海水处理系统与海带育苗车间类似，均包含沉淀池、砂滤罐和储水罐等设施。另外，应增加紫外/臭氧消毒系统，以降低杂藻污染程度。沉淀池应加盖，使海水处于黑暗中，用来沉淀海水中的浮泥和生物杂质。沉淀池的容量一般为养殖池总用水量的 1~2 倍。先将沉淀后的海水用水泵加压，再通过砂滤罐使之过滤净化；过滤后的海水经过紫外/臭氧消毒系统进行杂藻及微生物的清除。储水罐用来储存消毒后的海水，若用臭氧消毒系统进行消毒，则储水罐中的海水应充分曝气，以清除残余的臭氧。

（二）长茎葡萄蕨藻养殖关键技术

（1）藻种投放。将挑选好的藻种均匀铺设在组装好的浮床框架夹层中，藻种密度为 1 kg/m^2。

（2）日常管理。①日常最重要的工作是调控温度及光强。温度通常控制在 25~28℃。光强的控制可通过调节浮床的水深及调节遮光帘等来实现，光强通常控制在 3 000~5 000 lx。浮床的水深可通过升降托绳进行调节。养殖后期，长茎葡萄蕨藻匍匐茎的延长使藻体铺满浮床，藻体密度明显增加，藻体间相互遮光使部分藻体受光明显不足，影响整体的快速生长。这时可以适当提升浮床的水层。②营养盐添加。可加氮磷固体复合肥，施肥时应注意均匀泼洒。适宜的氮（NO_3^-—N）浓度为 5~10 mg/L，磷（PO_4^{3-}—P）浓度为 1~2 mg/L。③每隔 3~5 天进行洗池和换水。④每天要借助显微镜观察病害发生及杂藻繁生情况。发现问题后制定措施，及时解决。如发现藻体附生有过多硅藻，可适当增加浮床深度，减弱光强抑制硅藻的过度生长繁殖。

（3）藻体收获。收获时将整片浮床从水里取出，剪下长度较长的藻体，放入暂养池内经过 48 h 恢复后进行包装销售。

第四章　海洋牧场建设工程技术

海洋是人类获取优质蛋白的"蓝色粮仓"。20 世纪 70 年代以来，我国海水养殖发展迅猛，藻类、虾类、贝类、鱼类和海珍品等海水养殖业得到大力发展。我国水产养殖总产量自 1989 年以来一直稳居世界首位，但是在自然资源、环境、人口以及生物技术、海洋工程、物流运输等多重压力下，海水养殖的发展面临着更为严峻而复杂的挑战，主要问题包括：养殖技术落后、单位面积产量总体较低、过度密集养殖区病害肆虐、鱼虾类投饵过度依赖鱼粉或大量使用小杂鱼等，传统海水养殖模式已不适应我国海洋经济发展和海洋生态环境的要求，而海洋牧场建设恰恰是新一轮产业升级的举措，是一个重要的发展方向。目前，海洋牧场已经成为具有海洋生物资源增殖和养护、休闲、旅游、观光等多功能的新兴产业，促进了现代渔业的全面发展。本章主要介绍海洋牧场的概念、分类和重要性、我国海洋牧场建设概况、国外海洋牧场发展概况、海洋牧场选址和建设、海藻（草）场建设、海洋牧场渔业资源增殖与驯化，供读者参考。

第一节　海洋牧场的概念、分类和重要性

一、海洋牧场的概念

海洋牧场是指在一个特定的海域里，为了有计划地培育和管理渔业资源而设置的人工渔场。首先营造一个适合海洋生物生长与繁殖的生境，并进行水生生物放流（养），再由所吸引来的生物与人工放养的生物一起形成人工渔场，依靠一整套系统化的渔业设施和管理体制，将各种海洋生物聚集在一起，如赶着成群的牛羊在广阔的草原上放牧那样，建立可以人工控制的海洋牧场。其主要目的是确保作为渔业生产基础的水产资源的稳定和持续增长。海洋牧场的概念就是从草原牧场这个概念引申而来。1970 年左右，日本在栽培渔业的基础上，提出来能不能像草原上放牧牛羊一样，在海洋牧场放牧鱼、虾、贝类。1971 年"海洋牧场"出现在日本水产厅"海洋审议会"的文件里，当时对海洋牧场的定义为：所谓海洋牧场是指从海洋生物资源当中能够持续生产食物的一个系统。

1973 年，日本在冲绳国际海洋博览会上的海洋牧场展示中，对海洋牧场又有一个界定，即"为了人类的生存，在人为的管理下，在追求海洋资源的开发利用与环境相协调的同时，由科学理论与技术、实践形成的海洋空间系统叫海洋牧场"。1980 年，日本农林水产省提出了"海洋牧场化"，即"有必要大幅度增加鱼贝类放流的种类，确立包括洄游性鱼类在内的多样化增殖技术，以实现沿岸海域和近海海域的综合利用的海洋牧场化"。1991 年，时任日本水产工学会会长的中村充教授认为，"所谓的海洋牧场就是在广阔的海域当中，在控制鱼贝类行为或者行动的同时，从其出生到采捕收获进行管理的渔业系统"。我国现有海洋牧场相关标准有《海洋牧场分类》（SC/T 9111—2017）、《海洋牧场休闲服务规范》（GB/T 35614—2017）和《海洋牧场建设规范 第 1 部分：术语和分类》（DB37/T 2982.1—2017），等等。

二、海洋牧场分类

《海洋牧场分类》（SC/T 9111—2017）、《海洋牧场建设规范 第 1 部分：术语和分类》（DB37/T 2982.1—2017）分别为我国现有海洋牧场分类行业标准和地方标准。依据海洋牧场的功能，可将海洋牧场划分为 5 种主要类型。

1. 资源增殖型海洋牧场

资源增殖型海洋牧场为目前最常见的海洋牧场类型，一般建在近海沿岸。渔业增殖型海洋牧场产出多以海参、鲍、海胆和梭子蟹等海珍品为主。

2. 资源养护型海洋牧场

资源养护型海洋牧场以鱼类产出为主，属于目前海洋牧场受鼓励的发展方向。我国北方地区往往以近海中小型生态修复海洋牧场为主，南方地区以外海大中型生态修复海洋牧场较多。

3. 休闲观光型海洋牧场

随着休闲渔业的兴起，休闲观光型海洋牧场应运而生，多嵌在其他类型海洋牧场之中，是海洋牧场管理开发的一项新兴产业。

4. 种质保护型海洋牧场

在渔业生产中，人们为了保护某种渔业资源而设立种质保护型海洋牧场。

5. 综合型海洋牧场

我国在建的牧场多以综合型海洋牧场为主，一般兼顾一项或多项功能，最常见的是在渔业增养殖型海洋牧场上开发休闲垂钓功能，在生态修复型海洋牧场中开发休闲观光功能和鱼类增养殖功能等。近年来，东海水产研究所石建高研究员团队联合相关单位设计开发的（超）大型生态海洋牧场围网养殖模式即为一种新型综合型海洋牧场模式，该模式融合了渔业增养殖型、休闲垂钓、观光旅游和鱼类增养殖等多项功能。

三、建设海洋牧场的重要性

1. 增加生物资源量

通过人为地调控和管理建立的海洋牧场，为海洋生物的生长、栖息、索饵和繁殖等提供良好的生态环境，从而吸引野生生物，或人工选育驯化和科学管理优良品种，将人工繁殖的苗种经中间培育放养到海洋中，增加优质苗种数量，摄取天然饵料生物，这样可以大幅度增殖生物资源量。

2. 保护海洋生态环境，优化海洋产业结构

在建设海洋牧场过程中，通过投放人工鱼礁、种植大型海藻等方式，遵循自然规律，重建"海底森林"，修复或重建已被破坏了的生态环境，最终实现海洋生态的良性循环。同时，建设海洋牧场还可保持生物多样性，优化海洋产业结构等，提高沿海土地集约利用率。也可为海洋游钓业、休闲渔业等提供良好的渔业资源和场所，推动传统渔业结构转型，促进渔民转产转业和致富奔小康，推进新渔村建设。

3. 发展资源管理型渔业，实现渔业可持续发展

我国沿岸和近海渔场面临强大的捕捞压力和严峻的生态压力，渔民的生存空间被大大压缩。在这种情况下，通过实施海洋牧场计划，发展生态渔业，实现渔业资源的增殖、增产，促使海洋渔业由自然猎捕时代走向"家畜放牧"时代。

海洋牧场是一种新型海洋资源开发利用模式，是海洋渔业生产方式的重大变革。建设海洋牧场，既可以提高整个海域的鱼、虾、贝、藻类的产量，以确保水产资源稳定和持续增长，又能够在利用海洋资源的同时有效保护海洋生态系统，实现生态型渔业的可持续发展。我国拥有辽阔的海洋国土和广袤的近海渔场，如果能够实现立体利用和深度开发，建成相互连片、各具特色的海洋牧场，蓝色海洋产业的发展潜力将极为巨大。沿海地区要继续加大实施渔业资源修复行动力度，以建设近海渔业增殖功能区、人工鱼礁区、海底藻场、种质资源保护区和禁渔区等为主要内容，实行生态、立体、综合开发建设，有效改善我国海域生态环境，大幅度增加近海渔业资源。

第二节 我国海洋牧场的建设概况

一、我国海洋牧场建设的起因和有利条件

(一) 为什么我国要建设海洋牧场

我国海洋渔业在 20 世纪 50 年代后得到了长足的发展，但是随着捕捞能力的加强以及近海环境恶化导致的生态系统失衡，以捕捞为主的海洋渔业自 20 世纪 70 年代以后就开始走下坡路。因而，学术界在 20 世纪 80 年代初就呼吁要走"渔牧化道路"。30 余年来，沿海各地在中国对虾、大黄鱼、鲷、乌贼和斑石鲷等品种的人工放流和投放人工鱼礁等方面开展了大量工作并取得了一定的成效，但仅靠少数品种的放流和投放人工鱼礁，尚不能有效地解决渔业资源匮乏和沿岸养殖水域环境恶化的问题。在这样的背景下，我国开始向日本等国学习海洋牧场的经验。我国海洋渔业存在的主要问题表现在以下几个方面。

1. 海洋捕捞强度过大，渔业资源持续衰退

中国近海几乎所有经济价值较高的鱼类均遭受了或正在遭受着过度捕捞，大多数渔业产量均降至非常低的水平，"船多、鱼少"的矛盾更加突出。自 20 世纪 70 年代起，我国近海渔业资源由于捕捞强度过大而开始衰退。为维持海洋渔业产量，80 年代后期开始，作业渔场逐渐扩展至外海，渔船大型化使得捕捞强度进一步增大，从而导致渔业资源进一步衰退。许多质优、量多的捕捞对象如大黄鱼、小黄鱼、曼氏无针乌贼、鲳鱼和鳓等已形不成渔汛。带鱼个体逐年变小，渔场分散，马面鲀资源衰退。但是，随着国民生活水平的提高，对新鲜、天然水产品的需求量越来越大，而日益提高的捕捞强度无疑使已近枯竭的近海渔业资源雪上加霜。

2. 海洋生物栖息地退化和丧失

通过近数十年渔业研究发现，海洋渔业活动对栖息地可以造成短期或长期的影响，因此，也将对与之相关的生物群落的多样性、种群大小、种群自我恢复力以及生物量和生产力乃至生态系统功能造成巨大影响。各种底拖网渔具（如采贝耙网等）的使用极大地改变了海洋生物栖息地的物理结构、形态和生物生存条件，改变了底质结构的异质性，甚至直接导致了海洋底栖生物的窒息死亡，而底栖生物尤其是生活在软泥环境中的底栖生物对于维持生物圈中生物的化学循环具有重要作用。底拖网作业对各种底质类型的栖息地均会产生急性或累积性的破坏作用。

3. 海洋污染

渔船修造业产生、排放和泄漏的污水、柴油、废物等也对海洋环境产生不良影响，海洋污染没有得到有效控制。

4. 国际海洋制度建立带来新问题

随着国际海洋制度的建立和国际海洋法公约的实施以及中日、中韩渔业协定的签署，我国在东海、黄海传统的作业渔场失去了相当大的作业范围，出现了渔船和渔民过剩等情况，进一步加剧近海渔业资源的压力。

针对上述种种问题，国家有关部门采取了众多措施，如实施或研究禁渔区、禁渔期、渔具准入等渔业管理制度，限制渔具渔法种类、作业时间和网目大小等，限制底拖网作业区域和强度，减少近海作业渔船，鼓励外海和远洋渔业生产等，这些措施对减缓近海渔业资源的衰退起到了一定作用，但都不能从根本上解决近海栖息地破坏所造成的渔业资源衰退问题。

21 世纪海洋开发的主旋律是绿色、可持续发展。经济、资源与环境三者协调发展是可持续发展理论的主题。建设良性循环的海洋生态系统，形成科学合理的海洋开发体系，促进海洋经济持续发展是我国海洋发展战略的总体目标。许多海洋生物学家认为：海洋生产力有极大的可塑性，如果能从食物链之间的关系出发，采取诸如投放具有修复生物栖息地、改善近海水域生态环境、养护渔业资源功能的人工鱼礁，并进行有针对性的种苗增殖放流等措施，充分发挥海洋初级生产力的作用，使其更直接有效地转换成终极水产品，可较大幅度地提高海区渔业资源的数量和质量。这也是我国今后海洋渔业可持续发展的根本途径。近年来，世界各国为了保护和改善海洋生态环境，修复近海海洋生物栖息地和受损珊瑚礁，增大生物资源量，都在不同程度地发展自己的人工鱼礁项目。其中，日本、美国和欧洲一些国家和地区，对人工鱼礁从科学研究到产业化建设都投入了大量的人力、物力和财力，使得人工鱼礁在保护资源的同时，也产生了明显的经济效益、生态效益和社会效益。

(二) 我国海洋牧场建设的有利条件

1. 自然条件优越，经济鱼虾贝藻类品种繁多

我国海岸线曲折，陆架延伸，天然港湾和岛屿众多，渤海湾、胶州湾、象山港和大亚湾等港湾湾口较小、湾内水面辽阔，湾内外海水交换良好，饵料生物丰富，为繁多的经济鱼、虾蟹类产卵、索饵和生长提供了良好环境。广阔的大陆架水域为仔、稚、幼鱼的繁衍以及亲鱼保护提供了巨大的空间条件；数量众多的岛屿与错综复杂的江河为各类水产资源提供了坚实的饵料基础；而品种繁多的经济鱼虾类更是为生产结构的多元化和实现多层次利用海域资源提供了无限可能。

（1）海岸线漫长，海洋水域辽阔，其中水深200 m以内的大陆架面积约150×10⁴ km²，它是鱼类生活的重要水域环境，也是回捕海洋鱼类资源的主要水域。

（2）岛屿星罗棋布，并有众多的江河灌注入海，既可形成渔场的良好环境，又是岩礁鱼类（如石斑鱼等）繁殖生长的优良地带。例如，舟山群岛是我国最大的渔场，沿海除了长江、黄河、珠江等大水系外，还有钱塘江、瓯江、闽江、辽河等众多江河灌注入海，带来了极为丰富的有机物质和营养盐类，有利于鱼、虾、贝类的摄食对象（即浮游生物）繁衍，从而形成了鱼、虾、贝类繁殖生长，洄游分布、产卵育肥、索饵栖息的良好场所，也是众多珍稀溯河、降海洄游鱼类生长的优良环境。

（3）经济鱼虾类种类繁多。我国跨越30多个纬度，处于温带、亚热带、热带地区，鱼虾贝藻等海洋水生动植物的自然资源和种类繁多，仅中国海水鱼类区系的种类就有1 500多种，其中南海诸岛的鱼类有500多种，在各种鱼类中，有经济价值的300多种。

2. 具有渔业科学基础和经验

我国海洋渔业有着悠久的历史，积累大量传统的技术经验。改革开放以来，为了贯彻中央关于"代表先进生产力发展方向"的指示，我国海洋渔业进行了一系列科研攻关，取得了可喜的科研成果。我国还分别进行了增殖放流和移植放流等生产性试验，从而缓解了近海渔业的捕捞压力；针对近海底拖网对生物栖息地的破坏，近海投放了人工鱼礁。以下从生产性放流、人工栖息地建设和海水养殖设施等方面分述我国海洋牧场技术体系建设工作。

（1）生产性放流为海洋牧场提供了有益的指导经验。大规模放流试验开始于20世纪80年代初的中国对虾放流，山东半岛南岸及浙江象山港率先开始中国对虾放流试验。之后，海洋岛、渤海诸湾、福建也相继开展试验，放流数量日益增多。使黄渤海的中国对虾移至东海的浙闽沿海取得成功，并已形成初具渔业生产规模的自然群体。相应的研究工作，包括放流种苗的规格，放流海区的选择，放流群体的移动、生长、繁殖和死亡特性，增殖效果检验，回捕率，放流海域的生态环境和生态容量，合理放流数量、饵料生物和敌害生物变化等的研究均取得了进展。

（2）人工栖息地建设有一定的基础。人工栖息地（人工鱼礁）建设是发展海洋牧场的重要措施，我国大陆沿海的人工鱼礁建设事业开始于20世纪70年代末广西防城港市。此后，广东、辽宁、山东、浙江、福建和广西等省（区）都进一步扩大人工鱼礁的试验和建设规模。近海采用废旧水泥船等作为礁体，重新开展人工鱼礁试验，2002年，广东省沿海12个市已完成人工鱼礁建设规划工作。浙江、江苏、福建和海南等省都在开展人工鱼礁的规划和建设。人工鱼礁在我国正处在规模化发展阶段，这为海洋牧场建设奠定了基础。

（3）海水养殖设施为海洋牧场提供了广阔的技术平台。在海洋牧场建设中，因其对中间暂养、苗种培育的需求，且海水养殖本身存在的种质退化、病害泛滥、环境污染等问题，海洋牧场需要对包括滩涂养殖、网箱养殖、苗种培育等海水养殖环节实施技术改造。育苗设施建造、亲体培育、催产及促熟、幼体饵料培养及生产、育苗水质及环境控制、幼体病害防治等技术已经日趋完善。

我国在海水鱼类苗种繁育方面比一些发达国家（如美国、英国、日本、挪威等国）滞后，由于海水鱼类多数属于分批产卵类型，仔、稚鱼存活率低，畸变率高，单位水体出苗量少，养成成活率低等原因，海水鱼类的苗种生产尚存在诸多问题，因此，影响了增殖放流的进展。目前，我国能获一定批量的海水鱼类苗种有大黄鱼、鲈鱼、真鲷、黑鲷、红鳍东方鲀、梭鱼、石斑鱼和斑石鲷等。

二、我国沿海海洋牧场建设概况

（一）我国沿海海洋牧场建设过程

渔业与农业虽性质不同，不能直接对比，但是从中我们仍然可以获得有益的启发。如 1984 年国务院公布的生产统计，谷物总产量为 40 712×10⁴ t，而海洋渔业仅为 380×10⁴ t。若以单位面积产量而论，农业生产竟高于渔业约 170 倍。究其原因，主要为农业生产经过整治土地、兴修水利以及实行一套完整的耕作制度。设想农业至今还在原始土地上收割野生谷物，其生产基础将仍是十分脆弱的。然而，千百年来，人类对海洋从未有过整治和改造，无论是产卵渔场、越冬渔场，还是各种性质的洄游群体以及刚孵化的鱼苗，甚至尚未孵化的卵子都在采捕之列。但是，我国海洋渔业迄今仍然有一定的产量，其间必有比农业更为优越的因素。20 世纪中期以来我国渔业生产发展迅速，渔获产量逐年增加，到 1989 年水产品产量已跃居世纪第一位。但是随着捕捞强度逐渐增加，海洋污染范围不断扩大，我国海洋渔业资源的衰退现象日益严重，海水养殖业作为对海洋捕捞的补充，近年来得到了快速发展。但海水养殖带来的环境、病害及质量安全问题日益凸显，渔业发展中的资源与环境以及由此带来的一系列问题已成为制约我国海洋水产养殖业乃至海洋渔业可持续发展的瓶颈之一，因此，国家地方各级政府积极支持发展深远海养殖业的同时，对近海生物资源养护和生态环境修复也十分重视。致力于海洋牧场的研究、开发和应用已成为主要海洋国家的战略选择，也是世界发达国家渔业发展的主攻方向之一。

我国海洋牧场建设的倡导者是已病故的中科院资深院士曾呈奎老先生，他早在 20 世纪 70 年代就向国家建议在我国实施"海洋水产生产农牧化"。20 世纪 70 年代以来，我国在一些湖泊和沿海地区开展了小批量、小范围的人工增殖放流鱼种，以恢复某些物种的资源种群数量和增加渔获产量。进入 21 世纪以来，海洋牧场建设开始提上议程。国家发展改革委、财政部、农业部近几年每年都安排资金在全国沿海地区开展海洋牧场示范区建设。至今，北起辽宁，南至海南，沿海大部分省市和地区都已启动海洋牧场规划和建设。辽宁省是我国较早建设海洋牧场的沿海省份，大连獐子岛已成为我国目前最大的海洋牧场；山东省提出了海洋渔业资源修复工程，在全省沿海大规模开展海洋牧场建设；江苏连云港海州湾、福建厦门五缘湾、广东珠海万山群岛、海南三亚等地也在建设不同规模的海洋牧场；浙江舟山市的白沙、马鞍列岛已经列入农业部海洋牧场项目，并已启动建设。我国开展海洋农牧化种苗放流种类已超过70种，中国对虾、扇贝、魁蚶、海蜇、梭鱼以及牙鲆等海洋经济鱼类资源都有所恢复和增加，不仅满足了社会需求，也大大提高了经济效益。实施以人工鱼礁与增殖放流为主的"海洋牧场"规划建设，大力发展生态型渔业是历史之必然。

天津大神堂海域，河北山海关海域、祥云湾海域、新开口海域、辽宁丹东海域、盘山县海域、大连獐子岛海域、海洋岛海域，山东芙蓉岛西部海域、荣成北部海域、牟平北部海域、爱莲湾海域、青岛石雀滩海域、崂山湾海域，江苏海州湾海域、浙江中街山列岛海域、马鞍列岛海域、宁波渔山列岛海域、广东珠海万山海域、龟龄岛东海域等20个海洋牧场入选我国首批国家级海洋牧场示范区名单。

海洋牧场是保护和增殖渔业资源、修复水域生态环境的重要手段。目前，我国海洋牧场建设已形成一定规模，经济效益、生态效益和社会效益日益显著，但同时海洋牧场建设也存在引导投入不足、整体规模偏小、基础研究薄弱、管理体制不健全等问题。2015年5月，农业部组织开展国家级海洋牧场示范区创建活动，决定在现有海洋牧场建设的基础上，高起点、高标准创建一批国家级海洋牧场示范区，推进以海洋牧场建设为主要形式的区域性渔业资源养护、生态环境保护和渔业综合开发。按照规划，从2015年起，我国将通过5年左右时间，在全国沿海创建一批区域代表性强、公益性功能突出的国家级海洋牧场示范区，充分发挥典型示范和辐射带动作用，不断提升海洋牧场建设和管理水平，积极养护海洋渔业资源，修复水域生态环境，带动增养殖业、休闲渔业及其他产业发展，促进渔业提质、增效、调结构，实现渔业可持续发展和渔民增收。据悉，对于入列国家级示范区的海洋牧场，有关部门将在项目和资金安排上予以重点倾斜。各级渔业主管部门将整合现有资源，在相关审批、政策扶持和资金投入等方面加大支持力度。同时，政府还将探索建立多渠道、多层次、多元化长效投入机制，鼓励和引导个人、企业、社会团体等投资海洋牧场建设，广泛调动社会积极性，推动海洋牧场建设规模化。

（二）全国沿海主要地区海洋牧场建设

我国在地理条件、技术基础、社会发展、经济可行等方面已经初步具备了建设海洋牧场的条件，通过对沿岸渔场的管理，我国最终实现渔业牧场化，近年来，沿海各个省市纷纷开展海洋牧场建设，并取得较好效果（表4-1和表4-2）。

1. 辽宁海洋牧场建设

辽宁省海洋牧场建设主要从人工鱼礁建设开始，目前已经进入具有鲜明地方特色的"近岸海域海洋牧场建设"的全面发展阶段。

大连市甘井子区、旅顺口区、金州区、经济技术开发区、长海县等相继开展了近岸海域牧场化建设工作，共制作投放各类人工鱼礁礁体数万个；据不完全统计，到2007年年底，大连市在5个区、市、县建造人工鱼礁，投入资金近6亿元，制作并投放各类人工鱼礁52 700个，改造报废渔船沉礁258艘，投石垒礁222.1×10⁴空方。共计改造并形成海珍品增殖区10×10⁴亩；增殖放流包括海参、鲍、海胆、各种扇贝等海珍品苗种7.5×10⁸头（个），投放洄游性鱼苗730×10⁴尾。

辽宁大连獐子岛渔业集团已在地处北黄海的长山群岛建成1 000 km²的全国最大海洋牧场。獐子岛渔业还与拥有优质海域资源的长海县小长山乡签署协议，合作开发拥有深水海域的乌蟒岛，又向建设2 000 km²现代海洋牧场迈出关键一步。

2. 山东海洋牧场建设

2000年以来，山东省沿海各地十分重视通过人工鱼礁投放，改善近海环境，营造资源修复环境。按照"统筹规划、科学论证、合理布局"的原则，在重要渔场和近岸优良海域建设大规模的"增殖型鱼礁""渔获型鱼礁""休闲垂钓型鱼礁""海珍品繁育型鱼礁"等多种类型的鱼礁群。特别是2005年山东省渔业资源修复行动计划的实施，极大地促进了人工鱼礁建设。据沿海各市不完全统计，截至2016年年底，省级及以上财政扶持海洋牧场建设项目118个，项目总投资20.8亿元，累计投放各类人工鱼礁1 121×10⁴空方，配套开展了海藻场和海藻床建设；投入增殖放流资金2.4亿元，放流恋礁鱼类1.87×10⁸尾，底播各种贝类69.7×10⁸粒。全省已建设规模以上（投资100万元以上）海洋牧场240多处，海域面积1.95×10⁴ hm²。《山东省人工鱼礁建设规划（2014—2020）》中提到，山东省规划建设九大人工鱼礁带，40个人工鱼礁群，其布局为东营近海1个、莱州湾4个、渤海海峡9个、烟台近海4个、威海近海4个、荣成近海6个、文登—海阳近海5个、青岛近海4个、日照近海3个，从而形成规模适宜、布局合理、技术先进的人工鱼礁建设格局，构成集人工鱼礁建设、休闲海钓、生态环境修复和资源合理利用等多功能于一体的生态工程建设框架。

3. 江苏海洋牧场建设

自2002年开始结合"转产转业"项目，截至2015年已由农业部渔业局、江苏省海洋与渔业局等部门连续14年累计投入资金8 048万元，用于江苏省海洋牧场示范区工程的建设。14年来，累计投放混凝土鱼礁17 706个、改造后的旧船礁190条、浮鱼礁25

个、石头礁 43 130 个，总投放规模为 240 161.2 空方，已形成人工鱼礁投放区面积 170.25 km²。为海洋生物提供了良好的产卵场和栖息地。同时，与人工鱼礁建设相结合，不断加大海藻场和增殖放流的实施力度，累计吊养海带、紫菜、江蓠等藻类 1 179 亩，逐年扩大增殖放流规模，增加放流品种，累计投入资金 2 200 余万元，人工增殖放流鱼苗 1 300×10⁴ 尾、虾苗 12×10⁸ 尾、蟹苗 5 000×10⁴ 只、贝类 10×10⁸ 粒，品种包括中国对虾、梭子蟹、黑鲷、黄姑鱼、日本鳗鲡、魁蚶、牡蛎、刺参和鲍等。

礁体投放后的跟踪调查结果表明：人工鱼礁对于投放水域生态环境有所改善，营养盐结构更趋合理，生物多样性指数增高，集鱼效果明显。其中 2015 年海州湾人工鱼礁建设海域调查共发现游泳生物 73 种，礁区出现总种类为 51 种，对照区出现总种类为 46 种，春、夏、秋 3 个季节鱼礁区游泳生物种类数均高于同期对照区。2015 年海州湾人工鱼礁投放海域游泳生物拖网总平均生物量为 19.98 kg/hm²，其中人工鱼礁区总平均生物量为 24.70 kg/hm²，对照区总平均生物量为 12.57 kg/hm²，人工鱼礁区平均生物量比对照区多近 1 倍，春、夏、秋 3 个季节人工鱼礁区游泳生物生物量均高于对照区。2015 年度海州湾人工鱼礁建设海域游泳生物总平均密度为 2 539 尾/hm²，其中，人工鱼礁区游泳生物平均密度为 2 672 尾/hm²，对照区为 2 330 尾/hm²，人工鱼礁区明显高于对照区。根据扫海面积计算鱼礁区游泳生物资源量为 1 013.8 kg/km²，对照区为 633 kg/km²，人工鱼礁区游泳生物资源密度为 92 598 尾/km²，对照区为 94 824 尾/km²。人工鱼礁区游泳生物生物量是（908 调查）江苏近岸海域渔业资源平均密度 453.08 kg/km² 的 2 倍多。随着后续人工鱼礁建设的开展，网箱养殖、筏式养殖等养殖模式的应用，江苏海洋牧场向功能更加完备的近海内湾型海洋牧场方向拓展。

4. 浙江海洋牧场建设

浙江海洋牧场建设主要在宁波、舟山、台州和温州等地区。宁波海洋牧场的重点是放养鲍、海参等海珍品。2009 年，渔山海域投放鲍苗 7 000 多头、海参 9 000 多头；而象山港海洋牧场的 1 015 个人工鱼礁则先后移植了大型海藻 10 hm²，底播增殖经济贝类 400×10⁴ 粒和大规格岱衢族大黄鱼种 50×10⁴ 尾。按照计划，到 2020 年将建成 6 个以上人工鱼礁区，建礁区面积 6 000 hm²；实现鲍、海参等海珍品农牧化养殖；加大牧场区的增殖放流，年放流各类鱼苗 600×10⁴ 尾，贝类增殖苗种 800×10⁴ 颗，实现资源的有效恢复。海洋牧场建成后，宁波生态养殖面积占水产养殖总面积的比重将由现在的 10% 提高到 40%。舟山投放乌贼，通过试验证明，1 m³ "海洋牧场区"比一般海区平均每年多增加 10 kg 资源量。同时，由于"海洋牧场"是一种纯自然的放养模式，可以保证海产品的品质。

5. 福建海洋牧场建设

2000 年，随着人们对资源和环境保护意识的提高，人工鱼礁的试验研究和大规模建设开始推广。从 2007 年开始，宁德市蕉城区的斗帽岛东南部、诏安湾的城洲岛东部海域扩大了投礁规模，根据当地水质和传统渔业资源的情况，福建省在各个人工鱼礁区放养了不同的鱼种。如蕉城区海洋与渔业局在斗帽岛礁区邻近海域放流大黄鱼苗和曼氏无针乌贼苗。诏安县从 2010 年起在城洲岛增殖放流野生仔一代黄鳍鲷幼鱼鱼种以及人工培育的体长 1.2 cm 的方斑东风螺苗 71×10⁴ 粒。根据福建省东山湾湾口、三沙湾的斗帽岛南部和诏安湾的城洲岛东部投礁前后的对比调查发现，增殖区投放人工鱼礁后普遍取得了良好的增殖效果。

6. 广东海洋牧场建设

广东省在 2002—2011 年的 10 年间，投资 8 亿元兴建 100 座人工鱼礁（其中生态和准生态型 50 座，开放型 50 座），建设大型海洋牧场。2002 年率先在大亚湾海域投放人工鱼礁，揭开了大规模投放人工鱼礁的序幕。2002—2004 年，省、市共投入人工鱼礁建设资金 1 974 万元，完成了大亚湾大辣甲南准生态公益型人工鱼礁区和大亚湾灯火排生态公益型人工鱼礁区一期工程建设，共建造投放 5 种不同类型的钢筋混凝土礁体 2 588 个，合计 9.29×10⁴ m³。至 2004 年已建成礁区 6 座，在建礁区 20 座，已投放报废渔船 88 艘、钢筋混凝土预制件礁体 17 071 个，礁体总规模多达 65×10⁴ 空方，礁区面积达 5 101 hm²。

通过拖网试捕发现，投礁后礁区内和邻近海域游泳生物的现存资源密度均比投放前有了大幅度提高，惠州大辣甲南人工鱼礁区及邻近海域游泳生物的现存资源密度分别比投礁前增加了 12 倍和 14 倍，投放 1 年多的廉江龙头沙人工鱼礁区及邻近海域也分别比投放前增加了 9 倍和 4 倍。建设人工鱼礁对于保护和增殖海洋生物资源具有明显效果。

（三）今后的发展规划

国家发展改革委、农业部等单位每年都安排资金在全国沿海地区开展海洋牧场示范区建设。辽宁省大连獐子岛已成为现阶段我国最大的海洋牧场。山东省在全省沿海大范围开展海洋牧场和人工鱼礁建设，取得了良好成效。连云港海州湾、厦门五缘湾、珠海万山群岛、海南三亚等地也已启动建设不同规模的海洋牧场。浙江舟山市的白沙、马鞍列岛两个农业部海洋牧场示范项目已进入建设实施阶段。

从总体上看，经过几十年的发展，海洋牧场已经实现规模化产出。但是，我国海洋牧场建设总体上仍处在人工鱼礁建设和增殖放流的初级阶段。海洋牧场建设也存在引导投入不足、整体规模偏小、基础研究薄弱、管理体制不健全等问题。为此，2015 年 5 月农业部组织开展国家级海洋牧场示范区创建活动，旨在加强现代渔业建设，促进海洋生物资源与生态环境养护。至 2016 年年底，我国已有国家级海洋牧场示范区 42 个。

2017 年 11 月农业部发布了《国家级海洋牧场示范区建设规划（2017—2025）》。

规划中指出"海洋牧场建设作为解决海洋渔业资源可持续利用和生态环境保护矛盾的金钥匙，是转变海洋渔业发展方式的重要探索，也是促进海洋经济发展和海洋生态文明建设的重要举措。通过发展海洋牧场，不仅能有效养护海洋生物资源、改善海域生态环境，还能提供更多优质安全的水产品，推动养殖升级、捕捞转型、加工提升、三产融合，有效延伸产业链条，推动海洋渔业向绿色、协调、可持续方向发展。尽管目前我国的海洋牧场建设初具规模，但在发展过程中还存在统筹规划和基础研究不足、示范引领和体制机制建设不够等问题，制约了海洋牧场综合效益的发挥。为贯彻国家生态文明建设和海洋强国战略的有关要求，落实《中国水生生物资源养护行动纲要》《国务院关于促进海洋渔业持续健康发展的若干意见》中关于发展海洋牧场的部署安排，更好地发挥国家级海洋牧场示范区的综合效益和示范带动作用，推动全国海洋牧场在未来一个时期建设取得新突破，发展再上新台阶，特编制本规划"。规划到 2025 年在全国建设 178 个国家级海洋牧场示范区（包括 2015—2016 年已建的 42 个）。具体布局如下。

（1）黄渤海区

到 2025 年，黄渤海区规划建设 113 个国家级海洋牧场示范区，形成示范海域面积约 1 200 km²，其中：建设人工鱼礁区面积约 600 km²，投放人工鱼礁约 3 400×10⁴ 空方，形成海藻（草）场和海草床面积 160 km²。主要分布在渤海辽东湾、渤海湾、莱州湾、秦皇岛-滦河口海域、大连近海海域、山东半岛近岸海域、南黄海等海域。其中，辽东湾主要分布在绥中、葫芦岛、营口近海等海域；秦皇岛—滦河口海域主要分布在秦皇岛近海、南戴河近海、昌黎近海、唐山湾、佛手岛等海域；渤海湾主要分布在天津南港工业区海域、沧州海域、滨州无棣县近海海域、东营河口区近海等海域；莱州湾主要分布在东营黄河河口区、龙口岷岛岛等海域；大连近海海域主要分布在大小长山岛海域、黄海大李家街道海域、海洋岛、平岛、石城岛、王家岛等海域；山东半岛近岸主要分布在烟台南北隍城海域、南北长山岛、崆峒岛、砣矶—喉矶—高山岛、庙岛群岛东部、蓬莱东部、芝罘岛东部、养马岛、四十里湾、牟平金山下寨、金山港东部、海阳琵琶口、土埠岛东部、大阁家海域，威海双岛湾、五垒岛湾、小石岛、刘公岛、五渚河至茅子草口、靖海湾东部、乳山白沙湾海域，荣成临洛湾、荣成湾、苏山岛、爱伦湾、俚岛湾、王家湾海域，青岛五丁礁、田横岛南部、斋堂岛、崂山湾、竹岔岛、朝连岛、凤凰岛海域，日照北部近海、黄家塘湾、刘家湾、前三岛、海州湾北部等海域；南黄海海域主要分布在江苏南通近海海域。

表 4-1 2015—2016 年国家级海洋牧场示范区已建名单

海区	示范区名称	地区	建设海域	所在海域面积（hm^2）	管理维护单位
	辽宁省丹东海域国家海洋牧场示范区	辽宁	东港市	1 400	东港市人工鱼礁管理处
	辽宁省盘山县海域国家级海洋牧场示范区	辽宁	盘锦市盘山县	667	盘山县海洋与渔业技术中心
	辽宁省锦州市海域国家级海洋牧场示范区	辽宁	锦州市	573	锦州市海洋与渔业科学研究所
	大连市獐子岛海域国家级海洋牧场示范区	大连	长海县	2 196	獐子岛集团股份有限公司
	大连市海洋岛海域国家级海洋牧场示范区	大连	长海县	600	大连海洋岛集团股份有限公司
	大连市财神岛海域国家级海洋牧场示范区	大连	长海县	822.4	大连财神岛集团有限公司
	大连市蚂蚁岛海域国家级海洋牧场示范区	大连	金普新区	666.6	大连蚂蚁岛海产有限公司
	大连市大长山岛海域金茂国家级海洋牧场示范区	大连	长海县	665.1	大连长海县兴国金茂海产品有限公司
	大连市小长山岛海域经典国家级海洋牧场示范区	大连	长海县	666.6	大连经典海洋珍品养殖有限公司
	河北省山海关海域国家级海洋牧场示范区	河北	秦皇岛市山海关区	820	秦皇岛市海鑫水产养殖科技开发有限公司
黄渤海	河北省祥云湾海域国家级海洋牧场示范区	河北	唐山市海港经济开发区	533	唐山海洋牧场实业有限公司
	河北省新开口海域国家级海洋牧场示范区	河北	秦皇岛市昌黎县	581	秦皇岛市晨升水产养殖有限公司
	河北省北戴河海域国家级海洋牧场示范区	河北	秦皇岛北戴河新区	650	秦皇岛市国家级水产种质资源保护区管理处
	河北省北戴河新区外侧海域国家级海洋牧场示范区	河北	秦皇岛北戴河新区	551.1	秦皇岛市海洋牧场增养殖有限公司
	河北省乐亭海域兴国国家级海洋牧场示范区	河北	乐亭县滦河口西南	724.4	乐亭县兴乐水产养殖专业合作社
	河北省新开口海域通源通国家级海洋牧场示范区	河北	秦皇岛北戴河新区	711.8	秦皇岛通源水产有限公司
	天津市大神堂海域国家级海洋牧场示范区	天津	天津市汉沽区	2 360	天津市滨海新区汉沽水产局
	山东省芙蓉岛西部海域国家级海洋牧场示范区	山东	莱州市	10 700	山东蓝色海洋科技股份有限公司
	山东省荣成北部海域国家级海洋牧场示范区	山东	荣成市	676	山东西霞口珍品股份有限公司
	山东省牟平北部海域国家级海洋牧场示范区	山东	烟台市牟平区	1 216	山东牟平海方海洋科技股份有限公司
	山东省爱莲湾海域国家级海洋牧场示范区	山东	荣成市	623	威海长青海洋科技股份有限公司

续表

海区	示范区名称	地区	建设海域	所在海域面积（hm²）	管理维护单位
黄渤海	山东省岚山部海域万泽丰国家级海洋牧场示范区	山东	日照市岚山区	524.6	日照市万泽丰渔业有限公司
	山东省莱州市太平湾海域明波国家级海洋牧场示范区	山东	烟台莱州市	1507	莱州明波水产有限公司
	山东省荣成市南部海域好当家国家级海洋牧场示范区	山东	荣成市	647.5	山东好当家海洋发展股份有限公司
	山东省庙岛群岛北部海域国家级海洋牧场示范区	山东	烟台市长岛县	1120	长岛弘祥海珍品有限责任公司，烟台南隍城海珍品发展有限公司
	山东省荣成市桑沟湾海域国家级海洋牧场示范区	山东	荣成市	873.9	荣成楮岛水产有限公司，荣成市泓泰海洋生态休闲旅游有限公司
	青岛市石雀滩海域国家级海洋牧场示范区	青岛	黄岛区	867	青岛海丰海品食品集团有限公司
	青岛市崂山湾海域国家级海洋牧场示范区	青岛	崂山区	500	青岛崂山泉崂山特色水产品有限公司
	青岛市崂山湾海域龙盘国家级海洋牧场示范区	青岛	崂山区	519	青岛龙盘海洋生态养殖有限公司
	青岛市灵山湾海域国家级海洋牧场示范区	青岛	黄岛区	524	青岛灵山海域海洋生态海产有限公司
	青岛市灵山湾西海岸海域国家级海洋牧场示范区	青岛	黄岛区	886.6	青岛西海岸海洋渔业科技开发有限公司
	江苏省海州湾海域国家级海洋牧场示范区	江苏	连云港市	4000	连云港市海洋与渔业局
东海	上海市长江口海域国家级海洋牧场示范区	上海	上海市崇明区	1440	上海市长江口中华鲟自然保护区管理处
	浙江省中街山列岛海域国家级海洋牧场示范区	浙江	舟山市普陀区，岱山县	4180	舟山市海洋与渔业局
	浙江省马鞍列岛海域国家级海洋牧场示范区	浙江	舟山市嵊泗县	6960	嵊泗县海盛投资有限公司
	浙江省南麂列岛海域国家级海洋牧场示范区	浙江	平阳县	698.5	平阳县海洋与渔业局
	宁波市渔山列岛海域国家级海洋牧场示范区	宁波	象山县	2250	象山县海洋与渔业局
南海	广东省珠海万山海域国家级海洋牧场示范区	广东	珠海市万山海洋开发试验区	31200	万山海洋开发试验区海洋与渔业局
	广东省龟龄岛东海域国家级海洋牧场示范区	广东	汕尾市城区	2028	汕尾市城区海洋与渔业局
	广东省南澳岛东海域国家级海洋牧场示范区	广东	汕头市南澳县	3000	南澳县海洋与渔业局
	广东省汕尾遮浪角西海域国家级海洋牧场示范区	广东	汕尾市红海湾	2100	汕尾市海洋与渔业局
	广西壮族自治区防城港市白龙珍珠湾海域国家级海洋牧场示范区	广西	防城港市	1040	防城港市水产畜牧医局

来源：农业部网站。

表 4-2　2017—2025 年国家级海洋牧场示范区规划建设

海区	规划建设区域	所在行政区域	建设数量	规划建设位置
黄渤海区	渤海辽东湾，渤海湾，莱州湾，秦皇岛—滦河口海域，大连近海海域，山东半岛近岸海域，南黄海等海域	辽宁	20	绥中，葫芦岛，营口近海等海域；大连大小长山岛海域，黄海大李家街道海域，海洋岛、平岛、石城岛、王家岛等海域
		河北	15	秦皇岛近海、南戴河近海、昌黎近海、唐山湾、佛手岛、沧州等海域
		天津	1	天津南港工业区海域
		山东	44	滨州无棣县近海海域，东营河口区近海、黄河河口区，龙口屺岞岛，烟台南北隍城海域、南北长山岛、崆峒岛、砣矶-喉矶-高山岛、庙岛群岛东部、蓬莱东部、芝罘岛东部、养马岛、四十里湾、牟平金山下寨、金山港东部、海阳琵琶口、土埠岛东部、大阁家海域、威海双岛湾、五垒岛湾、小石岛、刘公岛、五渚河至茅子草口、靖海湾东部、乳山白沙湾海域、荣成临洛湾、荣成湾、苏山岛、爱伦湾、俚岛湾、王家湾海域、青岛五丁礁、田横岛南部、斋堂岛、崂山湾、竹岔岛、朝连岛、凤凰岛海域，日照北部近海、黄家塘湾、刘家湾、前三岛、海州湾北部等海域
		江苏	1	江苏南通近海海域
东海区	浙江、福建近海海域	浙江	6	普陀朱家尖白沙海域、台州椒江大陈海域、临海东矶海域、温岭积络三牛海域、玉环鸡山岛群海域，温州洞头等海域
		福建	9	宁德霞浦海域、福州连江、福清、平潭海域，莆田秀屿海域、泉州晋江海域、厦门白哈礁海域、漳州龙海、东山等海域
南海区	广东、广西和海南近海海域	广东	25	汕头莱芜海域、揭阳神泉、前詹海域，汕尾陆丰碣石湾金厢南海域、惠州大辣甲、红海湾、大星山海域，湛江江洪、硇洲、乌石、烟灶海域，深圳杨梅坑、东冲—西冲海域、珠海庙湾、外伶仃海域、江门乌猪洲、沙堤海域、阳江山外东、青洲岛、红鱼排、海陵岛海域，茂名大放鸡岛、第一滩海域，吴川博茂渔港西南部等海域
		广西	2	北海近海海域、钦州三娘湾等海域
		海南	13	三亚近海的三亚湾、蜈支洲岛、崖州海域，陵水近海海域，万宁洲仔岛海域、琼海冯家湾海域、文昌海域、临高头洋海域、儋州市峨蔓、海头、磷枪石岛海域，乐东莺歌海海域、西沙永乐群岛等海域

来源：农业部网站。

（2）东海区

到 2025 年，东海区规划建设 20 个国家级海洋牧场示范区（包括 2015—2016 年已建情况），形成示范海域面积约 500 km²，其中：建设人工鱼礁区面积 160 km²，投放人工鱼礁 500×10⁴ 空方，形成海藻（草）场和海草床面积 80 km²。主要分布在浙江、福建近海海域。其中浙江主要分布在普陀朱家尖白沙海域、台州椒江大陈海域、临海东矶海域、温岭积络三牛海域、玉环鸡山岛群海域、温州洞头等海域；福建主要分布在宁德霞浦海域，福州连江、福清、平潭海域，莆田秀屿，泉州晋江海域，厦门白哈礁，漳州龙海、东山海域。

（3）南海区

到 2025 年，规划共在南海区建设 45 个国家级海洋牧场示范区（包括 2015—2016 年已建情况），形成示范海域面积约 1 000 km²，其中：建设人工鱼礁区面积 300 km²，投放人工鱼礁 1 100×10⁴ 空方，形成海藻（草）场和海草床面积 90 km²。分布在广东、广西和海南近海海域。其中，广东主要分布在汕头莱芜海域，揭阳神泉、前詹海域，汕尾陆丰碣石湾金厢南海域，惠州大辣甲、红海湾、大星山海域，湛江江洪、硇洲、乌石、烟灶海域，深圳杨梅坑、东冲—西冲海域，珠海庙湾、外伶仃海域，江门乌猪洲、沙堤海域，阳江山外东、青洲岛、红鱼排、海陵岛海域，茂名大放鸡岛、第一滩海域，吴川博茂渔港西南部等海域；广西主要分布在北海近海海域、钦州三娘湾等海域；海南主要分布在三亚近海的三亚湾、蜈支洲岛、崖州海域，陵水近海海域，万宁洲仔岛海域，琼海冯家湾海域，文昌海域，临高头洋湾海域，儋州市峨蔓、海头、磷枪石岛海域，乐东莺歌海海域，西沙永乐群岛等海域。

第三节　国外海洋牧场发展概况

一、国外海洋牧场的建设情况

从 1971 年日本政府正式提出"海洋牧场"的概念至今，海洋牧场的发展仅有几十年的历史。但是，许多发达国家如日本、美国、挪威、西班牙、法国、英国、德国等国均把海洋牧场作为今后发展的方向。目前，世界海洋牧场取得较大成就的是美国、欧洲诸国和日本，韩国近几年也在积极发展海洋牧场。

据联合国粮食及农业组织（FAO）统计，1984—1997 年，世界上共有 64 个国家进行过海洋牧场化的增殖流放，放流品种总数达 180 种，其中有 46 种属于海水品种。除了少数几种鲑鳟鱼类外，这些品种在世界上的分布并不广泛。不过，总的来说，欧洲、北美洲地区数量最多，其次是亚洲和大洋洲，非洲和拉丁美洲最少。世界范围内海洋牧场化事业正处于高速发展阶段，目前形成了有世界意义的新型渔业运动浪潮。在1995年国际水生生物资源管理中心的公报上说："海洋牧场是最可能极大增加鱼类和贝类产量的渔业方式。"东京行动计划发表申明："在内陆水域和海洋水域内的资源增殖技术和知识在迅速地传播。"澳大利亚也制定了"通过资源增殖以提高渔业产量的潜力"国家级的水产发展战略。通过海洋牧场建设可实现立体化生态养殖，大大提高渔业产量、改善渔业生态环境（图4-1）。然而，海洋牧场化的开展也被一些学者提出不同的看法，认为海洋牧场能否实现渔业可持续发展还是个问题，在实践过程中缺乏客观的依据。FAO甚至也呼吁"不要使用人工措施来替代谨慎预防性措施"。因此，海洋牧场化在被肯定取得很大成绩的同时，世界各国也纷纷开展相应的科学研究工作以及科学论证海洋牧场化的可行性。

图4-1 立体化生态养殖

二、主要国家海洋牧场发展概况

（一）日本

1. 基本情况

海洋牧场的构想最早由日本于1971年提出，1973年日本又在冲绳国际海洋博览会上提出：为了人类的生存，在人类的管理下，谋求海洋资源的可持续利用与协调发展。1978—1987年日本开始在全国范围内全面推进"栽培渔业"计划，并建成了世界上第一个海洋牧场——日本黑潮牧场。日本水产厅还制订了"栽培渔业"长远发展规划，其核心是利用现代生物工程和电子学等先进技术，在近海建立"海洋牧场"，通过人工增殖放流（养）和吸引自然鱼群，使得鱼群在海洋中也能像草原里的羊群那样，随时处于可管理状态。

1991年，日本政府栽培渔业的预算达到48.6亿日元，放流的渔业品种达94种，放流规模百万尾以上的种类超过 30 种。仅每年投到人工鱼礁的资金就达 589 亿日元（折合人民币 42 亿元），日本中央政府和县政府、市町村各负责 50%。经过几十年的努力，日本沿岸 20% 的海床已建成人工鱼礁区，2003 年北海道地区秋季大麻哈鱼的捕捞量猛增到 5 500 t。

2. 管理和实施情况

1963 年，日本专门成立了栽培渔业协会，负责管理和发展栽培渔业。2003 年，日本对水产机构进行改革，基于提高研究和开发的效率，确保研发体制连贯的考虑，将栽培渔业协会并入日本综合水产研究中心，由日本综合水产研究中心全面接管此项工作。该中心设有栽培管理课和遍布全国沿海多达 16 个栽培渔业中心，专司栽培渔业项目管理和栽培渔业技术的研究、评价和实施工作。此后，该中心对单位内部的栽培渔业进行了体制和机制整合与改革，进一步理顺了和地方政府、自治团体的关系，加强了与都、道、府、县等各级政府的联合，并对项目实施情况和工作计划进行了重新评估，从而提高了工作效率，促进栽培渔业的普及和落实。

（二）韩国

1. 基本情况

韩国现有 10 余处国立水产种苗培育场从事种苗生产和增殖放流，并从民间培育场购买放流。1971—1989 年共放流中国对虾、黑鲷、梭子蟹等 1.34×10^8 尾，1990 年放流 $6\ 300 \times 10^4$ 尾。另外，韩国从 1998 年起每年斥资 1 000 万美元兴建海洋牧场，整个工程的最终截止日期在 2010 年。1994—1996 年进行了海洋牧场建设的可行性研究，并于 1998 年开始实施 "海洋牧场计划"，该计划试图通过海洋水产资源补充形成（制造）牧场，通过牧场的利用和管理，实现海洋渔业资源的可持续增长和利用极大化。该项目计划分别在韩国的东海（日本海）、韩国南部海域（对马海峡）和黄海建立几个大型海洋牧场示范基地，有针对性地开展特有优势品种的培育，在形成系统的技术体系后，逐步推广到韩国的各沿岸海域。1998 年，韩国首先开始建设核心区面积约 20 km^2 的海洋牧场。经过努力经营于 2007 年 6 月竣工，取得了一定的成效，在统营牧场取得初步成功后正推进建设其他 4 个海洋牧场，并将在统营牧场所取得的经验和成果应用到其他海洋牧场。

2. 建设过程及核心技术

以已建成的统营海洋牧场为例，建设过程分 3 个阶段：一是成立基金会和管理委员会，明确管理机构、研究机构、实施机构等；二是增殖放流资源，建设海洋牧场；三是后期管理和建设结果的分析评估。其中，科研和技术开发工作主要围绕区域地理和生态特征展开，重点研究了生态学特性与建设模式设定、生境的改善、鱼类增殖、海洋农牧化使用和管理 4 个方面，其核心技术体系包括海岸工程及人工鱼礁技术，鱼类选种、繁殖及培育技术，环境改善和生境修复技术，海洋牧场的管理经营技术。其他如放流技术、放流效果评价、人工鱼礁投放效果评价、牧场运行和监测技术、设施管理、牧场的经济效益评价、牧场建成后的管理、维护和使用模式研究等也很重要。

3. 效果评价

以已建成的统营海洋牧场为例，一是该海区渔业资源量大幅增长，已达逾 900 t，比项目初期增长了约 8 倍。尤其在建设海洋牧场之前资源量已经减少到近乎绝迹的鱼类，目前资源量已达到逾 100 t，大大超过了预期目标。二是当地渔民收入不断增加，已从 1998 年的 2 160 万韩元（约合人民币 18 万元）提高到 2006 年的 2 731 万韩元（约合人民币 23 万元），增长率达 26%。值得一提的是，水生生态系统保护研究是海洋牧场研究中容易忽视的一环，项目实施工程中，可能会因为盲目追求某一鱼类品种种群数量的增长而严重破坏区域水生生态，造成难以挽回的损失。韩国统营牧场在建设过程中，就因为过度放流和增殖某种鱼类而破坏了区域水域生态，修复尚待时日，教训值得吸取。

（三）美国

美国提出建造海洋牧场的计划是在 1968 年，经过 4 年的理论和实验研究，1972 年兴建海洋牧场，1974 年在加利福尼亚兴建培育巨藻的海洋牧场。该海洋牧场兴建后取得了良好的经济效益，大大刺激了海洋牧场的后续发展。人工鱼礁业的发展为美国的旅钓业提供了契机。20 世纪 80 年代初期，为了增加可垂钓鱼类的数量，吸引人们垂钓，增加旅游和垂钓收入，在沿海海域投放了 1 200 处人工鱼礁，收到了良好的效果。

美国的主要增殖种类为鲑鳟鱼类、牡蛎、美洲龙虾和巨藻。美国鲑鱼产量居世界之首，向海洋放流鲑鱼已有 100 多年历史。因为年复一年向海洋大量放流幼鲑，资源量得到大幅度增长。20 世纪 80 年代初，美国对鲑鱼增殖的投资达 71 500 万美元。美国东北部海区的马里兰州切萨皮克湾及康格州的长岛海峡是牡蛎资源增殖的主要海区。在潮间带和潮下带投放采苗器，采苗后移到自然生长区，增加自然资源。大西洋沿岸的马萨诸塞州培育美洲龙虾苗，孵化成活率为 50%，每年放流数百万只龙虾。在 20 世纪 50 年代，美国制订了"巨藻场改进计划"，以期恢复和发展原有藻场，以后用移植藻苗和底播巨藻孢子叶，孢子和配子体等海底岩石礁增殖法，但效果不佳，改用人工培育胚孢子体密集播撒于海底的方法取得一定成效。

（四）欧洲

欧洲主要增殖种类是鲑鱼。例如，瑞典每年向波罗的海放流 50×10^4 尾 2 龄鲑，存活率达 10%；挪威也放流一定量鲑鱼苗，存活率 1%~2%，并进行了鳕鱼的增殖试验；冰岛在放流鲑鱼前，先将其放养于温泉水中的做法取得了成效；英法两国正在进行牡蛎增殖试验。

第四节　海洋牧场选址和建设

一、海洋牧场选址

海洋牧场选址是海洋牧场建设首先需要考虑的重要环节，科学地开展选址工作，是确保海洋牧场建设成功的有效前提。海洋牧场选址正确与否直接关系到以后发挥作用的大小、使用寿命、对其他作业的影响等。在选址时应尽量以渔港等渔业根据地为中心，充分发挥其流通、加工等相关产业的支撑作用。

1. 基本原则

（1）海区水质没有被污染而且将来不易受到污染。海洋牧场往往投入较大，其作用显现也需要比较长的时间，选择建设海洋牧场的海区，应考虑在未来相当长时间内不会受到污染。

（2）建设海洋牧场的海区，一般水深为 10~60 m，不超过 100 m。如果增殖对象是浅海水域的海珍品，应选择水深 10 m 以内的海区，而鱼类增殖礁则以水深 20 m 左右的海区为宜。

（3）海区底质以较硬的海底为好，如坚固的石底、沙泥底质或有贝壳的混合海底。海底宽阔平坦、风浪小、饵料生物丰富的海区比较理想。

（4）除了以扩大天然渔场为目的，海洋牧场中的人工鱼礁应尽量远离天然鱼礁，与天然鱼礁之间的距离至少应在 0.5 n mile 以上。

（5）避开河口附近泥沙淤积海区、软泥海底及潮流或风浪过大的海区，流速不应超过 0.8 m/s。

（6）海区透明度良好，不浑浊。

（7）选址要避开主航道、主要锚地、军事禁区、排污口、进水口、海底油气管道、海底电缆或其他海底设施、淤泥底等。

（8）选址应方便建设、运营。海洋牧场是一种综合性较强的渔业生产方式，其初始资金投入巨大，涉及人力和物力较多，且后续运营过程中海洋牧场周围海域的海洋环境监测、养殖产品物流运输等都对选址的便利性提出较高要求。因此，海洋牧场建设的选址规划除了考虑海域自然条件外，还应考虑选址海域沿岸周边的陆域位置是否便利，相关配套基础设施是否完备、物流交通是否发达等因素。

（9）选址应留有未来发展的战略空间。我国海洋牧场建设尚处于起步阶段，对于海洋牧场内容拓展、规模发展、类型整合等问题尚缺乏系统性研究。因此，在海洋牧场选址时必须遵循长远发展的原则，充分考虑今后一段时间内可能出现的相关问题。

2. 选址案例——以连云港海州湾海洋牧场为例

（1）投放海域的渔业资源状况。海州湾渔场是我国重要的传统渔场，该海区的渔业资源主要为沿岸性、岛礁性种类，也有部分主要洄游性经济种类的幼体。其中礁区鱼类主要有小黄鱼、龙头鱼、焦式舌鳎、褐鲳鲉、鮸鱼、银鲳、皮氏叫姑鱼、鰕虎鱼类等。虾类主要有细巧仿对虾、鹰爪糙对虾、日本鼓虾等。蟹类和软体类种类较少，蟹类有日本蟳、双斑蟳、日本关公蟹等，软体类为长蛸、短蛸以及枪乌贼等。人工鱼礁投放后可以为这些鱼类提供较为理想的产卵和索饵环境，使资源量逐渐增加。

（2）水深和底质。海州湾海域水深 12~16 m，底质为砾沙质，自上而下分为粗盖层和基岩。覆盖层顺序为淤泥、黏土和沙质黏土 3 层。

（3）风浪。海州湾全年盛行波向为偏东北向，该海域的波形以混合浪为主，平均波高为 0.52 m，最大波高为 4.6 m，一般出现在 9 月份。平均波浪周期为 3.1 s，波周期年变化不大，范围为 2.7~3.5 s。

（4）潮流。海州湾实测潮流的流向基本为西南—东北向，流速分布由东北向西南逐渐减弱，涨潮流流速（最大流速 2.08 kn）大于落潮流流速（最大流速 1.27 kn）。

根据 2003 年 2 月对连云港鱼礁投放海域调查（34°52′34″N，119°25′82″E）的流速结果可知，最大流速约 65 cm/s，最小流速约 20 cm/s，流速大小为 40~45 cm/s 的占优（如图 4-2 所示）。

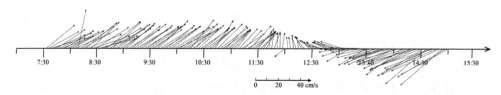

图 4-2　连云港沿岸海域流速调查结果

（5）水质和饵料生物。水质肥沃，符合Ⅰ类水质标准，海洋生物种类较多，资源量较大，是我国的著名渔场，满足基本条件。

（6）地理位置。离赣榆渔港、连云港连岛旅游区比较近，相关配套基础设施比较完备、物流交通发达，对今后发展旅游业有利。

根据以上条件，海州湾可以建设海洋牧场，经过十多年建设已经取得了一定的成绩，生物量明显增加，其中，2008 年对前期建设的礁区及新建礁区的渔业资源进行了跟踪调查，人工鱼礁区平均生物密度为 10 239.50 个/hm²，对照区 6 662.75 个/hm²，礁区是对照区的 1.5 倍。礁区游泳生物种类数和生物量均高于对照区，表明礁区游泳生物资源比附近海区丰富。放养的黑鲷、鲈鱼、海参、鲍、扇贝、牡蛎等进入收获季节，在稳固传统品种基础上增加名优珍品，优化养殖布局，加快底播增殖，开辟海洋牧场，推动海水养殖业高效、健康、可持续发展。2013 年海水养殖品种已达 40 多个，实现海产品总量 75×10^4 t，实现海洋渔业经济总产值达 200 亿元。

二、海洋牧场建设

从相关方面的研究和建设经验来看，海洋牧场建设内容一般可以归纳为人工鱼礁建设、目标生物的培育和驯化、海藻（草）场建设、监测能力建设、防逃和控制系统建设、娱乐休闲区建设、配套技术建设和管理能力建设等几个主要环节与过程。海洋牧场建设示意图如图 4-3 所示。

图 4-3　海洋牧场建设示意

（一）人工鱼礁建设

海洋牧场首先利用人工鱼礁诱集鱼群。人工鱼礁是海底的突起物，利用各种形状的水泥块、废旧木船、车辆堆积而成。这种突起物可形成上升流，带来海底层的营养物质，也可造成鱼类喜欢的生活环境，因而对许多鱼类具有吸引力。建设人工鱼礁并通过在礁区以及周边海域投放一定数量趋礁性鱼类、贝类、藻类等海洋生物苗种，营造出一个人工生态系统，以改善水域生态环境、提升水域基础生产力水平，进而增加建设水域内的渔业资源数量和渔业产量，这已经成为一种渔业资源环境养护措施和生态修复与改善方式。

按照不同的海区条件，在近岸浅海设置藻类、鲍、海胆、龙虾等增殖礁，稍外设置仔鱼、稚鱼、幼鱼保护礁，在鱼类洄游通道上设置诱集鱼类的鱼礁，形成资源比较丰富稳定的渔场。有关人工鱼礁功能、设计和制造等方面的内容请参考第二章相关章节。

（二）目标生物的培育和驯化

采取人工育苗和天然育苗相结合，扩大种苗培育数量，通过生物工程提高种苗的质量，建立种苗驯养场，从采卵、孵化直至育成幼体，实现规模繁殖、优化选择、习性驯化和计划放养。音响驯化作为鱼类行为控制技术之一，对海洋牧场内的鱼种行为控制作用明显。根据鱼类的趋声或趋光习性，设计能定时播放声音和开启灯光，同时配合饵料定时定量供应的鱼类驯化装置。实现对黑鲷鱼苗驯化效果监控和远程控制。使用鱼类音响驯化技术和气泡幕阻拦技术确定了真鲷幼鱼、黑鲷幼鱼、卵形鲳鲹幼鱼最佳驯化效果的音响频率（400 Hz）、获得了最佳阻拦效果的气泡幕参数，交替音可作为黑鲷音响驯化的一种有效手段，结合投饵在控制鱼类行为中发挥更大的作用。

选择开阔水域和海底，作为鱼虾等游泳生物放养区和海参、贝类等底栖生物的底播区。应注意挑选一些适合这些海域的自然海洋生物物种，或者通过选育一些生长性状良好并可控制的品种，兼顾上、中、下层鱼类和底栖生物，进行人工增殖放流和底播。收获可以通过轮捕轮作的渔业生产方式进行，应估算单位时间内可采捕量或者不同时间的可采捕种类，满足可持续收获海洋生物的目标。在放养中应注意不同品种的合理搭配，注意保护生物多样性和生态系统，避免品种过于单一，使系统处于可持续利用状态，避免毁灭性收获。还可以在水中播送某些鱼类的叫声、游泳声、摄食声、求偶声等，或用电子计算机模拟出这些声音进行播放，以吸引某些鱼类。鲹、鲫、鲑、枪乌贼、金枪鱼和某些掠食性的中上层鱼类，就能被这些声音所吸引。

（三）海藻（草）场建设

海藻（草）场可以提供维持高物种多样性的栖息场所，是鱼类和许多其他水生生物的繁殖场、育肥场和庇护所。通过在浅海和潮间带栽培和播种大叶藻等海草类种子植物，或者在海底播种海草种子，或者护养和恢复现有的海草床，形成海草床或者海藻场生态系统。海草床是世界上所有生态系统中生产力很高的系统，适应绝大部分中国海域条件，因此，应重点考虑建设。在不适合海草生长的海底和人工鱼礁上，可以栽培海带、裙带菜、紫菜等海洋大型藻类，营造海底"森林"区。这些海洋藻类不但可以作为海洋鱼类索饵场和庇护场，也可以采取轮作轮采的方式加以收获，作为人类和海珍品（如鲍、海参等）的食物、工业原料供应市场。

（四）监测能力建设

通过设置和建设海洋环境监测站点，经物联网、无线发射和渔业互联等方式，建立自动化或智能化环境监测系统，了解海洋牧场的环境变化，避免生态系统崩溃和突发性灾害发生；监测系统包括对生态环境质量的监测和对生物资源的监测。沈卫星等研制了一种可业务化运行的智能化浮式聚鱼装备，该装备以无线网桥为通信核心，运用继电器组分别控制水下监控系统、声音驯化系统、定量投饵系统和传感器等，解决了开放式海域鱼类行为的驯化与控制问题；柔性分级驯化栅解决了驯化中出现的自相残杀和鱼类生长的"马太效应"，通过使用前后效果对比分析发现该装备能够明显提高驯化效果；上述研发装备在象山港海洋牧场以黑鲷为对象进行了全过程试验，针对核心区和周边3个对比区进行了长期调查，现场试验结果表明其有效性，能够有效提升鱼类行为控制水平，为最终实现海洋牧场的高效运行提供了坚实支撑。

（五）防逃和控制系统建设

为防止放养海洋生物的逃逸，可以通过气泡墙、声控和温控等技术手段，阻止和吸引鱼类等海洋生物栖息。播放鱼类等海洋生物喜欢的声音，吸引生物滞留。通过不同季节调节局部海域温度，吸引不同温度需求的特定鱼类和海洋生物，为海洋生物提供适宜的生活条件。大批鱼群被诱集到牧场中，需要防止它们逃跑。建造水中围栏固然可以达到这个目的，但成本太高，还可能被浪潮冲毁，且水中围栏内有时会出现水流不畅等问题。为了解决上述难题，技术人员巧妙地在水中建造简便的气泡幕。这些气泡由敷设在牧场四周海底的橡皮管或塑料管上的无数小孔内喷出。气泡喷出后不断上升、膨胀，便形成一道气泡帷幕。气泡浮动的情景和膨胀时发出的声响，会使牧场里的鱼类望而生畏，不敢贸然破幕而出，从而起到防止它们逃跑的作用。同时，气泡幕不影响水流畅通，能保持牧场内水质清新，而且还能使部分波能消衰，起到防波堤的作用。此外，气泡幕还有造价低廉、装拆方便的优点。至于少数敢于冲破气泡幕逃窜的鱼，则可训练海豚当作牧场"警犬"，把它们驱赶回去，因为许多鱼对海豚发出的声音非常害怕。极少数不怕恐吓的鱼，海豚会追捕并把它们咬死。

（六）娱乐休闲区建设

可以在海洋牧场的非核心区建设一些海洋娱乐休闲区，通过提供游钓渔业，海洋生物观赏、潜水、游泳与水上运动、沙滩与海岛旅游等休闲服务，提高海洋牧场的附加值，创造更好的经济效益。建设海洋牧场平台可以在海洋牧场区域内开展牧渔体验、生态观光等工作。

（七）配套技术建设

海洋牧场建设是一个系统工程，涉及很多学科。需要采用配套技术和规模化渔业设施，例如建设大型人工孵化厂（如工厂化循环水养殖车间等），大规模投放人工鱼礁，全自动投喂饲料装置，先进的鱼群控制技术等。还要建人工孵化站，用科学的方法为鱼类催产，进行人工孵化。此外，还必须建立一整套科学管理系统，对人工鱼礁进行管理，监测鱼类的生态和行动以防治鱼病。开展抗风浪网箱养殖，增加高档鱼的产量，提高经济效益。

为了解决牧场鱼类饵料问题，一方面建立一些人工鱼礁使之形成上升流，将底层营养丰富的水升至表层，也可用大功率抽水机抽取深层海水；另一方面可用自动投饵机补充饵料的不足。为了使饵料得到充分利用，在投饵时宜播送特定频率的声音，使鱼类进食形成条件反射。例如真鲷，从投饵前 30 s 起直至投饵结束，连续在水中播送 200 Hz 脉冲音，几个月后即可使真鲷建立起条件反射。以后一旦播出这种声音信号，它们就会闻声聚集等待投饵，从而达到使饵料得到充分利用的目的。

海洋牧场平台是在海洋牧场区域内用于开展海洋牧场生态环境监测、海上管护、牧渔体验、生态观光、安全救助等工作的设施，主体甲板面积一般为 $100 \sim 300 \ m^2$。进行网箱、养殖围网等养殖的海洋牧场中，人们一般实行网箱平台、养殖围网平台与海洋牧场平台共享。海洋牧场平台按其停泊方式划分为固定式、浮动式和半潜式等形式；主体结构按材质分为钢制、玻璃钢、复合材料平台等；按布设区域分为近海平台和沿海平台等种类，近海平台航行、作业区域距岸或庇护地不超过 30 n mile，沿海平台航行、作业区域距岸或庇护地不超过 12 n mile。用于海洋牧场休闲体验的沿海旅游平台距岸一般不超过 3 000 m。

据大众网等媒体报道，我国首座半潜式海洋牧场平台在烟台长岛投入运营，2017 年 8 月 17 日，中集来福士海洋工程有限公司为长岛弘祥海珍品有限责任公司建造的半潜式海洋牧场平台在龙口中集来福士海洋工程有限公司码头顺利下水，并于 18 日到达长岛大钦岛目标海域（图 4-4）；该海洋牧场平台项目海上安装作业顺利完成，至此，国内首座半潜式海洋牧场平台顺利完工并正式投入运营。该半潜式海洋牧场平台采用 4 根立柱半潜式结构设计，型长 35 m、型宽 29 m、主甲板面积 625 m^2，是海洋牧场平台领域推出的第三代产品，由中集来福士海洋工程有限公司独立完成设计，采用了半潜式结构设计，这在海洋牧场平台领域尚属首次。半潜式结构设计理念的应用使平台作业水深可达 30 m，较前两代作业水深为 10 m 和 17 m 的自升式海洋牧场平台有了长足进步。上建结构呈四面环围形状，让甲板利用率大幅提升，并采用了"中国风"仿古四合院人文景观设计，让功能融合更美观。同时对平台的设备性能、结构布局、休闲设施等多项设计和工艺进行了优化，使平台稳定性和舒适性均大幅提升。该平台交付后可实现水上水下监测、海洋牧场看护管理、海上休闲垂钓等多种用途。

我国建造的多功能海洋牧场平台、自升式多功能海洋牧场平台等大型海洋牧场平台如图 4-5 所示。

图 4-4 一种半潜式海洋牧场平台及其海洋旅游项目

图 4-5 大型海洋牧场平台

（八）管理能力建设

应建立国家、省、市（县）三级海洋牧场管理制度，国家可重点支持国家级海洋牧场建设并开展各级牧场的评估升级管理，省、市（县）级海洋牧场的管理由地方政府重点建设。为维护海洋牧场的生产秩序和有效管理海洋牧场生态系统，应建立海洋牧场管理机构与队伍，购置执法船舶等执法工具，雇用执法专职人员，通过日常巡逻与管理，打击非法偷捕偷猎海洋生物、控制陆地和海上污染源与船舶交通管制等执法手段，保护海洋野生动物、维护海洋牧场的可持续利用，提高海洋牧场执法能力。山东省提出了无缝化、全信息的生态海洋牧场管理新模式，管控指标覆盖了人、船、海洋环境、养殖环境、海生生物等全部生产要素，包括海洋气象信息预报系统、船舶管理系统、自动考勤系统、外船预警系统、在线监测系统、视频监控系统和生物野外监测系统七大系统。与此同时，引入了现代物联网技术（如渔业互联技术等），构建了基于物联网的"从海洋到车间，从苗种到产品"的加工产业链，就是现代"互联网+传统海洋养殖业"的发展新模式。

三、需要注意的几个问题

海洋牧场建设中存在一些容易出现的问题，应当格外注意预防性地做好应对措施。现简述如下。

1. 鱼礁移位或损毁

海洋牧场受海流影响非常大，在建设过程中如果给予的重视不足，可能会导致鱼礁稳定性不能够与海洋动力相抗衡，在台风浪和海流的长期作用下引起一系列后果，例如鱼礁移位、翻滚甚至是损坏，不仅有损于海洋牧场的长期发展，甚至会造成更为长期、严重的后果，例如移位到航道妨碍交通运输等。我国大陆沿海和台湾地区的海洋牧场建设实践中都有过不少的经验教训。上述问题主要与海洋牧场项目建设中缺少或忽视极端海况下鱼礁行为研究、鱼礁新材料开发应用研究、鱼礁稳性和耐久性研究等有关。

2. 鱼礁被淤泥掩埋，效用期短暂

海洋牧场选址时，有时为了避免鱼礁移位等情况会一味地选择缓流区，忽略水体泥沙含量和海底淤积速度对鱼礁的影响程度，这就导致有些鱼礁被投放后短期内就被不同程度地掩埋，从而失去了鱼礁的实际效果。一般而言，人工鱼礁有效期应达到 30 年左右，因而在海洋牧场建设过程中应充分做好选址估算、调查摸底，切忌仓促上马、盲目建设。

3. 礁区违法捕捞，破坏渔业资源

人工鱼礁的建设目的是营造适宜海洋生物栖息繁衍的空间环境，在理化条件适宜的情况下，鱼礁的集鱼效果十分明显，短时间内会吸引大量鱼类以及其他海洋生物资源聚集。然而由于监管力度不足，存在着渔民违法滥捕的现象，集中捕捞会严重破坏新建立的渔业资源，例如有些不法分子甚至采取大型围网包住小型礁区的方法猎取渔获物，从而导致更严重的渔业资源破坏。因此，在建设好海洋牧场的基础设施后，如果不加以有效地长期监管制度，不但不能起到保护和恢复海洋生物资源的目的，反而为不法分子提

供了破坏渔业资源的有利条件。

4. 平台建造及检验

平台运营管理单位应当是省级以上渔业主管部门批准试点的海洋牧场示范区（项目）的建设主体。平台建设布局由省级以上渔业主管部门遵循适度发展的原则，根据海洋牧场建设规划制定。经省级以上渔业主管部门批准后方可开工制造。平台载员总人数由渔业船舶检验机构根据平台的设计标准核定。平台的结构、设备、器材等应当符合国家有关防止船舶污染海洋环境的技术规范。平台应当配备垃圾回收及污染物降解处理设备，向海洋排放固体垃圾、生活污水、含油污水以及其他污染物，应当符合法律、行政法规以及相关标准的要求；不符合排放要求的污染物应当妥善收集处理。未经批准和依法检验建造的海洋牧场平台，沿海省、市、县人民政府等应当依据《中华人民共和国海域使用管理法》等法律法规依法予以拆除，恢复海域原状。

从上述海洋牧场建设实践中存在的问题可以看到，海洋牧场的选址必须因地制宜；要突出科学技术的作用。所谓凡事预则立，不预则废，作为海洋牧场建设的第一步，海洋牧场的选址也是关乎海洋牧场建设成败的关键一步。

四、我国海洋牧场建设实例

（一）獐子岛海洋牧场

獐子岛集团股份有限公司始创于 1958 年，曾先后被誉为"黄海深处的一面红旗""海上大寨""黄海明珠""海底银行""海上蓝筹"。历经半个世纪的发展，现已成为在海洋生物技术支撑下，以海珍品种业、海水增养殖、海洋食品为主业，集冷链物流、海洋休闲、渔业装备等相关多元产业为一体的综合型海洋企业。作为农业产业化国家级重点龙头企业、国家级高新技术企业、中国首家 MSC 渔场认证企业，集团始终坚持"可持续发展、有质量增长"和"低碳、生态、绿色"的经营理念，围绕"全球资源、全球市场、全球流通"的国际化运营，努力打造世界海洋食品服务商，为消费者奉献"幸福家宴"。图 4-6 为獐子岛海洋牧场图片。

图 4-6　獐子岛海洋牧场

獐子岛海洋牧场是我国具有代表性的大型海洋牧场之一。獐子岛是辽宁省大连市东面黄海里一个不足 8 km² 的海岛，连同周围 4 个小岛组成了一个乡镇，海岛上生活的人们都以大海为生。虽然靠海吃海，如果不加节制地捕捞，大海资源也有枯竭的一天。为了子孙后代，岛上的人们都借用草原"轮牧"的方法，在大海里实行"轮牧"。獐子岛海洋牧场位于黄海北部，覆盖海域面积 1 600 km²，其生态价值与实践成果赢得世界关注和认可。獐子岛海洋牧场是全国现代种业示范场，国家级虾夷扇贝良种场，国内一流的海参、鲍育养基地；孕育出产虾夷扇贝、刺参、鲍、海螺、海胆、牡蛎等绿色健康的高品质海珍品，被国家质监总局认定为"国家地理标志保护产品"。据有关资料显示，獐子岛海洋牧场拥有国家级虾夷扇贝良种场和 5 座良种扩繁基地，主要生产虾夷扇贝、鲍、刺参、牡蛎、真海鞘等多个海珍品苗种，年提供优质底播虾夷扇贝二级苗种逾 60×10^8 枚，刺参苗种 500×10^4 头，鲍苗种 $2\ 000 \times 10^4$ 枚，牡蛎 1×10^8 枚。在苗种繁育技术、现代育种技术应用、新品种引进开发等方面不断取得突破，基于对确权海域底质、海域环境、养殖容量、生态容量等认知的不断深入及海域环境即时监控与预警预报技术、虾夷扇贝大规格苗种三级育成技术、深水贝类底播增殖技术、无害化高效采捕技术、贝类增殖食品安全管控技术等产业关键、共性技术的集成，对确权海域进行了有效的功能区划。现已建成贝类综合底播增殖示范区，主要包括虾夷扇贝增殖区、鲍增殖区、刺参增殖区等，实现了产业和生态的和谐发展。海洋牧场年提供优质虾夷扇贝逾 5×10^4 t，被世界誉为"海底银行"。渔场优化秉承"耕海万顷，养海万年"的生态发展理念，遵循"生态是有生命的"企业文化，利用物理与生物的方法和技术营造海藻场，修复与优化海珍品生活、栖息场所，设置人工鱼礁、人工藻礁，对刺参、海胆、皱纹盘鲍、扇贝等海珍品的栖息环境进行修复与优化（图 4-7）。

图 4-7　扇贝养殖浮筏

公司还利用水下机器人技术的兴起和不断发展的智能信息化技术,通过獐子岛水下机器人大赛推进了海洋牧场智能化(图4-8),助推公司产业升级,促进产业健康可持续发展。

图4-8　海洋牧场智能化装备

(二) 海州湾海洋牧场

针对江苏海州湾海域所面临的渔业资源严重衰退、捕捞压力过大及海洋生物栖息地受损严重等问题,经过广泛科学的论证,连云港市确定将海洋牧场建设作为恢复海州湾渔业资源和生态环境的最佳选择。在农业部等部门的支持下,江苏省海洋与渔业局,连云港市海洋与渔业局等渔业主管部门,自2002年起利用农业部转产转业专项资金以及省财政专项资金,先后在海州湾海域实施人工鱼礁和海洋牧场建设工程。以补充水生生物资源、改善水域生态环境、带动休闲渔业及相关产业发展、增强现代渔业的可持续发展能力。2002—2015年,经过10多年的建设,连云港市海洋与渔业局已在江苏省海州湾海洋牧场示范区累计选用旧船礁、三角形礁、方形礁、"十"字形礁、"回"字形礁、"田"字形礁、塔形礁、方孔和圆孔刺参增殖礁、钢制框架礁和网包石块礁等不同形状和材料的人工鱼礁种类达14种,投放各类混凝土鱼礁17 706个、旧船礁190条、浮鱼礁25个、石头礁43 130个,总规模24×10⁴空方,形成人工鱼礁区面积170 km²,为海洋生物提供了良好的产卵场和栖息地。同时,与人工鱼礁建设相结合,开展了贝类和海珍品底播增殖、海带、紫菜、贻贝、牡蛎等筏式吊养以及鱼类、虾类和蟹类等幼体资源增殖放流（图 4-9 至图 4-13）；其中年均吊养紫菜 1 800 hm²，海带 700 hm²，吊养贝类 5 000 hm²；同时累计投入资金 2 200 余万元，人工增殖放流鱼苗 1 300×10⁸ 尾、中国对虾苗 12×10⁸ 尾、蟹苗 5 000×10⁴ 只、贝类 10×10⁸ 粒，品种包括了中国对虾、梭子蟹、黑鲷、黄姑鱼、日本鳗鲡、魁蚶、牡蛎、刺参和鲍等。

图 4-9　海带浮筏式吊养

图 4-10　杂色蛤、青蛤、毛蚶、文蛤等底播增殖

图 4-11　刺参底播增殖

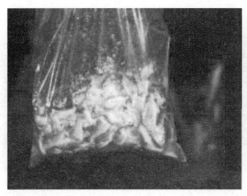

图 4-12 黑鲷增殖放流

图 4-13 中国对虾等重要经济物种增殖放流启动仪式

2010 年以来，作为全国首批 3 个海洋生态补偿试点城市之一的连云港市，借助《中华人民共和国生态补偿条例》立法的契机，在江苏省海洋与渔业局的支持下，积极探索和推进海洋生态补偿工作，利用海洋工程生态补偿资金开展人工鱼礁建设，截至 2015 年年底已累计投入 3 100 余万元，投放人工鱼礁 $10.7×10^4$ 空方，建成海洋牧场面积 10 km²。

（三）白龙屿海洋牧场

白龙屿海洋牧场项目位于洞头区鹿西乡，是浙江省重点项目，于 2013 年 12 月开工建设，工程总投资 2.3 亿元。该项目主要利用白龙屿海域特有的区位条件，在白龙屿（无居民岛礁）和鹿西乡东臼村南侧之间建设东、西口两条栅栏式堤坝，增加坝体稳定性及抗风浪能力，并在堤坝两侧安装生态保护网，形成一个海域面积达 650 亩，水体体积达 $242×10^4$ m³ 的纯天然海洋牧场，该海洋牧场可养殖 $300×10^4$ 尾高品质大黄鱼和其他高端海产品（图 4-14）。

白龙屿海洋牧场是温州市首个围栏式海洋牧场，围栏式海洋牧场具有栅栏式堤坝水

图4-14　白龙屿海洋牧场整体布局及其鸟瞰效果

的通透性强、养殖区域水体大、养殖密度低、无底网、天然饵料丰富等优势，同时，因不投或少投饵料，海洋生态环境和海岛生态环境还能得到有效保护，是传统深水网箱养殖的升级和拓展，可真正实现养殖模式从"资源掠夺型"向"耕海牧渔型"的转变。2013年至今，在白龙屿海洋牧场项目（浙江省重点建设项目）、"白龙屿海洋牧场项目堤坝网具工程设计"（浙江省重点建设项目；项目编号：TEK20130817；项目负责人：东海水产研究所石建高研究员）、"白龙屿栅栏式堤坝围网用高性能绳网技术开发"（项目编号：N2014K19A；项目负责人：黄中兴、石建高）等项目的支持下，东海水产研究所石建高研究员团队联合浙江东一海洋经济发展有限公司、荷兰帝斯曼集团爱地纤维功能材料事业部等单位率先从整体水平上开展650亩生态海洋牧场超大型堤坝围网、88亩网格式围网的系统研究，并实现产业化养殖应用，推动中国超大型养殖围网的迅速发展（图4-15）。白龙屿海洋牧场与外海连通，形成独立水域，能够满足海洋牧场生态养殖需求；同时可较长时间用于生态养殖，并可拓展发展垂钓、体验、餐饮、运动等休闲渔业和观光旅游。白龙屿海洋牧场可促进渔民转产转业、增加渔民收入并促进渔村发展；该海洋牧场项目科技含量高、产业链长，集生态、科技、休闲于一体，对于探索可持续利用海洋资源、转变海洋经济发展都具有重要意义。白龙屿海洋牧场堤坝围网养殖与滩涂低坝高网养殖以及网箱养殖的区别主要表现在以下几个方面。

（1）白龙屿海洋牧场堤坝围网养殖（以下简称海洋牧场养殖）与滩涂低坝高网养殖模式在形式上有相似之处，但两者最明显的差别在于前者养殖场内时刻存在水体交换，而后者由于潜坝影响只在涨潮时才有水体交换。滩涂低坝高网养殖场内水深浅，容易造成泥沙淤积，水体环境恶化，发病率高，清塘除害的工作量大且烦琐；海洋牧场养殖场内不存在沟渠，不易引发病疫；海洋牧场养殖在深水区，养殖区与外海实时进行水体交换，水环境不易恶化。另外，"潜坝"是堆砌于滩涂的土坝、石砌坝等，固定桩（网桩）由钢筋混凝土桩等特种桩制成插于坝中，因此，滩涂低坝高网养殖模式的抗风浪能力差；而海洋牧场养殖中采用两排桩通过纵横梁连成整体，桩入土较深甚至以基岩作为吃

图 4-15 650 亩生态海洋牧场总体布局及其休闲垂钓平台效果图

力层,且有下部块石混凝土围护,抗风浪能力强。

(2) 与网箱养殖相比,海洋牧场养殖具有规模大、无底部网衣、养殖密度低、饵料系数低、对环境影响小和抗风浪能力强等显著特点。

(3) 海洋牧场养殖利用海域特有的地理区位优势、良好的地理生态环境以及丰富的天然饵料生物资源,通过建造栅栏式堤坝、围栏或围网等防逃设施形成增养殖区,采用鱼类、贝类、藻类、蟹类等混养方式,有利于保持生态平衡。以海洋牧场养殖项目建设为中心,进而可以扩展为集水产养殖、风力发电(或太阳能发电等)、商务活动、度假旅游、娱乐休闲、气象观测以及科研活动等为一体的综合基地,形成一种大投入、大产出和可持续发展的海洋保护性开发新模式,基本可以做到废物零排放。

海洋牧场堤坝围网养殖是可控的、半开放式的,主要以增养殖成体大黄鱼为主。通过低密度养殖、少投饵,对大黄鱼进行瘦身,改良其鱼肉品质;同时混养少量其他鱼类、贝类,放养一定数量的藻类,形成藻场,净化水质,改善水环境,保持养殖区内生态平衡。海洋牧场由于规模大,饵料投放一般采用投饵机等机械投喂方式;投饵时要注意观察鱼的摄食情况,查看投下的饵料是否绝大部分被鱼摄食;选用营养安全、平衡、质量稳定,且符合鱼类生理要求的高蛋白饵料。

(四) 芙蓉岛海洋牧场

《山东省渔业资源修复行动规划》提出:要"在渔业资源衰退和生态荒漠化严重以及转产转业重点地区的近岸水域,以人工鱼礁建设为载体,重建水域生态环境,补充水生生物资源,提高水域渔业生产力,带动休闲渔业及相关产业发展""制定科学的人工鱼礁建设规划,合理确定人工鱼礁建设布局、建设类型和规模,注重结合其他渔业资源增殖措施,充分发挥人工鱼礁群的规模生态效应"。对于移植海藻、营造海底森林则提出:"海底森林"实际是海藻群落,是海洋生态作用十分活跃的一族,它作为光合作用者,其合成的有机物可为整个海洋牧食链提供第一生产力,其"枯枝落叶"经细菌分解

265

又形成"腐食链"循环，而藻体生长过程大量吸收水体中的氮、磷等营养盐，抑制了水域的富营养化进程。海藻林带还是众多水生物的栖息地和避难所。如今荒漠化的水域，也是由海藻群落受损造成的。因此，海洋生态修复，首先要保护和大力营造海中林，建设"人工藻场"。2012年10月，《中国环境报》提供的一组数字显示，蓬莱19-3油田溢油事故累计造成5 500 km² 海水受到污染（此地海水水质原本超过第一类海水水质标准），其中劣四类海水面积累计约870 km²，油田附近海域海水石油类超过历史背景值约40倍，造成了极其恶劣的环境及社会影响。2011年7月5日，国家海洋局的新闻发布会上相关人士表示："渤海是我国唯一的内海，海岸线长，内海自净能力差，生态环境也比较脆弱，一旦出现污染影响会比开放性海域更大"。针对2012年蓬莱溢油事件对渤海生态造成的损害，为了恢复养护渤海生物资源与渔业生态，根据山东省海洋与渔业厅《关于下达2012年蓬莱溢油生物资源养护与渔业生态修复项目资金的通知》（鲁海渔发〔2013〕65号）的要求，芙蓉岛海洋牧场项目建设单位——莱州明波水产有限公司抓住机遇，解放思想，在前期海洋牧场建设取得良好成果的基础上（图4-16和图4-17），在莱州近海芙蓉岛东部海域有计划地建设芙蓉岛海洋牧场，为渔业资源提供繁衍生息的场所，修复生物资源与渔业生态环境；同时，结合开展趋礁性鱼类的人工放流和刺参、贝类等的底播增殖，以恢复养护渤海生物资源与渔业生态，保持渔业资源的良性循环和渔业生产的可持续发展。

图4-16　投放管状礁后水下拍摄的图片　　图4-17　投放石块礁后海底环境与资源情况

2013—2015年，芙蓉岛海洋牧场累计投放石块礁11.625×10⁴ m³，管状混凝土构件礁（φ0.5 m×L0.9 m）10×10⁴ 个、2.25×10⁴ 空方，移植大叶藻、鼠尾藻逾600×10⁴ 株，形成13.875×10⁴ 空方的人工鱼礁区。芙蓉岛海洋牧场通过人工鱼礁建设有效改善了莱州芙蓉岛近海海域生态，促进周边海域渔业资源的恢复，生态效益初步显现（图4-18）。通过海底监测数据显示，海洋牧场生物多样性指数和丰度有所提高，礁体表面富集大量牡蛎、脉红螺等贝类，梭鱼、大口虾虎鱼、大泷六线鱼、黑鲪、黑鲷等资源量逐步增加，调查发现，鱼礁区全年资源生物量平均值为 300.87 g/（网·天），对照区全年资源生物量平均值为 123.87 g/（网·天），示范区全年的平均值高于对照区。另外，通过水下监测、本底资源调查数据显示，增殖海参、海螺生长良好，礁区集鱼效果显著，此外，芙蓉岛海洋牧场项目建设单位还积极开展休闲渔业建设，配套垂钓船、垂钓平台、快艇、活鱼运输船及物联网视频监控等设施设备，培训专业导钓员，组织开展休闲垂钓、旅游观光等活动，转型渔业生产方式，创新经济增收点。2013—2014 年捕捞水产品产值分别为 160 万元和 220 万元，海洋牧场项目建设助力了现代渔业的转型升级。

图 4-18　莱州明波芙蓉岛生态修复区人工鱼礁投放及建设效果

第五节　海藻（草）场建设

海洋牧场建设通过种植大型海藻等方式，重建海底生物栖息地，修复或改善已被破坏的生态环境，营造适宜生物生长、栖息、索饵以及产卵的生态系统，逐渐形成良性循环的海洋生态环境。

一、海藻（草）场的功能

（一）海藻（草）场可以提供维持高物种多样性的栖息场所

海藻（草）场可以提供维持高物种多样性的栖息场所，是鱼类和许多其他水生生物的繁殖场、育肥场和庇护所等。有些大型底栖海藻可成为墨鱼等多种经济鱼类的产卵附着基盘，大型海藻的基部还为许多其他小型底栖动物，如藻类、海鞘、贝类和多毛类等提供掩护，大型底栖海藻的叶片是许多附生藻类的附着基，其叶片漂浮于海上，可使其他生物避免强烈阳光的直接照射。海草一般生长在软相海岸，其网状根（根茎系统）除了吸收底质中的营养物质供自身成长发育外，还起着稳定软底质的作用，抵御风暴对底质的破坏，大型海藻虽没有真正意义上的根，但其固着器紧密附着在礁石上，巨大的藻体形成"藻林"，同样对基质有防御作用。大型海藻和海草植株体本身也可以减缓水流，促进沉积物的沉淀，防止再悬浮。海藻（草）场内部都可以形成比外部环境相对稳定平静的生境，为各种水生生物提供良好的栖息环境。海藻（草）场中多样的小型生物也为上层鱼类提供了丰富的饵料，成为鱼类的索饵场和育肥场。除上述生态作用外，海藻（草）场由于海藻本身对营养物质的吸收，可有效清除水体中的营养盐，使之储存于藻体内，有助于水体净化和营养物质循环。碳汇渔业也被称为"可移出的碳汇"；就是能够充分发挥碳汇功能，通过渔业生产活动促进水生生物吸收水体中的 CO_2，并通过收获把这些碳移出水体的过程和机制，直接或间接吸收并储存水体中的 CO_2，降低大气中的 CO_2 浓度，进而减缓水体酸度和气候变暖的渔业生产活动的泛称。近年来，许多学者还提出，大型海藻（草）对吸收 CO_2、缓解温室效应以及发展碳汇渔业等有着不可忽视的积极作用；海藻（草）场项目建设助力了碳汇渔业、蓝色低碳经济等的可持续健康发展。

（二）大型海藻（草）场能提高增殖资源存活率

鱼类的生长发育过程，可以划分为若干时期，即胚胎期、仔鱼期、稚鱼期、成鱼期和衰老期，鱼类在发育过程中的各个时期，无论在形态上还是对外界环境的适应上，既相互联系，又有各自的特点。决定各个时期生长发育和死亡的主要因素也不尽相同。一般情况下，鱼类的仔鱼期游泳能力很弱，基本上属于浮游生活，很容易受到不良环境的影响和敌害威胁。稚鱼以外界的小型浮游生物为食，故外界的食饵丰富与否是其发育的主要因素。稚鱼经过变态成长为幼鱼，幼鱼有较强的游泳能力，内部器官也逐渐健全，食饵仍是幼鱼生长的主要条件。此时的自然死亡率虽有下降，但敌害又上升为主要矛盾。根据这些情况，若干鱼类的稚幼鱼阶段，使之隐藏于人工海藻之内，随流漂移，实行鱼类"放牧"，既可防止敌害的侵袭和人为的大量捕捞，又能随着变换的环境不断补充新鲜的饵料生物，促使其迅速生长发育。这样便可大大减少稚幼鱼阶段的伤亡，从而达到培育资源的目的，也是从鱼类自然繁殖转变为人工增殖的重要途径。

二、海藻（草）场建设

海藻（草）场建设首先要进行基底准备，包括沙泥岩比例的调整、底质酸碱度的调节、基底坡度的准备等。一般来说，多数海藻都需要坡度较缓、水深较浅的硬质底以满足其生存的空间、能量和营养需求。其次，需要通过移植藻苗和底播巨藻孢子叶、孢子和配子体等到海底岩石礁或人工藻来建造藻场。最后，藻场还需要日常养护，包括对未成熟的海藻（草）场生态系统进行定期监测以及及时补充、修整生态系统的各级生产力以及营养盐等无机物质和人工、半人工生态系统的生物病害的防治工作、生物种质的改良工作等，最终实现贝、藻、参、海胆等的多种组合方式综合立体化混养模式，促进系统的良性循环和获取可观的经济效益。

（一）藻种选择

藻种选择各地有所不同，例如海州湾生态修复区藻场建设的藻类品种，选择以海州湾原生藻种和已养殖成功的藻类为主，如生产力很高的紫菜、海带、江蓠等大型海藻。另外积极实施藻种选育工作，筛选适合人工藻场栽培的紫菜、海带、江蓠等大型藻类进行筏式吊养试验，并对本地的裙带菜、马尾藻等藻种进行人工繁育技术研究，对其中培植前景较好的优势海藻种，将"播种"到大海中，进行繁衍种群。同时，学习借鉴日本、美国等国的藻场研究建设经验以及国内黄渤海沿岸大连、烟台、青岛等地海藻栽培经验，提高藻场建设成效。

（二）藻场建设方式

1. 幼体直接泼洒

将鼠尾藻或海带等种藻运抵育苗场后，按每立方水体 10 kg 的种藻蓄养密度将种藻分散，置入装满海水的育苗池中释放配子。幼体形成后沉降在水槽底部，倒池虹吸法采收幼植体。首先捞出种菜至相邻水池继续放散，然后采用 80 目筛绢（也称筛网）滤除体积较大的杂质；再用 200 目筛绢制成的网箱进行过滤收集，收集后的幼体经流动海水反复冲洗，去除杂质后置于容器中沉淀，倒去上清液以去除悬浮颗粒，反复数次，浓缩得到高密度藻类幼体。将藻类幼体运至选定区域准备泼洒工作。藻类幼体泼洒区域，选择海藻生物量较少，荒漠化较为严重的潮间带岩石底质，且底质岩石坡度较缓，有较多凹凸坑面。幼体泼洒应尽量选择刚开始退潮，海水退去后的时间，将准备好的幼体泼洒于事先选定区域，反复泼洒几次，增加幼体密度。在随后的 3~4 天内继续收集藻类幼体，对选定修复区域进行补撒，以增加因海水冲刷而损失的藻类幼体，增加藻类幼体附着密度。

2. 投放附着幼体的附苗器

选用化纤布帘（2 m×0.4 m）、棕绳（也称合成纤维绳）苗帘（1 m×0.5 m）和扇贝壳作为育种的附苗器。其中，化纤布帘（也称合成纤维网帘）和棕绳苗帘在采前需经过充分浸泡或淡水蒸煮，以去除苗帘中的有害物质；扇贝壳需经长时间淡水浸泡，在采苗前用浓度为 200 mg/L 的高锰酸钾溶液浸泡大约 30 min，然后反复冲洗，直至干净。将准备好的附苗器放入育苗池中，注入新鲜海水，其中化纤布帘和棕绳苗帘用绳子拉紧固定于水体中部，扇贝壳用绳子穿好堆放于池底，把收集到的发育至假根期的藻类幼体均匀地泼洒于附着基上，反复泼洒 2~3 次，泼洒后 2~3 天育苗池中水体保持静止，待幼体能较牢固地附着于附苗器上后，开始使水流流动，逐渐换水。当藻类幼体长至 15 天时，幼殖体长度大约 1 000 μm 以上，将附苗器取出，投放到待修复潮间带区域；用尼龙绳（也称聚酰胺绳）将化纤布帘和棕绳苗帘一端，采用捆绑的方式固定于岩石上，另一端系在石块上沉入水体中；扇贝壳串则堆积于潮间带的中下带，观察鼠尾藻附苗器的情况。

3. 藻类筏式吊养

（1）通过插杆技术或浮鱼礁技术，调控藻类固着深度，观察其适宜的生长深度，采取藻类幼体培育着生于小型藻礁附着基然后投放的方式，或者采用孢子喷洒方法进行培育。

（2）采用苗绳附着方式，将藻类幼体夹到苗绳上，一般苗绳主绳长75 m，浮球直径30 cm，附苗绳长2.7 m，每根附苗绳间距为100 cm，每台浮绳上共约附结76根附苗绳，每台浮绳间距10 m，两个吊养区之间间距200 m，每个吊养区面积为20~30亩。藻类筏式吊养等养殖模式多样（图4-19至图4-22）。详细内容读者可参考本书第三章。

图4-19　羊栖菜及其筏式吊养区

图4-20　裙带菜及其筏式养殖区

图4-21　海带及其筏式吊养区

图 4-22 紫菜及其筏式吊养区

第六节 海洋牧场渔业资源增殖与驯化

渔业资源增殖是指为改良渔业生态环境、改善渔业资源品种结构、增加渔业资源量等所采用措施的总称。渔业资源增殖在渔业发展史上具有划时代意义，标志着长期以来海洋和内陆水域渔业利用自然资源向培育资源方向发展。

一、增殖渔业资源的基本途径

1. 增殖渔业资源的基本途径

增殖渔业资源的基本途径包括向天然水域投放苗种、移植驯化、繁殖良种或营造藻林、建造人工栖所、建设鱼巢或者建造其他有利于资源生物繁殖的设施，等等。

2. 人工增殖渔业资源的技术特点

人工增殖渔业资源的技术特点如下：

（1）投放人工鱼礁以及水质改善、水流控制、消波控制、底质改善、人工栖所与鱼巢的建造与投入等工程，为海洋牧场、建造渔场，资源生物移植、繁殖、培育和驯化等创造良好的环境条件。

（2）资源增殖放流是采用放流、底播、移植等人工方式向海洋、江河、湖泊、水库等公共水域投放亲体、苗种等活体水生生物的活动；增加资源补充群体的人工放流和移植新品种资源。

（3）用驯化方法提高洄游种群的放流回捕率。

（4）根据增殖水域的环境容量，适度控制资源生物的生产，防止破坏和损害生存环境等。

二、人工放流与移植驯化

资源增殖问题实质是人为地增加资源补充量，补偿由各种原因使补充量所遭受的损失，缓和资源波动，并以此为基础，发挥各类养殖水域的生产潜力。提高鱼类资源补充量有两个途径：一是对衰落或已被破坏的鱼类资源，采取人工繁殖的办法培育苗种，然后放流使其自然生长，迅速加入现存资源量的行列，这一做法称为人工放流；二是将其他水域中更优良且又适于这一水域繁殖生长的种类移植进来，使其迅速形成自然鱼群，这一做法叫做移植和驯化。

（一）我国人工放流的主要种类

1. 大黄鱼

大黄鱼（*Larimichthys crocea*）是暖温性集群洄游鱼类，通常栖息于水深 60 m 以内的近海中下层；厌强光，喜浊流。黎明、黄昏或大潮时多上浮，白昼或小潮时多下沉［图 4-23，其中，右图源自石建高研究员主持建设的超大型双圆周大跨距管桩式围网（周长 498 m、跨距 10 m，北麂岛）］。大黄鱼的具体习性参见本书第一章。根据《2017 中国渔业统计年鉴》，2016 年我国大黄鱼养殖产量高达 165 496 t，养殖模式包括池塘、传统近岸小网箱、深水网箱、深远海网箱、传统养殖围网（也称传统养殖围栏）、（超）大型养殖围网等。与传统近岸小网箱相比，（超）大型养殖围网中的养成大黄鱼品质更好，其风味、条形等受到了大众好评。大黄鱼为"广食性"的肉食性鱼类，在自然环境中食饵种类多达上百种。成鱼主要摄食各种小型鱼类（如龙头鱼、黄姑鱼、带鱼和其他经济幼鱼等）、虾类（对虾、鹰爪虾和糠虾等幼虾）、蟹类、口虾蛄类等生物；幼鱼主食桡足类、糠虾、磷虾等浮游动物。同时，大黄鱼又吃自己的幼鱼，因此，它也是同种残食的鱼类。人工育苗中常见 2 cm 以上的幼鱼吞食 1 cm 左右的稚鱼。大黄鱼的不同种群在不同海域，因水温不同其生长状况也有一定差异。岱衢族大黄鱼生长慢、寿命长、性成熟晚。在人工养殖条件上，大黄鱼经 18 个月养殖，一般可达 300～500 g 的商品鱼规格，雌鱼生长明显快于雄鱼。我国现有大黄鱼相关标准有《大黄鱼》（GB/T 32755—2016）、《水生生物增殖放流技术规范　大黄鱼》（SC/T 9413—2014）、《良好农业规范　第 23 部分：大黄鱼网箱养殖控制点与符合性规范》（GB/T 20014.23—2008）、《大黄鱼配合饲料》（SC/T 2012—2002）、《无公害食品　大黄鱼养殖技术规范》（NY/T 5061—2002）、《大黄鱼　亲鱼》（SC/T 2049.1—2006）、《大黄鱼　鱼苗鱼种》（SC/T 2049.2—2006）、《鲜大黄鱼、冻大黄鱼、鲜小黄鱼、冻小黄鱼》（SC/T 3101—2010）和《盐制大黄鱼》（SC/T 3216—2016）等。

图 4-23　大黄鱼

2. 真鲷

真鲷（*Pagrus major*），又名海鸡、红加吉、铜盆鱼、加腊鱼等，为近海暖水性底层鱼类。真鲷为鲷鱼的一种，根据《2017 中国渔业统计年鉴》，2016 年我国海水鲷鱼养殖产量高达 73 601 t。真鲷的具体生活习性参见本书第一章。我国现有真鲷相关标准有《真鲷虹彩病毒病诊断规程》（GB/T 36191—2018）、《真鲷》（SC 2022—2004）、《真鲷养殖技术规范》（SC/T 2023—2006）、《真鲷虹彩病毒病检疫技术规范》（SN/T 1675—2014）和《真鲷　亲鱼和苗种》（SC/T 2073—2016）等。

3. 黑鲷

黑鲷（*Acanthopagrus schlegelii*），又称海鲫、黑加吉、海鲋、黑立和乌格等。黑鲷为鲷鱼的一种，根据《2017 中国渔业统计年鉴》，2016 年我国海水鲷鱼养殖产量高达 73 601 t。黑鲷的具体习性参见本书第一章。石建高研究员联合温州丰和海洋开发有限公司在超大型双圆周大跨距管桩式围网的双层网之间开展了黑鲷、斑石鲷清除围网网衣附着物试验，当黑鲷、斑石鲷达到一定养殖密度时其防污效果明显。我国现有黑鲷相关标准有《黑鲷》（SC 2030—2004）、《黑鲷　亲鱼和苗种》（GB/T 21326—2007）等。

4. 黄盖鲽

黄盖鲽（*Pseudopleuronectes yokohamae*），属鲽科、比目鱼类，产于北大西洋及北太平洋（图 4-24）。黄盖鲽为鲽鱼的一种，根据《2017 中国渔业统计年鉴》，2016 年我国海水鲽鱼养殖产量高达 13 380 t。黄盖鲽两眼位于头右侧。欧洲黄盖鲽产量大，是重要食用鱼，体型小，一般为 25 cm 以下，体浅褐色，有或无暗色斑点。锈色黄盖鲽为大西洋种，体淡红褐色，具锈色斑，尾黄色。刺黄盖鲽产于太平洋，体淡褐色。长头黄盖鲽也是北太平洋种，体淡褐色，具浅斑。体缘黄色黄盖鲽属黄盖鲽科，身体扁平，而且眼睛都长在同一侧，在脊椎动物中，身体左右完全不平衡的只有鲽鱼类而已。黄盖鲽肚皮

273

白色，背皮黄色，又称黄金鲽，我国山东、辽宁等地很多水产加工厂做这种鱼的鱼片，出口欧美等国。黄盖鲽是美国捕捞最多的鲆鱼产品，这是一种平均重量在 600 g 左右的小比目鱼。在阿拉斯加白令海水域作业的捕捞加工船每年捕捞 7.5 ~ 200 000 t 黄盖鲽。黄盖鲽年产量更多地体现了当前的市场需求，几乎全部黄盖鲽都出口至中国。在中国，黄盖鲽或者加工成鱼片销往欧美，或者在当地市场消费。由于其个体较小，通常只能产出 25 ~ 85 g 的鱼片。黄盖鲽价格虽低，但仍是一种很好吃的鱼。黄盖鲽的捕捞是在拖网捕捞加工船完成了本季节狭鳕和真鳕的配额以后才开始，通常在春末和夏季（4—8 月）进行。我国现有黄盖鲽相关标准有《钝吻黄盖鲽》（GB/T 26620—2011）、《钝吻黄盖鲽亲鱼和苗种》（SC/T 2076—2017）等。

5. 青石斑鱼

青石斑鱼（*Epinephelus awoara*），体呈长椭圆形，稍侧扁，一般体长 15 ~ 20 cm、体重 350 ~ 750 g。青石斑鱼为石斑鱼的一种，根据《2017 中国渔业统计年鉴》，2016 年我国石斑鱼养殖产量高达 108 319 t。青石斑鱼前鳃盖骨后缘有细锯齿，鳃盖骨有两个扁平棘；体被细栉鳞，侧线与背缘平行、体背棕褐色，腹侧浅褐色全身均散布着橙黄色斑点，体侧有 5 条暗褐色横带，1 带和 2 带紧相连、3 带和 4 带位于背鳍鳍条部与臀鳍鳍条部之间，5 带位于尾柄上，背鳍鳍条强硬，臀鳍位于背鳍鳍条部下方；腹鳍胸位；尾鳍圆形；各鳍均为灰褐色，背鳍鳍条部边缘及尾的后缘黄色。青石斑鱼尾鳍圆形，体无黑斑，体侧具 6 条横带，各带不中断。我国现有青石斑鱼相关标准有《水产配合饲料　第 6 部分：石斑鱼配合饲料》（GB/T 22919.6—2008）、《出口食品中常见鱼类及其制品的鉴伪方法　第 1 部分：石斑鱼成分检测　实时荧光 PCR 法》[SN/T 3589.1—2013（2017）]等。

6. 梭鱼

梭鱼（*Sphyraenus*），体纺锤形，细长，头短而宽，有大鳞；脂眼睑不甚发达，仅遮盖眼边缘（图 4-25）。梭鱼体被圆鳞，背侧青灰色，腹面浅灰色，两侧鳞片有黑色竖纹。梭鱼为近海鱼类，喜栖息于江河口和海湾内，也进入淡水。梭鱼性活泼，善跳跃，在逆流中常成群溯游，吃水底泥土中的有机物。梭鱼体型较大，分布于我国南海、东海、黄海和渤海等地。我国现有梭鱼相关标准有《梭鱼亲鱼和鱼种》（GB/T 16871—2008）、《梭鱼》（GB/T 19162—2011）等。

图 4-24　黄盖鲽　　　　　　　　　　　图 4-25　梭鱼

7. 褐牙鲆

褐牙鲆（*Paraliohthys olivaceus*），也称牙偏、偏口、比目鱼、左口、沙地或高眼等。褐牙鲆为鲆鱼的一种，根据《2017 中国渔业统计年鉴》，2016 年我国鲆鱼养殖产量高达 118 009 t。褐牙鲆的具体生活习性参见本书第一章。我国现有褐牙鲆相关标准有《牙鲆》（GB/T 21441—2018）、《牙鲆　亲鱼和苗种》（GB/T 35903—2018）、《无公害食品　牙鲆养殖技术规范》（NY/T 5275—2004）、《牙鲆配合饲料》（SC/T 2006—2001）、《牙鲆养殖技术规范》（SC/T 2021—2006）、《牙鲆弹状病毒病检疫技术规范》〔SN/T 2982—2011（2015）〕等。

8. 红鳍东方鲀

红鳍东方鲀（*Takifugu rubripes*），地方名黑艇巴、黑腊头，为河豚的一种，根据《2017 中国渔业统计年鉴》，2016 年我国海水河豚养殖产量高达 23 341 t。红鳍东方鲀的具体生活习性参见本书第一章。2016 年 9 月 6 日，农业部办公厅和国家食品药品监督管理总局办公厅发布关于有条件放开养殖红鳍东方鲀和养殖暗纹东方鲀加工经营的通知（农办渔〔2016〕53 号），通知指出：为规范养殖河豚加工经营活动，促进河豚鱼养殖产业持续健康发展，防控河豚中毒事故，保障消费者食用安全，决定有条件放开养殖红鳍东方鲀和养殖暗纹东方鲀加工经营。

我国现有红鳍东方鲀相关标准有《养殖红鳍东方鲀鲜、冻品加工操作规范》（GB/T 27624—2011）、《红鳍东方鲀人工繁育技术规范》（GB/T 27625—2011）、《红鳍东方鲀亲鱼和苗种》（SC/T 2017—2006）和《红鳍东方鲀》（SC 2018—2010）等。

9. 中国对虾

中国对虾（*Fenneropenaeus chinensis*），俗称对虾或明虾等，体形长大，侧扁；甲壳甚薄，表面光滑。根据《2017 中国渔业统计年鉴》，2016 年我国中国对虾养殖产量高达 39 288 t。中国对虾眼眶角圆形，无眼上刺；前侧角也为圆形而无颊刺；尾节长度微短于第 6 节。中国对虾末端甚尖，两侧无活动刺（图 4-26）。中国对虾主要分布在黄海和渤海，东海和南海仅有零星分布。在黄海中南部分散越冬的虾群随着水温的回升，3月初开始集结，3月中、下旬有一支虾群向西北方向移动，4月中、下旬分别到达海州湾和胶州湾产卵场。越冬对虾的主群随着6℃等温线的推移基本上沿着黄海中部海沟的西侧40~60 m等深线向北前进；3月底4月初进入成山头东北部水深65 m的海底洼地，虾群在此集结停留几天后，沿38°N以南的40 m等深线向西进入烟威渔场，于4月上、中旬穿过渤海海峡4℃左右的低温区进入水温较高的渤海，并于4月下旬分别游至各河口附近的产卵场。在中国对虾主群北上洄游越过成山头之前，还要分出几支向西、西北方向分别游至山东半岛南岸各湾，有的北上到达黄海北部沿岸产卵。渤海近岸出生的对虾6月初变态成仔虾。仔虾有溯河习性，对盐度有比较严格的要求。仔虾变态为幼虾后，耐低盐能力减弱，逐渐向深水移动。9月以后，各虾群游向辽东湾中南部和渤海中部索饵。11月上旬，随着水温下降，虾群开始集结，11月中、下旬分群陆续游出渤海，开始越冬洄游。我国现有中国对虾相关标准有《中国对虾　亲虾》（GB/T 15101.1—2008）、《中国对虾　苗种》（GB/T 15101.2—2008）、《中国对虾》（GB/T 19782—2005）、《中国对虾繁育技术规范》（SC/T 2075—2017）和《水生生物增殖放流技术规范　中国对虾》（SC/T 9419—2015）等。

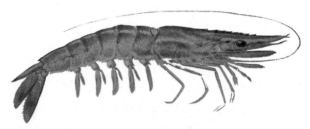

图4-26　中国对虾

10. 扇贝

扇贝（*Scallop*），属海产双壳类软体动物（图4-27）。根据《2017中国渔业统计年鉴》，2016年我国扇贝养殖产量高达1 860 534 t。本科约有50个属和亚属，400余种。世界性分布，见于潮间带到深海。壳扇形，但蝶铰线直，蝶铰两端有翼状突出。扇贝大小2.54~15.24 cm，其壳光滑或有辐射肋。扇贝肋光滑、鳞状或瘤突状，色鲜红、紫、橙、黄到白色。扇贝下壳色较淡，较光滑，有一个大闭壳肌。扇贝外套膜边缘生有眼及短触手，触手能感受水质变化，壳张开时如垂帘状位于两壳间。扇贝常见于沙中或清净海水细砂砾中。扇贝取食微小生物，靠纤毛和黏液收集食物颗粒并移入口内。扇贝能游泳，双壳间歇性地拍击，喷出水流，借其反作用力推动身体前进。扇贝卵和精排到水中受精。孵出的扇贝幼体自由游泳，随后幼体固定在水底发育，有的能匍匐移动。后幼体形成足丝腺，用以固着在贝壳等物体上。有的扇贝终生附着生活，有的扇贝中途又自由游泳。我国现有扇贝相关标准有《栉孔扇贝　苗种》（GB/T 16872—2008）、《栉孔扇贝　亲贝》（GB/T 21438—2008）、《栉孔扇贝》（GB/T 21442—2008）、《海湾扇贝》（GB/T 21443—2008）、《冻扇贝》（GB/T 31814—2015）、《无公害食品　海湾扇贝养殖技术规范》（NY/T 5063—2001）、《扇贝筏式养殖产量验收方法》（SC/T 2005.2—2000）、《虾夷扇贝》（SC 2032—2006）、《虾夷扇贝　亲贝》（SC/T 2033—2006）、《虾夷扇贝　苗种》（SC/T 2034—2006）、《海湾扇贝　亲贝和苗种》（SC/T 2038—2006）、《扇贝工厂化繁育技术规范》（SC/T 2088—2018）、《冻扇贝》（SC/T 3111—2006）和《扇贝物种鉴定方法　SSR 方法》（SN/T 3328—2012）等。

11. 魁蚶

魁蚶（*Scapharca broughtonii*），大型蚶，有的个体壳高 8 cm、壳长 9 cm、壳宽 8 cm（图 4-28）。魁蚶为蚶的一种，根据《2017 中国渔业统计年鉴》，2016 年我国蚶养殖产量高达 367 227 t。魁蚶壳质坚实且厚，斜卵圆形，极膨胀。魁蚶左右两壳近相等，背缘直，两侧呈钝角，前端及腹面边缘圆，后端延伸。魁蚶壳面有放射肋 42~48 条，以 43 条者居多。魁蚶放射肋较扁平，无明显结节或突起。魁蚶同心生长轮脉在腹缘略呈鳞片状。魁蚶壳面白色，被棕色绒毛状壳皮；有的魁蚶肋沟呈黑褐色。魁蚶壳内面灰白色，其壳缘有毛、边缘具齿。魁蚶铰合部直，铰合齿约 70 枚。我国现有魁蚶相关标准有《魁蚶苗种》（GB/T 24859—2010）、《魁蚶》（SC 2052—2007）和《魁蚶　亲贝》（SC/T 2062—2014）等。

图 4-27　扇贝

图 4-28　魁蚶

12. 海蜇

海蜇（*Rhopilema*），海生的腔肠动物，隶属腔肠动物门、钵水母纲、根口水母目、根口水母科、海蜇属（图 4-29）。根据《2017 中国渔业统计年鉴》，2016 年我国海蜇养殖产量高达 79 848 t。海蜇蜇体呈伞盖状，通体呈半透明，白色、青色或微黄色，海蜇伞径可超过 45 cm、最大可达 1 m 之巨，伞下 8 个加厚的（具肩部）腕基部愈合使口消失（代之以吸盘的次生口），下部是口腕部，悬挂着许多须状物，称作腕或触手。海蜇下方口腕处有许多棒状和丝状触须，上有密集刺丝囊，能分泌毒液；其作用是在触及小动物时，可释放毒液麻痹以做食物。海蜇在热带、亚热带及温带沿海都有广泛分布，中国常见的海蜇有伞面平滑口腕处仅有丝状体的食用海蜇或兼有棒状物的棒状海蜇以及伞面有许多小疣突起的黄斑海蜇。海蜇的生活周期历经了受精卵、囊胚、原肠胚、浮浪幼虫、螅状幼体、横裂体、蝶状体、成蜇等主要阶段。除精卵在体内受精的有性生殖过程外，海蜇的螅状幼体还会生出匍匐根不断形成足囊，甚至横裂体也会不断横裂成多个碟状体，以无性生殖的办法大量增加其个体数量。我国现有海蜇相关标准有《绿色食品海蜇及制品》（NY/T 1515—2007）、《海蜇 苗种》（SC/T 2059—2014）等。

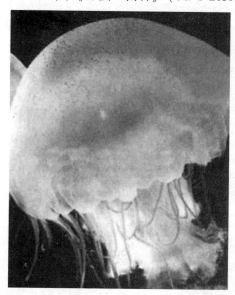

图 4-29 海蜇

13. 三疣梭子蟹

三疣梭子蟹（*Portunus trituberculatus*），体色随周围环境而变异，生活于砂底的个体，头胸甲呈梭形，稍隆起，表面具分散的颗粒，在鳃区的较粗而集中，此外又有横行的颗粒隆浅 3 条，胃区、腮区各 1 条（图 4-30）。三疣梭子蟹为梭子蟹的一种，根据《2017中国渔业统计年鉴》，2016 年我国梭子蟹养殖产量高达 125 317 t。三疣梭子蟹疣状突起共 3 个，胃区 1 个，心区 2 个。额分两锐齿，较眼窝背缘的内齿略小，眼窝背绿的外齿相当大，眼窝腹缘的内齿长大而尖锐，向前突出；口上脊露出在两个额齿之间；前侧缘包括外眼窝齿共具 9 齿，末齿长大，呈刺状。螯足发达，长节呈棱柱形，前缘具 4 锐刺，腕节的内、外缘末端各具一刺，后侧面具 3 条颗粒隆线，掌节在雄性甚长，背面两隆脊的前端各具一刺，外基角具一刺。三疣梭子蟹可动指背面具 2 隆线，不动指外面中部有一沟；两指内缘均具钝齿；第四对步足呈桨状，长、腕节均宽而短，前节与指节扁平，各节边缘具短毛。雄性蓝绿色，雌性深紫色。头胸甲长可达 82 mm、宽可达 149 mm（包括侧刺）。我国现有三疣梭子蟹相关标准有《三疣梭子蟹》（GB/T 20556—2006）、《无公害食品 三疣梭子蟹养殖技术规范》（NY/T 5163—2002）、《三疣梭子蟹 亲蟹》（SC/T 2014—2003）、《三疣梭子蟹 苗种》（SC/T 2015—2003）、《水生生物增殖放流技术 水生生物增殖放流技术规范 三疣梭子蟹》（SC/T 9415—2014）等。

图 4-30 三疣梭子蟹

（二）鱼类的移植和驯化

1. 移植和驯化的概念

移植、驯化涉及两个不同的生物学过程。移植基本上与引种属同一概念，是指把某一地区特有的生物种类引入到其他地区，使它们在新地区的环境条件中能继续生活、生长和繁衍后代；驯化是指被移植的种类，在新的环境中经过一定时期的生存适应，发展了某些适应性状，使它们适应于在新的环境中生活和繁衍后代，形成相当规模的种群。移植和驯化两者既有区别，又有联系。驯化可分为两个时期：

（1）单生命周期。①存活阶段：存活阶段指某种生物被移至新的地区后，经生理适应，这些人为引入的新种类能存活下来，所需时间取决于种的生活史和发育期，也取决于环境条件。②繁殖阶段：这些移入新地区的种类存活下来之后还能繁殖后代。③后代存活阶段：当移入种能够在新地区生长、繁殖，而且后代也能存活，才算通过了单生命周期的 3 个阶段，移植（引种）获得了"生物学效应"。

（2）多生命周期。移植（引种）产生了生物学效果之后，只有继续适应新环境的各种条件，发展其种群，形成稳定的经得起捕捞的水产资源，产生了"渔业效应"，才算完成了驯化的全过程。驯化从移植（引种）为发端，但移植的结果并不一定能达到驯化的目的，很可能因某种原因而中止于某个阶段。

2. 移植驯化的渔业意义

从渔业的观点看，多数天然水域的鱼类群落组成未能充分利用水体空间和饵料资源，没有最大限度地发挥水体生产力；在人工养殖水体的鱼类组成上也存在着类似问题。因此，引种驯化具优良性状的经济鱼类及饵料生物是发展渔业的重要措施之一。其意义在于：

（1）定向改造天然水域鱼类区系组成，或改变人工养殖水体的鱼类种类结构，提高鱼产品的产量和质量。

（2）充实育种材料。

3. 国内移植和驯化工作成果

国内移植最为成功的要数团头鲂，几种鲴鱼，几种鲤鱼和鲫鱼的品种（或品系）和银鱼、公鱼等，而在大型水域近年来以银鱼的移植最为成功。

4. 引种驯化中必须注意的条件

引种驯化中必须注意的条件主要有温度、盐度、氧气、营养、种间关系等。在引种驯化之前，对移植对象详尽地进行生理——生态学方面的研究，对水域条件进行全面的调查了解，是做好移植驯化工作的前提。调查论证一般可归纳为地理学、生态学和经济学3个方面。

5. 移植驯化的原则和方法

（1）应考虑的基本原则。①要有明确的目的性，不能盲目引种；要实事求是，切忌盲目跟风；②要坚持先引进、试养，再推广逐步实施；③要有组织地进行移植，避免重复引进造成浪费和无序竞争造成混乱。

（2）移植前的准备。①针对移植驯化必须注意的几个条件，首先应该进行调查论证，通过调查确定所引品种的适宜性；②针对移植对象的生物学特性进行深入了解，预测其能否适应新的环境；③对引种对象进行鱼病检疫，以防止因引种而把新的病原带入新的水域，避免感染与其血缘相近的种类（血缘关系较远则受害较小）。

（3）供移植用的材料。海洋牧场采用增殖放流和移植放流的手法，将生物种苗经过中间育成或人工驯化后放流入海，以该海区中的天然饵料为食物，并营造适于鱼类生存的生态环境措施（如投放人工鱼礁、建设海底涌生流构造物等），利用声、光、电或其自身的生物学特性，并采用先进的鱼群控制技术和环境监测技术对其进行人为、科学的管理，使资源量增大，改善渔业结构的一种系统工程和资源管理型渔业模式。

美国的伍兹霍尔海洋生物实验室利用最新的生物干扰技术，成功培育出一种可以像羊群一样放牧的鱼，这种鱼可以按照声音或其他信号指示，在规定的时间自动游到规定的区域；还可以按照固定的时间和路线去吃固定份额的食物，然后返回到固定区域，饲养者可以随心所欲地放牧这些鱼群。世界发达国家一直在探索研究海洋牧场建设，像日本、美国、俄罗斯、挪威、西班牙、法国、英国、德国、瑞典和韩国等都把海洋牧场的建设作为振兴海洋经济的战略。对发展中国家来说，建设海洋牧场、促进海洋生态建设也是科学利用海洋资源、加速拓展发展空间的迫切需要。按照FAO的看法，全球70%的鱼种已经被满负荷捕捞，如果按照现在这个速度，鱼群没有办法保证其种群数量的自我恢复，更严重的是已经出现了过度捕捞或者枯竭状况。养殖鱼类目前占全球鱼类消费的50%，估计今后养殖会占更大的比重，很多国家（包括美国）都在考虑怎样养殖，也在考虑如何利用海水进行养殖。当前，有必要把现代海洋牧场建设列为我们的重大生物工程建设，把海洋牧场当作海上的战略粮食基地进行建设，把海洋牧场作为国家的重大建设专项进行启动、研究。另外，对生态海洋牧场而言，海洋污染的控制，特别是陆源污染物的控制也是一个关键。只有在良好的海域环境下，放牧出来的产品才能达到食品安全标准，才是老百姓舌尖上的美食。

主要参考文献

陈德慧. 2011. 基于海洋牧场的黑鲷音响驯化技术研究 [J]. 上海海洋大学学报.

程家骅, 等. 2010. 海洋生物资源增殖放流回顾与展望 [J]. 中国水产科学, 17 (3).

胡庆松, 等. 2011. 海洋牧场鱼类驯化中的声音监测系统设计 [J]. 计算机测量与控制, (09): 2072-2074.

花俊, 等. 2014. 海洋牧场远程水质监测系统设计和实验 [J]. 上海海洋大学学报, 23 (4): 588-593.

雷霁霖. 2005. 海水鱼类养殖理论与技术 [M]. 北京: 中国农业出版社.

梁君, 等. 2014. 正弦波交替音对黑鲷音响驯化的实验研究 [J]. 海洋学研究, 32 (02): 59-66.

刘鹰, 等. 2014. 贝类设施养殖工程的研发现状和趋势 [J]. 渔业现代化, 41 (5).

刘卓, 等. 1995. 日本海洋牧场研究现状及其进展 [J]. 现代渔业信息, 10 (5): 14-18.

农业部关于印发《国家级海洋牧场示范区建设规划 (2017—2025)》的通知, 2017-11-01 来源: 农业部渔业局网站.

阙华勇, 陈勇, 张秀梅, 等. 1984. 现代海洋牧场建设的现状与发展对策 [J]. 中国工程科学, 03: 79-84.

阙华勇, 等. 2016. 现代海洋牧场建设的现状与发展对策 [J]. 中国工程科学, 18 (3).

桑守彦. 2004. 金網生簀の構成と運用 [M]. 東京: 成山堂书店.

沈卫星, 等. 2016. 海洋牧场智能化浮式聚鱼装备研发与现场试验 [J]. 上海海洋大学学报, 25 (2): 314-320.

石建高. 2017. 捕捞与渔业工程装备用网线技术 [M], 北京: 海洋出版社.

石建高. 2017. 捕捞渔具准入配套标准体系研究 [M], 北京: 中国农业出版社.

石建高. 2017. 绳网技术学 [M], 北京: 中国农业出版社.

石建高. 2016. 渔业装备与工程用合成纤维绳索 [M], 北京: 海洋出版社.

石建高. 2011. 渔用网片与防污技术 [M], 上海: 东华大学出版社.

石建高, 等. 2016. 海水抗风浪网箱工程技术 [M], 北京: 海洋出版社.

孙满昌, 等. 2003. 飞碟型网箱水动力模型试验与理论计算比较 [J]. 上海水产大学学报, 12 (4): 319-323.

孙满昌, 等. 2005. 方形结构网箱单箱体型锚泊系统的优化研究 [J]. 海洋渔业, 27 (4).

孙满昌. 2005. 海洋渔业技术学 [M], 北京: 中国农业出版社.

唐启升. 2017. 水产养殖绿色发展咨询研究报告 [M]. 北京: 海洋出版社.

王恩辰, 等. 2015. 浅析智慧海洋牧场的概念、特征及体系架构 [J]. 中国渔业经济, (2): 11, 15.

王亚民，等. 2011. 我国海洋牧场的设计与建设 [J]. 中国水产，(4)：25，27.

徐君卓. 2005. 深水网箱养殖技术 [M]. 北京：海洋出版社.

徐君卓. 2007. 海水网箱与网围养殖 [M]. 北京：中国农业出版社.

许强，等. 2011. 海洋牧场建设选址的初步研究——以舟山为例 [J]. 渔业现代化，(2)：27-31.

杨红生. 2017. 海洋牧场构建原理与实践 [M]. 北京：科学出版社，99-115.

杨红生. 2016. 我国海洋牧场建设回顾与展望 [J]. 水产学报，40 (7)：1133-1140.

杨金龙，等. 2004. 海洋牧场技术的研究现状和发展趋势 [J]. 中国渔业经济，5.

杨吝，等. 2005. 中国人工鱼礁理论与实践 [M]. 广东：广东科技出版社.

袁华荣. 2012. 南海北部三种典型放流鱼类幼鱼驯化技术初步研究 [J]. 上海海洋大学学报.

张福绥. 1993. 贝类养殖 [M]. 北京：中国大百科全书出版社.

张国胜，等. 2003. 中国海域建设海洋牧场的意义及可行性 [J]. 大连水产学院学报.

张磊，等. 2013. 海洋牧场鱼类驯化装置设计与试验 [J]. 上海海洋大学学报，22 (3)：397-403.

张丽珍，等. 2016. 近海中上层柔性浮鱼礁设计与应用 [J]. 上海海洋大学学报，25 (4)：613-619.

张起信，等. 2000. 虾夷扇贝筏式养殖高产技术研究 [J]. 海洋科学，(8)：14-16.

张世龙，等. 2014. 大口黑鲈食性驯化装置设计及应用效果研究 [J]. 上海海洋大学学报.

朱孔文，孙满昌，张硕，等. 2011. 海州湾海洋牧场——人工鱼礁建设 [M]. 北京：中国农业出版社.

中村允. 1979. 水産土木学 [M]. 东京：INA 东京时事通讯社，401-419.

佐藤修. 1984. 人工鱼礁 [M]. 东京：恒星社厚生閣，38-40.

Aalvik B. 1944. Guidelines for Salmon Farming, Director of Fisheries, Bergen, Norway.

Arne Ervik. 1997. Regulating the local environmental impact of in tensile marine fish farming aquaculture. Aquaculture, 158：85-94.

Bjarne Aalvik. 1998. Aquaculture in Norway. Quality Assurance.

Don Staniford. 2001. Sea cage fish farming：an evaluation of environmental and public health aspects (the five fundamental flaws of sea cage fish farming). The European Parliament's Committee on Fisheries public hearing on 'Aquaculture in the European union：present Situation and Future Prospects'.

FAO. 1996. Monitoring the ecological effects of coastal aquaculture wastes, Reports and studies No. 57.

Gooley G J, De Silva S S, Hone P W, et al. 2000. Cage Aquaculture in Australia：A Developed Country Perspective with Reference to Integrated Development Within Inland Waters. In Cage Aquaculture in Asia, 21-37.

Hansen T. Seefansson So, Taranger GL. 1922. Agriculture Fish. Management committee, 23：275-280.

Hjelt K A. 2000. The Norwegian Regulation System and History of the Norwegian Salmon Farming Industry. In Cage Aquaculture in Asia, 1-12.

Ho J S. 2000. The Major Problem of Cage Aquaculture in Asia Relating to Sea Lice. In Cage Aquaculture in Asia, 13-19.

Huang C C. 2000. Engineering Rick Analysis for Submerged Cage Net System in Taiwan. In Cage Aquaculture in Asia, 133-140.

International Copper Research Association. 1984. Design guide for use of copper alloy expanded metal mesh in marine aquaculture INCRA project 268B.

Kenneth S. Johnson. 2001. The Iron Fertilizatio n Experiment. Ocean Science, USA, 3.

Kim I B. 2000. Cage Aquaculture in Korea. In Cage Aquaculture in Asia, 59-73.

Klust G. 1982. Fiber ropes for fishing gear: FAO Fishing Manuals [M]. Fishing News (Books) ltd, London.

Liao D S. 2000. Socioeconomic Aspects of cage aquaculture in Taiwan. In Cage Aquaculture in Asia, 207-215.

Lien E. 2000. Offshore Cage System. In Cage Aquaculture in Asia, 141-149.

Myrseth B. 2000. Automation of Feeding Management in Cage Culture. In Cage Aquaculture in Asia, 151-155.

Ole J Torrlssen. 1995. Agriculture in Norway. Word Aguaculture, 26 (3): 12-20.

Shi Jiangao. 2018. Intelligent Equipment Technology For Offshore Cage Culture [M]. Beijing: China Ocean Press.

Takashima F, Arimoto T. 2000. Cage culture in Japan toward the New Millennium. In Cage Aquaculture in Asia, 53-58.

附录

附录1 三沙美济渔业开发有限公司简介

三沙美济渔业开发有限公司由海南民营企业家孟祥君先生一手创建；下设文昌五龙岗苗种繁育基地、儋州蓝色粮仓海洋生物科技有限公司、三沙蓝海海洋工程有限公司、儋州海润渔业专业合作社等专业分支机构。通过与周边渔业合作社合作，长期开展深远海养殖与生产作业、深远海养殖装备研发与生产等业务，初步形成了以苗种生产、外海养殖、工程装备制造、品牌建设等环节的建设发展格局，现为国家现代农业产业技术体系海水鱼产业技术体系三沙综合试验站依托单位。

公司注重以科技创新为引领，重视海洋科研产业示范推广业务；与中国水产科学研究院、中科院南海海洋研究所、上海海事大学和海南大学等院所高校建立了密切的科技合作关系。公司主持或参加了升降式网箱设计开发合作、大珠母贝人工孵化、渔船标准化等相关项目，开展了深远海金属框架式减灾网箱、珍珠贝养殖区等示范区建设。长期与中国水产科学研究院东海水产研究所石建高研究员团队等院所校企团队合作，完成了深远海浮绳式养殖网箱（周长 158 m）、深远海金属框架式减灾网箱（规格 10 m×10 m、6 m×6 m）等深远海养殖装备与工程设施研发、产业化生产应用，已申请或授权国家专利多项，推动了我国深远海养殖设施的技术升级（附图 1-1）。在对美济礁周边渔业资源调查、南海金枪鱼探捕的基础上，美济渔业公司联合东海所石建高研究员团队等于 2015 年年底启动了南海金枪鱼人工养殖实验。经过对捕捞、转运以及暂养等环节的前期准备，2016 年夏季，采用创新捕捞方法，成功实现 500 尾南海金枪鱼幼苗的海捕，并转运至潟湖金属网箱（该潟湖金属网箱由石建高研究员团队与美济渔业等共同研制，已获得发明专利授权）内进行驯化观察。2016 年年底南海金枪鱼幼苗转入东海所石建高研究

附图 1-1 深远海养殖设施

员团队与美济渔业共同研制的大型浮绳式网箱养殖，在国内首次成功开展南海金枪鱼人工养殖实验。上述潟湖金属网箱和大型浮绳式网箱为国内首个自主研发的不同类型的深远海养殖网箱设施。公司携手石建高研究员团队等院所校企团队，围绕深远海海域资源可持续利用，为实现我国水产养殖的绿色发展和现代化建设发挥了积极作用。

附录 2　湛江市经纬网厂简介

湛江市经纬网厂成立于 2002 年，是中国渔船渔机渔具行业协会理事单位、广东渔船渔机渔具行业协会常务理事单位和中国产业用纺织品行业协会绳缆分会副会长单位；是国内较大的集渔网具产品研制、开发、生产和养殖网箱安装施工于一体的渔具企业。下设拉丝车间、整经车间、制线车间、制绳车间、有结网车间、无结网车间、渔钩车间、定型车间、包装车间、网具装配车间和网箱框架制造安装施工队。占地面积 60 多亩，厂房建筑面积逾 38 600 km^2，各种先进机械设备 120 多台/套，在册职工 300 多人，其中工程技术人员 32 人，中高级职称 10 人。生产工艺和工程设备先进，资金和技术力量雄厚，管理科学规范，已通过了 ISO 9001 国际质量体系认证。

公司产品种类规格齐全，质量可靠，价格适宜，交货快捷。主要产品有丝、线、绳、有结网、无结网、渔钩、养殖网箱框架及其固定系统等；并能根据用户的需求设计制造各种特殊渔具和各类运动用品网具（附图 2-1）。该公司携手中国水产科学研究院东海水产研究所石建高研究员团队为客户提供捕捞渔具、深远海网箱和（超）大型养殖围网等技术服务，为现代渔业等产业的发展发挥积极作用，推动了现代渔业等产业健康发展！近年来先后在广东、广西、海南等地承建大批网具和养殖网箱工程，以其质量好、工期短、服务优、价格合理而深受用户的信赖和好评，取得了较好的经济效益和社会效益。公司坚持"质量第一，信誉至上，诚信经营，互利共赢"的宗旨，竭诚为广大用户服务，以实力和质量获得业界的高度认可，赢得了良好的声信，产品畅销全国及世界各地。先后被评为"诚信单位""诚信纳税户"和"优秀民营企业"；连续八年获得"广东省守合同、重信用企业"和"中国渔船渔机渔具行业 AAA 企业"等称号和殊荣。

附图 2-1　湛江经纬网厂及其加工的养殖网箱设施

附录3 青海联合水产集团有限公司简介

青海联合水产集团有限公司为我国虹鳟鱼养殖知名企业,由企业家赵金辉先生等人创建,下设生产部、技术部、市场部和财务部4个部门;2017年公司被中国绿色食品发展中心授予"绿色食品"证书。为中国水产学会鲑鱼类专业委员会理事单位,荣获或被授予"全国农牧渔业丰收奖"、农业部"水产健康养殖示范场"、青海省"虹鳟鱼养殖技术科技成果转化基地"和"菜篮子工程基地""青海省农牧厅、青海大学生态工程学院冷水养殖产业技术转化研发与水生生物保护科技创新基地"等称号。

长期与中国水产科学院东海水产研究所石建高研究员团队等著名院所校企团队合作,制修订高密度聚乙烯(HDPE)框架网箱等相关标准、开展虹鳟鱼养殖装备与工程建设 [如制作大型HDPE框架抗风浪圆形网箱(周长80 m、160 m)、HDPE框架方形网箱(规格9 m×9 m、6 m×6 m)、养殖配套用设施、可移动水上作业平台等养殖装备,累计投放三倍体虹鳟鱼苗300×10⁴尾,并建造和购买养殖工作船9艘];完成了水产养殖加工农业综合开发项目等重要项目,推动了我国大水面虹鳟鱼养殖设施的技术升级、绿色发展和现代化建设。目前正在建设实验楼、鱼病防疫中心和质检中心,道路建设和庭院硬化、绿化、美化、亮化工程正在稳步实施,为当地经济发展及现代渔业产业发展做出了积极贡献(附图3-1)。

附图3-1 公司远景规划图及其养殖网箱设施

附录4 农业农村部绳索网具产品质量监督检验测试中心简介

农业农村部绳索网具产品质量监督检验测试中心（以下简称"中心"）主要从事网线、绳索、钢丝绳、起重吊具、吊装带、渔网、体育网以及农用塑料薄膜（地、棚膜）等产品检测、事故鉴定以及相关领域技术服务，为我国权威绳索网具专业检测机构。多次承担国家、农业部下达的产品质量监督检验、成品质量评价等任务。中心不断提高服务客户的水准，中心具备检测项目所需的仪器设备、训练有素的检验员以及符合要求的检测环境，个别项目可通过分包形式，合理利用社会资源，为规范网线、绳索网具安全生产提供公正服务，实现服务社会的基本要求。INSTRON-4466强力试验机、INSTRON-5581强力试验机和RHZ-1600型绳索试验机等仪器设备均具有国际领先水平（附图4-1）。中心位于上海军工路300号，竭诚为国内外绳索网具用户提供优质服务，欢迎广大客户前来检测与咨询。

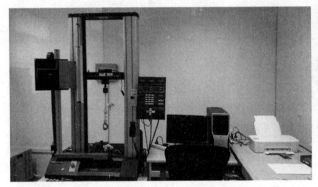

附图4-1 INSTRON-4466强力试验机与RHZ-1600型绳索试验机

中心长期在渔业装备工程技术方面开展研发与推广应用工作。

1. 研究领域和方向

主要包括深远海网箱、（超）大型养殖围栏（也称养殖围网、网围、网栏等，附图4-2）、功能性材料（如防污涂料、降解材料和防污纤维绳网材料）、高性能材料（如纳米复合纤维、UHMWPE复合涂层绳网）、藻类养殖设施、海洋牧场、人工鱼礁、海洋渔业和标准化等领域。

2. 研发项目

主持领军人才项目、国家自然基金项目和国际合作项目等。

3. 研发产出和成果

获中国专利优秀奖、浙江省科技进步奖和山东省科技进步奖等科技奖励。授权发明专利"海洋牧场堤坝网具组件的装配方法""浮式网箱用组合式箱体系统及其配套框架系统"和"一种深蓝渔业用纲索加工方法"等；发表论文"Segmental dynamics of functional graphene filled poly（ether sulfone ether ketone ketone）nanocomposites"等；出版专著《绳网技术学》《渔用网片与防污技术》《海水抗风浪网箱工程技术》和《INTELLIGENT EQUIPMENT TECHNOLOGY FOR OFFSHORE CAGE CULTURE》等；制定《浮绳式网箱》《海水普通网箱通用技术要求》《高密度聚乙烯框架深水网箱通用技术要求》和《超高分子量聚乙烯网片 经编型》等国家行业标准；部分成果获得产业化生产应用，并被中央电视台等媒体报道，推动了深远海网箱、（超）大型养殖围栏、渔用纤维绳网新材料等技术升级。

附图 4-2　新型养殖网箱与超大型养殖围栏设施

附录5　江苏金枪网业有限公司简介

　　江苏金枪网业有限公司凭借先进的设备、雄厚的技术及数十年的专业经验，专注于有结网、无结网的生产，产品广泛应用于捕捞渔具、养殖网箱、（超）大型养殖围网、农业、防鸟、植物生长、体育、安全及其他领域。自2006年以来，公司生产UHMWPE、PE、PA、PET等材质的网片和装配水产养殖网箱，产品销往世界范围内主要水产养殖业市场，如环地中海地区国家（如意大利、土耳其、希腊；北非等国家）：养殖海鲈鱼；加拿大、智利、澳大利亚等国家：养殖三文鱼、金枪鱼；东南亚国家：养殖东星斑等石斑鱼；国内深远海网箱：养殖大黄鱼、石斑鱼等鱼类；国内（超）大型养殖围网：养殖大黄鱼等鱼类。公司进口福林和PU涂层液用于网箱处理，可防藻生长，降低网箱磨损、紫外线损伤，增加和保持网和结节的强力，便于清洗和减少养护（附图5-1）。

附图5-1　江苏金枪网业有限公司及其相关产品

　　公司长期与中国水产科研研究院东海水产研究所石建高研究员团队、荷兰DSM公司等著名院所企业合作，为客户提供各类渔业装备与工程技术服务［如联合研发生产迪尼玛SK78网衣（以迪尼玛SK78纤维制作而成），并用PU涂层液进行后处理，成为国内生产迪尼玛SK78网衣知名网衣厂家等］，为现代渔业、体育休闲业等领域的发展发挥积极作用，助推了我国网具及其网衣技术升级。

附录6 宁波百厚网具制造有限公司简介

宁波百厚网具制造有限公司（简称百厚公司）是致力于新型特种复合单丝、新型特种半钢性高分子复合网具、特种深远海养殖网衣等产品的研发制造与科技服务型企业。公司联合著名深远海养殖网具系统团队——中国水产科学院东海水产研究所石建高研究员团队（简称石建高研究员团队），充分发挥双方积累的科技成果、人才及创新优势，主要面向海洋产业，着重于对深远海养殖网具进行研发、生产、销售，并提供工程设计、海上安装等一体化服务。本团队已经在防污技术、高性能绳网技术、网具优化设计技术、深远海养殖网箱装备技术、（大型）养殖围栏装备与工程技术等方面已有系统的研究积累，获相关发明专利、论著和科技奖励多项，相关成果被央视等多家媒体报道。

在百厚公司成立之前，研发团队就已建立，依托石建高研究员团队等著名院所校企团队，对深远海特种网具和超高分子聚乙烯绞捻网的研发已持续多年；在百厚公司成立之后，继续就原有项目扩大投资，建立规模更大的研发、实验和生产基地。经过持续多年不断的研发投入，目前，公司正式投产的半刚性高分子复合网是国内首家产品（附图6-1）。目前公司相关产品已在我国水产养殖等领域推广应用，并已出口韩国、北欧、澳洲、南美等国家和地区；产品通过SGS国际质量体系和国家相关质检部门认证或检测。

附图6-1 宁波百厚网具制造有限公司及其半钢性高分子复合网

发挥智造优势，健全产品门类，紧跟国际步伐，不断创造革新是百厚公司的定位，百厚公司将联合石建高研究员团队围绕国家海洋经济战略，发展海洋高新技术产业，不断做大做强，不断开拓市场，为海洋产业等领域的健康发展贡献自己的力量。百厚公司及其技术支撑团队是您值得信赖的价值合作伙伴，我们将一起推动深远海养殖业的健康发展，同时为不断提高深远海养殖装备的综合使用效率，为海洋资源的深度开发，为我国的海上粮仓安全战略的达成而共同努力，共同发展。

附录7 杭州长翼纺织机械公司简介

杭州长翼纺织机械公司是专业生产渔网捻线机的主导企业，生产历史悠久，技术实力雄厚，取得一批专利成果。研发的新型渔网捻线机复合高效、安全、节能、环保的设计理念，具有标准化、自动化、智能化特征，是传统渔网捻线生产设备的一次创新，设计和制造技术国内领先，达到国际先进水平，系中国渔网捻线机生产研发基地。产品覆盖国内外市场，国内市场占有率50%左右。公司产品50%外销，50%内销。全球多家知名企业都是我们的客户，产品销往东南亚、南美、北美、日本、欧盟、非洲等地区和国家，泰国坤敬公司、泰国 ASIA DRINK 公司、越南 THIEN PHUOC 公司等国外著名渔网制造厂商均购买我司设备。公司生产设备的同时有一个较大规模的制线实验基地。公司设计制造的一步法数控复合捻线机荣获"国内首台（套）重大技术装备及关键零部件产品""浙江省科学技术奖"，曾列入"国家火炬计划""国家创新基金项目"，是中国渔网捻线机生产研发基地；作为第一起草单位，公司组织起草制定了《一步法数控复合捻线机》《精密络筒机》《纺织机械　高速绕线机》《高强线用数控捻线机》4项国家纺织行业标准，《一步法数控复合捻线机》"浙江制造"团体标准；是国家新一代纺织设备产业技术创新联盟的首批成员，系浙江省高新技术企业。公司携手中国水产科研研究院东海水产研究所石建高研究员团队等专业团队，研发或推广应用高端渔网捻线机（附图7-1），推动了我国渔网捻线机的技术升级。

附图7-1　一种渔网捻线机

附录 8　常州神通机械制造有限公司简介

　　常州神通机械制造有限公司位于滆湖之畔，依托常州市武进区优越的地理环境，创建于 1992 年，是专业生产塑料机械成套设备的企业。公司拥有标准的厂房和先进的三轴联动、四轴联动、数控机床、万能外圆磨床等高精度加工设备。神通机械以优良的生产工艺、完善的管理体系和满意的售后服务在海内外深受信赖。设备具有外形美观、结构合理、性能安全可靠、节能高效等优点，物美价廉，得到海内外客户的一致好评。

　　公司通过 GB/T 19001—2008/ISO 9001：2008 质量管理体系认证，获江苏省优秀民营企业、江苏省质量信得过企业、守合同重信用 AAA 企业等荣誉称号。公司对每一个生产环节，从原材料采购到成品出厂，均执行严格品质控制。依据 ISO 9001：2008 质量管理体系检测程序，对成品、半成品进行抽样和全面检查，从而消除不合格产品；既确保产品质量符合客户的要求，又为公司的持续发展开发新产品提供了科学依据。公司为我国圆丝拉丝机等技术升级做出了积极贡献（附图 8-1）。公司长期咨询中国水产科学研究院东海水产研究所石建高研究员团队等专业团队，以研发或推广应用适合渔业领域的高端拉丝机，推动了我国渔用拉丝机的技术升级！

附图 8-1　圆丝拉丝机组生产线